科書ガイド

東京書籍 版

数学Ⅰ Standard

TEXT BOOK GUIDE

あすとろ出版

目　次

4章 図形と計量

1節 鋭角の三角比

2節 三角比の拡張

3節 三角形への応用

5章 データの分析

1節 データの分析

3節 仮説検定の考え方

巻末付録

はじめに

本書は，東京書籍版教科書「数学Ⅰ Standard」の内容を完全に理解し，予習や復習を能率的に進められるように編集した自習書です。

数学の力をもっと身に付けたいと思っているにも関わらず，どうも数学は苦手だとか，授業が難しいと感じているみなさんの予習や復習などのほか，家庭学習に役立てることができるよう編集してあります。

数学の学習は，レンガを積むのと同じです。基礎から一段ずつ積み上げて，理解していくものです。ですから，最初は本書を閉じて，自分自身で問題を考えてみましょう。そして，本書を参考にして改めて考えてみたり，結果が正しいかどうかを確かめたりしましょう。解答を丸写しにするのでは，決して実力はつきません。

本書は，自学自習ができるように，次のような構成になっています。

①**用語のまとめ**　学習項目ごとに，教科書の重要な用語をまとめ，学習の要点が分かるようになっています。

②**解き方のポイント**　内容ごとに，教科書の重要な定理・公式・解き方をまとめ，問題に即して解き方がまとめられるようになっています。

③**考え方**　解法の手がかりとなる着眼点を示してあります。独力で問題が解けなかったときに，これを参考にしてもう一度取り組んでみましょう。

④**解答**　詳しい解答を示してあります。最後の答えだけを見るのではなく，解答の筋道をしっかり理解するように努めましょう。

ただし，Set Up や 考察 のうち，教科書の本文中にその解答が示されているものについては，本書では解答を省略しました。

⑤**別解・参考・注意**　必要に応じて，別解や参考となる事柄，注意点を解説しています。

⑥**プラス＋**　やや進んだ考え方や解き方のテクニック，ヒントを掲載しています。

数学を理解するには，本を読んで覚えるだけでは不十分です。自分でよく考え，計算をしたり問題を解いたりしてみることが大切です。

本書を十分に活用して，数学の基礎力をしっかり身に付けてください。

1章 数と式

1節　式の計算
2節　実数
3節　1次不等式

関連する既習内容

多項式の展開と因数分解

- $(x+a)(x+b)=x^2+(a+b)x+ab$
- $(x+a)^2=x^2+2ax+a^2$
- $(x-a)^2=x^2-2ax+a^2$
- $(x+a)(x-a)=x^2-a^2$

平方根

a，b が正の数のとき

- $a>b$ ならば　$\sqrt{a}>\sqrt{b}$
- $\sqrt{a^2b}=a\sqrt{b}$
- $\sqrt{a}\sqrt{b}=\sqrt{ab}$
- $\dfrac{\sqrt{a}}{\sqrt{b}}=\sqrt{\dfrac{a}{b}}$
- $\dfrac{a}{\sqrt{b}}=\dfrac{a\sqrt{b}}{b}$

等式の性質

$A=B$ ならば

- $A+C=B+C$
- $A-C=B-C$
- $AC=BC$
- $\dfrac{A}{C}=\dfrac{B}{C}$（ただし，$C\neq 0$）

比例式の性質

- $a:b=m:n$ ならば　$an=bm$

Introduction

教 p.8-9

数当ての仕組みを探ろう

Q1 **数当てを，いろいろな数で試し，最初の2桁の正の整数を当てる仕組みを予想してみよう。**

解答 最初に考えた2桁の整数を25，9の段の九九 $9\times n$ を $n=4$ とすると

$250-36=214$

となる。このとき

十の位以上の数21は，$25-n$ となっている。

一の位の数4は，n となっている。

最初に考えた2桁の整数を43，9の段の九九 $9\times n$ を $n=5$ とすると

$430-45=385$

このときも

十の位以上の数は　　$43-n$

一の位の数は　　　　n

となる。したがって，整数を当てる仕組みは，次のように予想される。

十の位以上と一の位に分けて，分けた2つを足した数が最初の2桁の整数になる。

Q2 **〔真さんの予想〕は正しいだろうか。**

1 **(ウ)の計算結果を，文字を使って式に表してみよう。**

2 **真さんの予想が正しいことを確かめるためには，1で表した(ウ)の式をどのように変形すればよいだろうか。**

解答 **1** 2桁の正の整数を $10a+b$ とすると，(イ)は $(10a+b)\times 10=100a+10b$ となる。

9の段の九九の答えを $9n$ とすると，(ウ)は $100a+10b-9n$ となる。

2 十の位以上の値が $10a+b-n$，一の位の値が n となるように，**1**で求めた(ウ)の式を変形すればよい。

$100a+10b-9n=10(10a+b-n)+n$

このとき，十の位以上の値は $10a+b-n$，一の位の値は n であり，それらの和は

$(10a+b-n)+n=10a+b$

となる。したがって，十の位以上の値と一の位の値を足した値が最初の2桁の整数となる。

1節　式の計算

1 展開

用語のまとめ

単項式と多項式

- 数，文字およびそれらの積として表される式を **単項式** という。
- 単項式の和として表される式を **多項式** といい，その1つ1つの単項式を多項式の **項** という。

次数

- 単項式において，掛け合わされている文字の個数をその単項式の **次数** といい，数の部分をその **係数** という。
- 多項式において，各項の次数のうち最も高いものを，その多項式の **次数** といい，次数が n の多項式を **n 次式** という。

定数項

- 多項式の項の中で，文字を含まない項を **定数項** という。

累乗

- a をいくつか掛けたものを a の **累乗** という。a を n 個掛けたものを a の n 乗といい，a^n と表す。このとき，n を a^n の **指数** という。

$$\underbrace{a \times a \times a \times \cdots \times a}_{n\text{個}} = a^n \quad (n\text{：指数})$$

- 特に，$a^1 = a$ である。

式の展開

- 多項式の積を単項式の和の形に表すことを **展開** するという。

同類項

- 多項式において，文字の部分が同じ項を **同類項** という。
- 同類項をまとめることを，多項式を **整理する** という。

降べきの順

- 多項式を整理し，項を次数の高いものから順に並べることを，**降べきの順** に整理するという。逆に，項を次数の低いものから順に並べることを，**昇べきの順** に整理するという。

● 単項式の次数と係数　解き方のポイント

次数　×を使った式に表したときの，掛け合わされた文字の個数

係数　単項式の数の部分

教 p.10

問 1 次の単項式の次数と係数を答えよ。

(1) $4x^2$ (2) $\frac{1}{3}x$ (3) $\frac{3}{2}x^3y^2$ (4) $-x^2y$

考え方 (3) は $\frac{3}{2}\times x\times x\times x\times y\times y$，(4) は $-1\times x\times x\times y$ と考える。

解 答 (1) 次数は 2，係数は 4 (2) 次数は 1，係数は $\frac{1}{3}$

(3) 次数は 5，係数は $\frac{3}{2}$ (4) 次数は 3，係数は -1

多項式の次数 解き方のポイント

各項の次数のうち最も高いものが，その多項式の次数である。

教 p.11

問 2 次の多項式は何次式で，定数項は何か。

(1) $3x^4-x^3+5x^2-7x-1$ (2) $x-5x^2+2-7x^3$

考え方 定数項は，文字を含まない項を答える。

解 答 (1) 次数が最も高い項は $3x^4$ であるから **4 次式，定数項は -1**

(2) 次数が最も高い項は $-7x^3$ であるから **3 次式，定数項は 2**

指数法則 解き方のポイント

m，n を正の整数とするとき

[1] $a^m\times a^n=a^{m+n}$ [2] $(a^m)^n=a^{mn}$ [3] $(ab)^n=a^nb^n$

この法則を指数法則という。

教 p.12

問 3 次の計算をせよ。

(1) $a^6\times a^3$ (2) $a\times a^7$ (3) $(a^5)^3$

(4) $(a^4)^8$ (5) $(ab^4)^2$ (6) $(a^3b^5)^6$

解 答 (1) $a^6\times a^3=a^{6+3}=\boldsymbol{a^9}$ (2) $a\times a^7=a^{1+7}=\boldsymbol{a^8}$ ←― $a=a^1$

(3) $(a^5)^3=a^{5\times 3}=\boldsymbol{a^{15}}$ (4) $(a^4)^8=a^{4\times 8}=\boldsymbol{a^{32}}$

(5) $(ab^4)^2=a^2(b^4)^2=a^2b^{4\times 2}=\boldsymbol{a^2b^8}$

(6) $(a^3b^5)^6=(a^3)^6(b^5)^6=a^{3\times 6}b^{5\times 6}=\boldsymbol{a^{18}b^{30}}$

● 単項式の乗法　解き方のポイント

単項式の積は，係数，文字の部分の積をそれぞれ計算する。

教 p.12

問4　次の計算をせよ。

(1)　$2x^3 \times 3x^5$　　(2)　$9xy \times (-5x^4)$

(3)　$(3x^3)^4 \times 10x^2$　　(4)　$(-2xy^3)^2 \times (3xy)^3$

解答

(1)　$2x^3 \times 3x^5 = (2 \times 3) \times (x^3 \times x^5)$

$= \boldsymbol{6x^8}$

(2)　$9xy \times (-5x^4) = \{9 \times (-5)\} \times (xy \times x^4)$

$= \{9 \times (-5)\} \times \{(x \times x^4) \times y\}$

$= \boldsymbol{-45x^5y}$

(3)　$(3x^3)^4 \times 10x^2 = 3^4(x^3)^4 \times 10x^2$　←― 係数にも指数法則が適用される

$= (3^4 \times 10) \times \{(x^3)^4 \times x^2\}$

$= (81 \times 10) \times (x^{12} \times x^2)$

$= \boldsymbol{810x^{14}}$

(4)　$(-2xy^3)^2 \times (3xy)^3 = (-2)^2x^2(y^3)^2 \times 3^3x^3y^3$

$= \{(-2)^2 \times 3^3\} \times (x^2 \times x^3) \times \{(y^3)^2 \times y^3\}$

$= (4 \times 27) \times x^5 \times (y^6 \times y^3)$

$= \boldsymbol{108x^5y^9}$

● 式の展開　解き方のポイント

多項式の積を計算するには，次の分配法則を用いる。

$$A(B+C) = AB + AC, \quad (A+B)C = AC + BC$$

教 p.13

問5　次の計算をし，降べきの順に整理せよ。

(1)　$(3x^2 - 2x + 5) \times (-2x)$　　(2)　$(2x-3)(4x^2 - x + 2)$

解答

(1)　$(3x^2 - 2x + 5) \times (-2x) = 3x^2 \cdot (-2x) + (-2x) \cdot (-2x) + 5 \cdot (-2x)$

$= \boldsymbol{-6x^3 + 4x^2 - 10x}$

(2)　$(2x-3)(4x^2 - x + 2) = 2x(4x^2 - x + 2) - 3(4x^2 - x + 2)$

$= 8x^3 - 2x^2 + 4x - 12x^2 + 3x - 6$　⤵ 同類項をまとめる

$= 8x^3 + (-2-12)x^2 + (4+3)x - 6$

$= \boldsymbol{8x^3 - 14x^2 + 7x - 6}$

● 特定の文字についての次数と定数項（多項式） 解き方のポイント

次数　着目している文字について整理し，着目している文字を含む項の次数を考える。

定数項　着目している文字を含まない項の和を定数項と考える。

教 p.13

問 6　次の多項式を［　］の文字について降べきの順に整理せよ。また，［　］の文字については何次式で，その場合の定数項は何か。

(1)　$a^4-2a^2b^2+b^4$　$[b]$

(2)　$x^2+2xy-3y^2-3x-5y+2$　$[x]$

解 答　(1)　$a^4-2a^2b^2+b^4=b^4-2a^2b^2+a^4$

b については

4 次式で，定数項は a^4

(2)　$x^2+2xy-3y^2-3x-5y+2$

$=x^2+(2y-3)x+(-3y^2-5y+2)$

x については

2 次式で，定数項は $-3y^2-5y+2$

● 乗法公式(1) 解き方のポイント

[1]　$(a+b)^2=a^2+2ab+b^2$

[2]　$(a-b)^2=a^2-2ab+b^2$

[3]　$(a+b)(a-b)=a^2-b^2$

[4]　$(x+a)(x+b)=x^2+(a+b)x+ab$

教 p.14

問 7　次の式を展開せよ。

(1)　$(x+3y)^2$　　(2)　$(3x-4y)^2$

(3)　$(3x+2)(3x-2)$　　(4)　$(5x+2y)(5x-2y)$

(5)　$(x-3)(x+6)$　　(6)　$(x+4y)(x-7y)$

考え方　式の形に応じて，どの公式が利用できるか考える。

解 答　(1)　$(x+3y)^2=x^2+2\cdot x\cdot 3y+(3y)^2$

$=x^2+6xy+9y^2$　公式 [1]

(2)　$(3x-4y)^2=(3x)^2-2\cdot 3x\cdot 4y+(4y)^2$

$=9x^2-24xy+16y^2$　公式 [2]

(3) $(3x+2)(3x-2)=(3x)^2-2^2$
$\quad =9x^2-4$ ）公式 [3]

(4) $(5x+2y)(5x-2y)=(5x)^2-(2y)^2$
$\quad =25x^2-4y^2$ ）公式 [3]

(5) $(x-3)(x+6)=x^2+(-3+6)x+(-3)\cdot 6$
$\quad =x^2+3x-18$ ）公式 [4]

(6) $(x+4y)(x-7y)=x^2+(4y-7y)x+4y\cdot(-7y)$
$\quad =x^2-3xy-28y^2$ ）公式 [4]

乗法公式(2)　解き方のポイント

[5] $(ax+b)(cx+d)=acx^2+(ad+bc)x+bd$

教 p.15

問8 次の式を展開せよ。

(1) $(4x+1)(5x-2)$　(2) $(2x-3y)(x+5y)$

(3) $(3x-2y)(4x-3y)$

解答 (1) $(4x+1)(5x-2)=4\cdot 5x^2+\{4\cdot(-2)+1\cdot 5\}x+1\cdot(-2)$
$\quad =20x^2-3x-2$

(2) $(2x-3y)(x+5y)=2\cdot 1x^2+\{2\cdot 5y+(-3y)\cdot 1\}x+(-3y)\cdot 5y$
$\quad =2x^2+7xy-15y^2$

(3) $(3x-2y)(4x-3y)$
$=3\cdot 4x^2+\{3\cdot(-3y)+(-2y)\cdot 4\}x+(-2y)\cdot(-3y)$
$=12x^2-17xy+6y^2$

教 p.15

問9 公式 [4] は公式 [5] の特別な場合とみることができる。それはどのような場合かを説明せよ。

解答 公式 [4] は，公式 [5] で $a=1$，$c=1$ の場合である。

展開の工夫　解き方のポイント

式を展開するとき，式の形に応じて

- 式の共通している部分をひとまとまりにして，1つの文字のように見なす
- 積の順序を工夫する

などの工夫をすると，展開が容易になる場合がある。

教 p.15

問 10 次の式を展開せよ。

(1) $(x+y)(x+y-z)$ (2) $(x-y+3)(x-y-7)$

解 答 (1) $x+y=A$ とおくと

$$
\begin{aligned}
(x+y)(x+y-z) &= A(A-z)\\
&= A^2-Az\\
&= (x+y)^2-(x+y)z\\
&= \boldsymbol{x^2+2xy+y^2-xz-yz}
\end{aligned}
$$

(2) $x-y=A$ とおくと

$$
\begin{aligned}
(x-y+3)(x-y-7) &= (A+3)(A-7)\\
&= A^2-4A-21\\
&= (x-y)^2-4(x-y)-21\\
&= \boldsymbol{x^2-2xy+y^2-4x+4y-21}
\end{aligned}
$$

教 p.15

問 11 次の式はどのように展開することができるか2通り以上の方法で説明せよ。

$(x+2)(x+3)(x-2)(x-3)$

考え方 共通な部分ができるように，掛け合わせる式の順序を工夫する。

解 答

$$
\begin{aligned}
&(x+2)(x+3)(x-2)(x-3)\\
&= (x^2+5x+6)(x^2-5x+6)\\
&= \{(x^2+6)+5x\}\{(x^2+6)-5x\}\\
&= (x^2+6)^2-(5x)^2\\
&= x^4+12x^2+36-25x^2\\
&= \boldsymbol{x^4-13x^2+36}
\end{aligned}
$$

$$
\begin{aligned}
&(x+2)(x+3)(x-2)(x-3)\\
&= (x+2)(x-3)(x-2)(x+3)\\
&= (x^2-x-6)(x^2+x-6)\\
&= \{(x^2-6)-x\}\{(x^2-6)+x\}\\
&= (x^2-6)^2-x^2\\
&= x^4-12x^2+36-x^2\\
&= \boldsymbol{x^4-13x^2+36}
\end{aligned}
$$

別解 次のように掛け合わせる式の順序を変えて，展開することもできる。

$$
\begin{aligned}
(x+2)(x+3)(x-2)(x-3) &= (x+2)(x-2)(x+3)(x-3)\\
&= (x^2-4)(x^2-9)\\
&= x^4-13x^2+36
\end{aligned}
$$

教 p.16

問 12　$(a+2b-3)^2$ を展開せよ。

解　答　$a+2b=A$とおくと

$$\begin{aligned}(a+2b-3)^2 &= (A-3)^2\\ &= A^2-6A+9\\ &= (a+2b)^2-6(a+2b)+9\\ &= \boldsymbol{a^2+4ab+4b^2-6a-12b+9}\end{aligned}$$

別解　例題 1 を利用すると

$$\begin{aligned}&(a+2b-3)^2\\ &= a^2+(2b)^2+(-3)^2+2\cdot a\cdot 2b+2\cdot 2b\cdot(-3)+2\cdot(-3)\cdot a\\ &= a^2+4b^2+9+4ab-12b-6a\\ &= a^2+4ab+4b^2-6a-12b+9\end{aligned}$$

● 3つの項の式の平方 ……………… **解き方のポイント**

$$\boldsymbol{(a+b+c)^2=a^2+b^2+c^2+2ab+2bc+2ca}$$

教 p.16

問 13　$(a+b+c+d)^2$ を展開せよ。

解　答　$a+b+c=A$ とおくと

$$\begin{aligned}&(a+b+c+d)^2\\ &= (A+d)^2\\ &= A^2+2Ad+d^2\\ &= (a+b+c)^2+2(a+b+c)d+d^2\\ &= \boldsymbol{a^2+b^2+c^2+d^2+2ab+2ac+2ad+2bc+2bd+2cd}\end{aligned}$$

$a+b=X$，$c+d=Y$とおくと

$$\begin{aligned}&(a+b+c+d)^2\\ &= (X+Y)^2\\ &= X^2+2XY+Y^2\\ &= (a+b)^2+2(a+b)(c+d)+(c+d)^2\\ &= (a^2+2ab+b^2)+2(ac+ad+bc+bd)+(c^2+2cd+d^2)\\ &= a^2+b^2+c^2+d^2+2ab+2ac+2ad+2bc+2bd+2cd\end{aligned}$$

発展 ▶ 3次式の乗法公式　教 p.17

● 3次式の乗法公式(1)　解き方のポイント

[1] $(a+b)^3=a^3+3a^2b+3ab^2+b^3$

[2] $(a-b)^3=a^3-3a^2b+3ab^2-b^3$

注 意　公式[1]と[2]の +, − の符号の位置の違いに注意しよう。

教 p.17

問1　公式[1], [2]が成り立つことを確かめよ。

考え方　$(a+b)^3=(a+b)(a+b)^2$, $(a-b)^3=(a-b)(a-b)^2$ と考える。

解 答　[1]　$(a+b)^3=(a+b)(a+b)^2$

$$=(a+b)(a^2+2ab+b^2)$$
$$=a\cdot a^2+a\cdot 2ab+a\cdot b^2+b\cdot a^2+b\cdot 2ab+b\cdot b^2$$
$$=a^3+2a^2b+ab^2+a^2b+2ab^2+b^3$$
$$=a^3+3a^2b+3ab^2+b^3$$

[2]　$(a-b)^3=(a-b)(a-b)^2$

$$=(a-b)(a^2-2ab+b^2)$$
$$=a\cdot a^2+a\cdot(-2ab)+a\cdot b^2-b\cdot a^2-b\cdot(-2ab)-b\cdot b^2$$
$$=a^3-2a^2b+ab^2-a^2b+2ab^2-b^3$$
$$=a^3-3a^2b+3ab^2-b^3$$

別解　[2]　[1]を利用して, b を $-b$ に置き換えて

$$(a-b)^3=\{a+(-b)\}^3$$
$$=a^3+3a^2\cdot(-b)+3a\cdot(-b)^2+(-b)^3$$
$$=a^3-3a^2b+3ab^2-b^3$$

すなわち

$$(a-b)^3=a^3-3a^2b+3ab^2-b^3$$

教 p.17

問2　次の式を展開せよ。

(1) $(x+1)^3$　　(2) $(2x-3)^3$

(3) $(3x+y)^3$　　(4) $(x-2y)^3$

解 答　(1)　$(x+1)^3=x^3+3\cdot x^2\cdot 1+3\cdot x\cdot 1^2+1^3$

$$=\boldsymbol{x^3+3x^2+3x+1}$$　公式[1]

(2)　$(2x-3)^3=(2x)^3-3\cdot(2x)^2\cdot 3+3\cdot 2x\cdot 3^2-3^3$

$$=\boldsymbol{8x^3-36x^2+54x-27}$$　公式[2]

(3) $(3x+y)^3 = (3x)^3 + 3\cdot(3x)^2\cdot y + 3\cdot 3x\cdot y^2 + y^3$
$= \boldsymbol{27x^3 + 27x^2y + 9xy^2 + y^3}$ 公式 [1]

(4) $(x-2y)^3 = x^3 - 3\cdot x^2\cdot 2y + 3\cdot x\cdot(2y)^2 - (2y)^3$
$= \boldsymbol{x^3 - 6x^2y + 12xy^2 - 8y^3}$ 公式 [2]

3 次式の乗法公式(2) 解き方のポイント

[3] $(a+b)(a^2-ab+b^2) = a^3+b^3$

[4] $(a-b)(a^2+ab+b^2) = a^3-b^3$

注意　公式 [3] と [4] の ＋, － の符号の位置の違いに注意しよう。

教 p.17

問 3　公式 [3], [4] が成り立つことを確かめよ。

考え方　分配法則を利用して展開する。

解答　[3]　$(a+b)(a^2-ab+b^2)$
$= a\cdot a^2 + a\cdot(-ab) + a\cdot b^2 + b\cdot a^2 + b\cdot(-ab) + b\cdot b^2$
$= a^3 - a^2b + ab^2 + a^2b - ab^2 + b^3$
$= a^3 + b^3$

[4]　$(a-b)(a^2+ab+b^2)$
$= a\cdot a^2 + a\cdot ab + a\cdot b^2 - b\cdot a^2 - b\cdot ab - b\cdot b^2$
$= a^3 + a^2b + ab^2 - a^2b - ab^2 - b^3$
$= a^3 - b^3$

教 p.17

問 4　次の式を展開せよ。

(1)　$(x+5)(x^2-5x+25)$　　(2)　$(4x-3y)(16x^2+12xy+9y^2)$

解答　(1)　$(x+5)(x^2-5x+25)$
$= (x+5)(x^2 - x\cdot 5 + 5^2)$
$= x^3 + 5^3$ 公式 [3]
$= \boldsymbol{x^3 + 125}$

(2)　$(4x-3y)(16x^2+12xy+9y^2)$
$= (4x-3y)\{(4x)^2 + 4x\cdot 3y + (3y)^2\}$
$= (4x)^3 - (3y)^3$ 公式 [4]
$= \boldsymbol{64x^3 - 27y^3}$

2 因数分解

Set Up 教 p.18

次の式は，どちらも因数分解できるだろうか。

(1)　x^2-7x+6　　　　(2)　$5x^2+13x+6$

考え方　乗法公式を利用できないか考える。

解　答　(1)　$$(x+a)(x+b)=x^2+(a+b)x+ab$$

であるから

$$a+b=-7,\ ab=6$$

となる2つの数を見つければ，因数分解できる。

$$(-1)+(-6)=-7,\ (-1)\cdot(-6)=6$$

であるから

$$x^2-7x+6=(x-1)(x-6)$$

と因数分解できる。

(2)　$$(ax+b)(cx+d)=acx^2+(ad+bc)x+bd$$

であるから

$$ac=5,\ ad+bc=13,\ bd=6$$

となる4つの数を見つければ，因数分解できる。

(参考)　$a=1,\ b=2,\ c=5,\ d=3$ のとき

$$ac=5,\ ad+bc=1\cdot3+2\cdot5=13,\ bd=6$$

となり

$$5x^2+13x+6=(x+2)(5x+3)$$

と因数分解できる。

用語のまとめ

因数分解

- 多項式をいくつかの多項式の積の形で表すことを **因数分解** といい，そのひとつひとつの多項式を，もとの多項式の **因数** という。

$(x+1)(x+2)$

展開 ↓　↑ 因数分解

x^2+3x+2

共通因数のくくり出し …… **解き方のポイント**

多項式の各項に共通な因数があるとき，分配法則を用いると，その共通な因数を括弧の外にくくり出して，多項式を因数分解することができる。

$$AB+AC=A(B+C),\qquad AC+BC=(A+B)C$$

教 p.19

問 14 次の式を因数分解せよ。

(1) $xy+xz$　(2) $3a^2b+b$
(3) $abc-acd$　(4) $12x^2y+18xy^2$

解答 (1) $xy+xz=x\cdot y+x\cdot z=x(y+z)$
(2) $3a^2b+b=3a^2\cdot b+1\cdot b=(3a^2+1)b$
(3) $abc-acd=ac\cdot b-ac\cdot d=ac(b-d)$
(4) $12x^2y+18xy^2=6xy\cdot 2x+6xy\cdot 3y=6xy(2x+3y)$

注意 "因数分解せよ" という問題では，それ以上因数分解ができないところまで因数分解する。

×（まちがい） (4) $12x^2y+18xy^2=xy(12x+18y)$
← 共通な因数 6 が残っている。

● 因数分解の公式(1)　解き方のポイント

[1] $a^2+2ab+b^2=(a+b)^2$
[2] $a^2-2ab+b^2=(a-b)^2$
[3] $a^2-b^2=(a+b)(a-b)$
[4] $x^2+(a+b)x+ab=(x+a)(x+b)$

教 p.19

問 15 次の式を因数分解せよ。

(1) x^2+4x+4　(2) $4x^2-20xy+25y^2$
(3) $36x^2-49y^2$　(4) $x^2+5x-24$

考え方 多項式の形に応じて，どの公式が利用できるか考える。

解答 (1) $x^2+4x+4=x^2+2\cdot 2\cdot x+2^2$
$=(x+2)^2$ 　公式 [1]

(2) $4x^2-20xy+25y^2=(2x)^2-2\cdot 2x\cdot 5y+(5y)^2$
$=(2x-5y)^2$ 　公式 [2]

(3) $36x^2-49y^2=(6x)^2-(7y)^2$
$=(6x+7y)(6x-7y)$ 　公式 [3]

(4) 積が -24，和が 5 となる 2 つの数は -3，8 であるから
$x^2+5x-24=x^2+\{(-3)+8\}x+(-3)\cdot 8$
$=(x-3)(x+8)$ 　公式 [4]

教 p.20

問 16 次の式を因数分解せよ。

(1) $x^2+6xy+8y^2$ (2) $x^2-3xy-18y^2$

考え方 x についての 2 次式とみて，公式 [4] を使う。

解 答 (1) $x^2+6xy+8y^2$

$=x^2+6y\cdot x+8y^2$ ← $\begin{cases}8y^2=4y\cdot 2y\\6y=4y+2y\end{cases}$

$=(x+4y)(x+2y)$

(2) $x^2-3xy-18y^2$

$=x^2-3y\cdot x-18y^2$ ← $\begin{cases}-18y^2=(-6y)\cdot 3y\\-3y=(-6y)+3y\end{cases}$

$=(x-6y)(x+3y)$

● 因数分解の公式(2)　解き方のポイント

[5] $\boldsymbol{acx^2+(ad+bc)x+bd=(ax+b)(cx+d)}$

x^2 の係数が ac，定数項が bd，x の係数が $ad+bc$ となるような a，b，c，d の組を，右のような形式の計算を用いて求める。

このように因数分解する方法を，たすき掛け の方法という。

$$\begin{array}{ccccc} ac & & bd & & \\ \downarrow & & \downarrow & & \\ a & \times & b & \longrightarrow & bc \\ c & & d & \longrightarrow & ad \\ \hline & & & & ad+bc \end{array}$$

教 p.21

問 17 次の式を因数分解せよ。

(1) $2x^2+3x+1$ (2) $5x^2-12x+4$

(3) $8x^2+2x-3$ (4) $4x^2-11x+6$

(5) $12x^2-x-6$ (6) $6x^2-13x+6$

考え方 公式 [5] を使う。

(1) $ac=2$ ……①，$ad+bc=3$ ……②，$bd=1$ ……③

を満たす a，b，c，d を見つける。

まず，① と ③ に注目し，その中で ② を満たすものを見つける。右の図から，$a=1$，$b=1$，$c=2$，$d=1$ である。

(2)〜(6) も同様にして，公式 [5] を満たす a，b，c，d の値を見つける。

$$\begin{array}{ccccc} 1 & \times & 1 & \longrightarrow & 2 \\ 2 & & 1 & \longrightarrow & 1 \\ \hline \uparrow & & \uparrow & & 3 \\ ac & & bd & & \uparrow \\ & & & & ad+bc \end{array}$$

解答 (1) $2x^2+3x+1$
$=(x+1)(2x+1)$

$$\begin{array}{ccccc} 1 & \times & 1 & \longrightarrow & 2 \\ 2 & & 1 & \longrightarrow & 1 \\ \hline & & & & 3 \end{array}$$

(2) $5x^2-12x+4$
$=(x-2)(5x-2)$

$$\begin{array}{ccccc} 1 & \times & -2 & \longrightarrow & -10 \\ 5 & & -2 & \longrightarrow & -2 \\ \hline & & & & -12 \end{array}$$

(3) $8x^2+2x-3$
$=(2x-1)(4x+3)$

$$\begin{array}{ccccc} 2 & \times & -1 & \longrightarrow & -4 \\ 4 & & 3 & \longrightarrow & 6 \\ \hline & & & & 2 \end{array}$$

(4) $4x^2-11x+6$
$=(x-2)(4x-3)$

$$\begin{array}{ccccc} 1 & \times & -2 & \longrightarrow & -8 \\ 4 & & -3 & \longrightarrow & -3 \\ \hline & & & & -11 \end{array}$$

(5) $12x^2-x-6$
$=(3x+2)(4x-3)$

$$\begin{array}{ccccc} 3 & \times & 2 & \longrightarrow & 8 \\ 4 & & -3 & \longrightarrow & -9 \\ \hline & & & & -1 \end{array}$$

(6) $6x^2-13x+6$
$=(2x-3)(3x-2)$

$$\begin{array}{ccccc} 2 & \times & -3 & \longrightarrow & -9 \\ 3 & & -2 & \longrightarrow & -4 \\ \hline & & & & -13 \end{array}$$

教 p.21

問 18 次の式を因数分解せよ。
(1) $4x^2+3xy-7y^2$　　(2) $8x^2-2xy-15y^2$

考え方 x についての 2 次式とみて，x の係数や定数項を考える。
(1) $ac=4$，$bd=-7y^2$，$ad+bc=3y$
(2) $ac=8$，$bd=-15y^2$，$ad+bc=-2y$

解答 (1) $4x^2+3xy-7y^2$
$=4x^2+3y\cdot x-7y^2$
$=(x-y)(4x+7y)$

$$\begin{array}{ccccc} 1 & \times & -y & \longrightarrow & -4y \\ 4 & & 7y & \longrightarrow & 7y \\ \hline & & & & 3y \end{array}$$

(2) $8x^2-2xy-15y^2$
$=8x^2-2y\cdot x-15y^2$
$=(2x-3y)(4x+5y)$

$$\begin{array}{ccccc} 2 & \times & -3y & \longrightarrow & -12y \\ 4 & & 5y & \longrightarrow & 10y \\ \hline & & & & -2y \end{array}$$

教 p.22

$(x+y)^2-(x+3)^2$ を因数分解してみよう。この式をどのようにみるとよいだろうか。

>>> $x+y$, $x+3$ をそれぞれひとまとまりとみて因数分解してみよう。

>>> $(x+y)^2-(x+3)^2$ を展開すると，$2xy+y^2-6x-9$ となる。

>>> 複雑な式の因数分解をするとき，どのように式をみるとよいか考察の過程を振り返って考えてみよう。

解 答 >>> (例 14 (2)参照)

>>> **考え方①**　$2x$ でくくる。

$$\begin{aligned}&2xy+y^2-6x-9\\=&2x(y-3)+y^2-9\\=&2x(y-3)+(y+3)(y-3)\\=&(2x+y+3)(y-3)\end{aligned}$$

$y-3$ をひとまとまりとみてくくる

考え方②　(例 15 参照)

考え方③　y に着目して整理する。

$$\begin{aligned}&2xy+y^2-6x-9\\=&y^2+2xy-3(2x+3)\\=&(y+2x+3)(y-3)\\=&(2x+y+3)(y-3)\end{aligned}$$

1	╲╱ $2x+3$	→	$2x+3$
1	╱╲ -3	→	-3
			$2x$

>>> 複雑な式を因数分解するときは，式の一部をひとまとまりとみたり，特定の文字に着目して整理すると計算が簡単になるときがある。特に，2 種類以上の文字を含むときは，最も次数の低い文字について整理するとよい。

教 p.22

問 19　次の式を因数分解せよ。

(1)　$x(x+y)+5y(x+y)$　　(2)　$x(a-b)+b-a$

(3)　$(x+y)^2+7(x+y)+10$　　(4)　$x^2-(y+z)^2$

考え方　式の共通している部分をひとまとまりとみて，1 つの文字のように見なす。

解 答　(1)　$x+y=A$ とおくと

$$\begin{aligned}x(x+y)+5y(x+y)&=xA+5yA\\&=A(x+5y)\\&=(x+y)(x+5y)\end{aligned}$$

A でくくる

A を $x+y$ に戻す

(2) $a-b=A$ とおくと

$$x(a-b)+b-a=x(a-b)-(a-b) \quad \longleftarrow b-a=-(a-b)$$
$$=xA-A$$
$$=A(x-1)$$
$$=(a-b)(x-1)$$

(3) $x+y=A$ とおくと

$$(x+y)^2+7(x+y)+10=A^2+7A+10$$
$$=(A+2)(A+5)$$
$$=(x+y+2)(x+y+5)$$

(4) $y+z=A$ とおくと

$$x^2-(y+z)^2=x^2-A^2$$
$$=(x+A)(x-A)$$
$$=\{x+(y+z)\}\{x-(y+z)\}$$
$$=(x+y+z)(x-y-z)$$

教 p.23

問 20 次の式を因数分解せよ。

(1) $x^2+xy-x+y-2$　　(2) $2ab+2b^2-a+b-1$

考え方 最も次数の低い文字について整理する。

(1) x について 2 次式，y について 1 次式であるから，y について整理する。

(2) a について 1 次式，b について 2 次式であるから，a について整理する。

解 答 (1) y について整理すると

$$x^2+xy-x+y-2=(x+1)y+(x^2-x-2)$$
$$=(x+1)y+(x+1)(x-2)$$
$$=(x+1)\{y+(x-2)\}$$
$$=(x+1)(x+y-2)$$

(2) a について整理すると

$$2ab+2b^2-a+b-1=(2b-1)a+(2b^2+b-1)$$
$$=(2b-1)a+(2b-1)(b+1)$$
$$=(2b-1)(a+b+1)$$

教 p.23

問 21 次の式を因数分解せよ。

(1) $x^2+4xy+3y^2-4x-14y-5$

(2) $3x^2+2xy-y^2-x+3y-2$

考え方 最も次数の低い文字が2種類以上あるときは，その中の1種類について整理するとよい。
この問題では，x，y についてどちらも2次であるから，まず，x についての2次式とみて，降べきの順に整理する。次に，定数項にあたる y の式を因数分解し，公式 [5] を利用する。

解 答 (1) x について整理すると

$$\begin{aligned}&x^2+4xy+3y^2-4x-14y-5\\&=x^2+(4y-4)x+(3y^2-14y-5)\\&=x^2+(4y-4)x+(y-5)(3y+1)\\&=\{x+(y-5)\}\{x+(3y+1)\}\\&=(x+y-5)(x+3y+1)\end{aligned}$$

$$\begin{array}{ccccc}1 & \diagdown\!\!\!\!\diagup & y-5 & \longrightarrow & y-5\\1 & & 3y+1 & \longrightarrow & 3y+1\\\hline & & & & 4y-4\end{array}$$

(2) x について整理すると

$$\begin{aligned}&3x^2+2xy-y^2-x+3y-2\\&=3x^2+(2y-1)x-(y^2-3y+2)\\&=3x^2+(2y-1)x-(y-1)(y-2)\\&=\{x+(y-1)\}\{3x-(y-2)\}\\&=(x+y-1)(3x-y+2)\end{aligned}$$

$$\begin{array}{ccccc}1 & \diagdown\!\!\!\!\diagup & y-1 & \longrightarrow & 3y-3\\3 & & -(y-2) & \longrightarrow & -y+2\\\hline & & & & 2y-1\end{array}$$

別解 y について整理すると

(1)
$$\begin{aligned}&x^2+4xy+3y^2-4x-14y-5\\&=3y^2+(4x+14)y+(x^2-4x-5)\\&=3y^2+(4x-14)y+(x-5)(x+1)\\&=\{y+(x-5)\}\{3y+(x+1)\}\\&=(x+y-5)(x+3y+1)\end{aligned}$$

$$\begin{array}{ccccc}1 & \diagdown\!\!\!\!\diagup & x-5 & \longrightarrow & 3x-15\\3 & & x+1 & \longrightarrow & x+\ 1\\\hline & & & & 4x-14\end{array}$$

(2)
$$\begin{aligned}&3x^2+2xy-y^2-x+3y-2\\&=-y^2+(2x+3)y+(3x^2-x-2)\\&=-y^2+(2x+3)y+(x-1)(3x+2)\\&=\{y+(x-1)\}\{-y+(3x+2)\}\\&=(x+y-1)(3x-y+2)\end{aligned}$$

$$\begin{array}{ccccc}1 & \diagdown\!\!\!\!\diagup & x-1 & \longrightarrow & -x+1\\-1 & & 3x+2 & \longrightarrow & 3x+2\\\hline & & & & 2x+3\end{array}$$

参考 ▶ 複2次式の因数分解 教 p.24

用語のまとめ

複2次式

- x についての多項式が

$$ax^4+bx^2+c \quad \cdots\cdots ①$$

の形に表されるとき，①を **複2次式** という。

教 p.24

問1 $8x^4+10x^2-3$ を因数分解せよ。

解答 $x^2=X$ とおくと

$$\begin{aligned}8x^4+10x^2-3&=8X^2+10X-3\\&=(4X-1)(2X+3)\\&=(4x^2-1)(2x^2+3)\\&=(2x+1)(2x-1)(2x^2+3)\end{aligned}$$

発展 ▶ 3次式の因数分解 教 p.24

● 3次式の因数分解の公式 解き方のポイント

[1] $a^3+b^3=(a+b)(a^2-ab+b^2)$

[2] $a^3-b^3=(a-b)(a^2+ab+b^2)$

教 p.24

問1 次の式を因数分解せよ。

(1) x^3+64　(2) x^3-1　(3) $27x^3+y^3$

解答 (1) $x^3+64=x^3+4^3$

$$\begin{aligned}&=(x+4)(x^2-x\cdot 4+4^2)\\&=(x+4)(x^2-4x+16)\end{aligned}$$

(2) $x^3-1=x^3-1^3$

$$\begin{aligned}&=(x-1)(x^2+x\cdot 1+1^2)\\&=(x-1)(x^2+x+1)\end{aligned}$$

(3) $27x^3+y^3=(3x)^3+y^3$

$$\begin{aligned}&=(3x+y)\{(3x)^2-3x\cdot y+y^2\}\\&=(3x+y)(9x^2-3xy+y^2)\end{aligned}$$

Training トレーニング 教 p.25

1 次の計算をせよ。

(1) $4a^5\times 3a^2$　(2) $-x^3\times(-x)^4$

(3) $5a^3b\times(-7a^4b^5)$　(4) $(-2xy)^3\times(3x^2y^3)^2$

解答 (1) $4a^5\times 3a^2=4\cdot 3\cdot a^{5+2}=\mathbf{12a^7}$

(2) $-x^3\times(-x)^4=-x^3\times x^4=-x^{3+4}=\mathbf{-x^7}$

(3) $5a^3b\times(-7a^4b^5)=5\times(-7)\times a^{3+4}\times b^{1+5}=\mathbf{-35a^7b^6}$

(4) $(-2xy)^3\times(3x^2y^3)^2=(-2)^3x^3y^3\times 3^2(x^2)^2(y^3)^2$
$=\{(-2)^3\times 3^2\}\times\{x^3\times(x^2)^2\}\times\{y^3\times(y^3)^2\}$
$=(-8\times 9)\times(x^3\times x^4)\times(y^3\times y^6)$
$=\mathbf{-72x^7y^9}$

2 次の式を展開せよ。

(1) $5xy(x^2-xy+3y^2)$　(2) $(3x-1)(x^2+7x+5)$

(3) $(9x+2y)^2$　(4) $(6x-7y)^2$

(5) $(3x+10y)(3x-10y)$　(6) $(x-8y)(x+6y)$

(7) $(5x-2y)(3x-y)$　(8) $(4x+5y)(5x-4y)$

解答 (1) $5xy(x^2-xy+3y^2)=5xy\cdot x^2+5xy\cdot(-xy)+5xy\cdot 3y^2$
$=\mathbf{5x^3y-5x^2y^2+15xy^3}$

(2) $(3x-1)(x^2+7x+5)=3x(x^2+7x+5)-(x^2+7x+5)$
$=3x^3+21x^2+15x-x^2-7x-5$
$=\mathbf{3x^3+20x^2+8x-5}$

(3) $(9x+2y)^2=(9x)^2+2\cdot 9x\cdot 2y+(2y)^2$
$=\mathbf{81x^2+36xy+4y^2}$

(4) $(6x-7y)^2=(6x)^2-2\cdot 6x\cdot 7y+(7y)^2$
$=\mathbf{36x^2-84xy+49y^2}$

(5) $(3x+10y)(3x-10y)=(3x)^2-(10y)^2$
$=\mathbf{9x^2-100y^2}$

(6) $(x-8y)(x+6y)=x^2+(-8y+6y)x-8y\cdot 6y$
$=\mathbf{x^2-2xy-48y^2}$

(7) $(5x-2y)(3x-y)=5\cdot 3x^2+\{5\cdot(-y)-2y\cdot 3\}x-2y\cdot(-y)$
$=\mathbf{15x^2-11xy+2y^2}$

(8) $(4x+5y)(5x-4y)=4\cdot 5x^2+\{4\cdot(-4y)+5y\cdot 5\}x+5y\cdot(-4y)$
$=\mathbf{20x^2+9xy-20y^2}$

3 次の式を展開せよ。

(1) $(a+b+c)(a-b+c)$　　(2) $(2a-3b+1)^2$

考え方 (1) $a+c=A$ とおく。

(2) $(a+b+c)^2=a^2+b^2+c^2+2ab+2bc+2ca$ を利用する。

解答 (1) $a+c=A$ とおくと

$$\begin{aligned}(a+b+c)(a-b+c)&=(A+b)(A-b)\\&=A^2-b^2\\&=(a+c)^2-b^2\\&=\boldsymbol{a^2+2ac+c^2-b^2}\end{aligned}$$

(2)
$$\begin{aligned}&(2a-3b+1)^2\\&=(2a)^2+(-3b)^2+1^2+2\cdot 2a\cdot(-3b)+2\cdot(-3b)\cdot 1+2\cdot 1\cdot 2a\\&=4a^2+9b^2+1-12ab-6b+4a\\&=\boldsymbol{4a^2-12ab+9b^2+4a-6b+1}\end{aligned}$$

別解 (2) $2a-3b=A$ とおくと

$$\begin{aligned}(2a-3b+1)^2=(A+1)^2&=A^2+2A+1\\&=(2a-3b)^2+2(2a-3b)+1\\&=4a^2-12ab+9b^2+4a-6b+1\end{aligned}$$

4 次の式を因数分解せよ。

(1) $3a^3b^2-6a^2b^3+12a^2b^2c$　　(2) $x^2-8x+16$

(3) $16a^2+24ab+9b^2$　　(4) $16x^2-81y^2$

(5) $x^2-11x+10$　　(6) $x^2+3xy-54y^2$

(7) $10x^2+17x+6$　　(8) $8x^2-13x-6$

(9) $15x^2-22xy+8y^2$　　(10) $6x^2+23xy-18y^2$

解答 (1)
$$\begin{aligned}3a^3b^2-6a^2b^3+12a^2b^2c&=3a^2b^2\cdot a-3a^2b^2\cdot 2b+3a^2b^2\cdot 4c\\&=\boldsymbol{3a^2b^2(a-2b+4c)}\end{aligned}$$

(2) $x^2-8x+16=x^2-2\cdot 4\cdot x+4^2=\boldsymbol{(x-4)^2}$

(3)
$$\begin{aligned}16a^2+24ab+9b^2&=(4a)^2+2\cdot 4a\cdot 3b+(3b)^2\\&=\boldsymbol{(4a+3b)^2}\end{aligned}$$

(4)
$$\begin{aligned}16x^2-81y^2&=(4x)^2-(9y)^2\\&=\boldsymbol{(4x+9y)(4x-9y)}\end{aligned}$$

(5)
$$\begin{aligned}x^2-11x+10&=x^2+(-1-10)x+(-1)\cdot(-10)\\&=\boldsymbol{(x-1)(x-10)}\end{aligned}$$

(6)
$$\begin{aligned}x^2+3xy-54y^2&=x^2+3y\cdot x-54y^2\\&=\boldsymbol{(x+9y)(x-6y)}\end{aligned}$$

$\left[\begin{array}{l}-54y^2=9y\cdot(-6y)\\3y=9y+(-6y)\end{array}\right.$

(7) $10x^2+17x+6$
$=(2x+1)(5x+6)$

$$\begin{array}{ccccc} 2 & \diagdown\!\!\!\!\diagup & 1 & \longrightarrow & 5 \\ 5 & & 6 & \longrightarrow & 12 \\ \hline & & & & 17 \end{array}$$

(8) $8x^2-13x-6$
$=(x-2)(8x+3)$

$$\begin{array}{ccccc} 1 & \diagdown\!\!\!\!\diagup & -2 & \longrightarrow & -16 \\ 8 & & 3 & \longrightarrow & 3 \\ \hline & & & & -13 \end{array}$$

(9) $15x^2-22xy+8y^2$
$=15x^2-22y\cdot x+8y^2$
$=(3x-2y)(5x-4y)$

$$\begin{array}{ccccc} 3 & \diagdown\!\!\!\!\diagup & -2y & \longrightarrow & -10y \\ 5 & & -4y & \longrightarrow & -12y \\ \hline & & & & -22y \end{array}$$

(10) $6x^2+23xy-18y^2$
$=6x^2+23y\cdot x-18y^2$
$=(2x+9y)(3x-2y)$

$$\begin{array}{ccccc} 2 & \diagdown\!\!\!\!\diagup & 9y & \longrightarrow & 27y \\ 3 & & -2y & \longrightarrow & -4y \\ \hline & & & & 23y \end{array}$$

5 次の式を因数分解せよ。

(1) $2x^3-12x^2+18x$　(2) ax^2-9ay^2
(3) $x(x-3y)-4y(3y-x)$　(4) $(2x+y)^2+6(2x+y)-7$
(5) $2(x-y)^2+(y-x)-3$　(6) $a^2b-3ab+a+2b-2$
(7) $2x^2+5xy+2y^2-5x-y-3$　(8) $x^2-y^2+4x+6y-5$

考え方 (1), (2) 共通因数をくくり出し，括弧の中をさらに因数分解する。
(3)〜(5) 多項式の一部を別の文字に置き換える。
(6) 次数の低い b について整理する。
(7), (8) x の 2 次式とみて整理する。

解答 (1) $2x^3-12x^2+18x=2x(x^2-6x+9)$
$=\boldsymbol{2x(x-3)^2}$

(2) $ax^2-9ay^2=a(x^2-9y^2)$
$=a\{x^2-(3y)^2\}$
$=\boldsymbol{a(x+3y)(x-3y)}$

(3) $x-3y=A$ とおくと
$x(x-3y)-4y(3y-x)=x(x-3y)+4y(x-3y)$
$=xA+4yA$
$=(x+4y)A$
$=\boldsymbol{(x+4y)(x-3y)}$

(4) $2x+y=A$ とおくと
$(2x+y)^2+6(2x+y)-7=A^2+6A-7$
$=(A+7)(A-1)$
$=\boldsymbol{(2x+y+7)(2x+y-1)}$

(5) $x-y=A$ とおくと

$$
\begin{aligned}
&2(x-y)^2+(y-x)-3\\
&=2(x-y)^2-(x-y)-3\\
&=2A^2-A-3\\
&=(A+1)(2A-3)\\
&=(\boldsymbol{x-y+1})(\boldsymbol{2x-2y-3})
\end{aligned}
$$

$$
\begin{array}{ccccc}
1 & \diagdown\!\!\!\!\diagup & 1 & \longrightarrow & 2\\
2 & & -3 & \longrightarrow & \underline{-3}\\
 & & & & -1
\end{array}
$$

(6) b について整理すると

$$
\begin{aligned}
&a^2b-3ab+a+2b-2\\
&=(a^2-3a+2)b+(a-2)\\
&=(a-2)(a-1)b+(a-2)\\
&=(a-2)\{(a-1)b+1\}\\
&=(\boldsymbol{a-2})(\boldsymbol{ab-b+1})
\end{aligned}
$$

(7) x について整理すると

$$
\begin{aligned}
&2x^2+5xy+2y^2-5x-y-3\\
&=2x^2+(5y-5)x+(2y^2-y-3)\\
&=2x^2+(5y-5)x+(y+1)(2y-3)\\
&=\{x+(2y-3)\}\{2x+(y+1)\}\\
&=(\boldsymbol{x+2y-3})(\boldsymbol{2x+y+1})
\end{aligned}
$$

$$
\begin{array}{ccccc}
1 & \diagdown\!\!\!\!\diagup & 2y-3 & \longrightarrow & 4y-6\\
2 & & y+1 & \longrightarrow & \underline{y+1}\\
 & & & & 5y-5
\end{array}
$$

(8) x について整理すると

$$
\begin{aligned}
&x^2-y^2+4x+6y-5\\
&=x^2+4x-(y^2-6y+5)\\
&=x^2+4x-(y-1)(y-5)\\
&=\{x+(y-1)\}\{x-(y-5)\}\\
&=(\boldsymbol{x+y-1})(\boldsymbol{x-y+5})
\end{aligned}
$$

$$
\begin{array}{ccccc}
1 & \diagdown\!\!\!\!\diagup & y-1 & \longrightarrow & y-1\\
1 & & -(y-5) & \longrightarrow & \underline{-y+5}\\
 & & & & 4
\end{array}
$$

6 A が x の 2 次式，B が x の 3 次式のとき，次の式は x について何次式か答えよ。

(1) AB　　(2) $A+B$

考え方 具体的な x の 2 次式，x の 3 次式を用いて考える。

解 答 各項の次数のうち，最も高いもののみに着目すればよいから，$A=x^2$，$B=x^3$ と考える。

(1) $AB=x^2\cdot x^3=x^5$

したがって　**5 次式**

(2) $A+B=x^2+x^3=x^3+x^2$

したがって　**3 次式**

2節 実数

1 実数

用語のまとめ

有理数

- 1，2，3，$\cdots$ は **正の整数** または **自然数**，-1，-2，-3，$\cdots$ は **負の整数** とよばれる。正の整数，負の整数，および0を合わせて **整数** という。
- 整数 a と0でない整数 b を用いて $\dfrac{a}{b}$ という分数の形に表すことのできる数を **有理数** という。整数は $\dfrac{a}{1}$ と表すことができるから有理数である。
- それ以上約分できない分数を **既約分数** という。
- 小数第何位かで終わる小数を **有限小数** といい，小数点以下が限りなく続く小数を **無限小数** という。
- 有理数が無限小数になる場合は，同じ数字の並びが周期的に繰り返される。このような無限小数を **循環小数** という。
- 循環小数は，循環する部分の上に記号 • を付けて表す。

実数

- 循環しない無限小数で表される数を **無理数** という。
- 有理数と無理数を合わせて **実数** という。
- 数は次のように分類される。

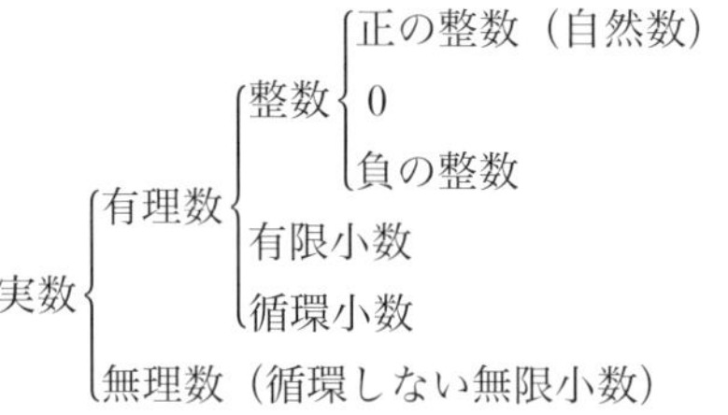

- 実数の加法と乗法については，次の計算法則が成り立っている。

交換法則	$a+b=b+a$，	$ab=ba$
結合法則	$(a+b)+c=a+(b+c)$，	$(ab)c=a(bc)$
分配法則	$a(b+c)=ab+ac$，	$(a+b)c=ac+bc$

数直線

- 直線上に点Oをとり，Oと異なる点Eをとる。線分OEの長さを1として，直線上の点にそれを表す実数を対応させることができる。

1 O 1 E

-4 -3 -2 -1 0 1 2 3 4

- この直線を **数直線**，点 O を **原点** という。原点 O は 0 に対応し，点 E は 1 に対応する。数直線上の点 A に対応する実数 a を点 A の **座標** という。座標が a である点 A を $A(a)$ で表す。

絶対値

- 実数 a に対して，数直線上に点 $A(a)$ をとる。原点 O から点 A までの距離 OA を a の **絶対値** といい，$|a|$ で表す。

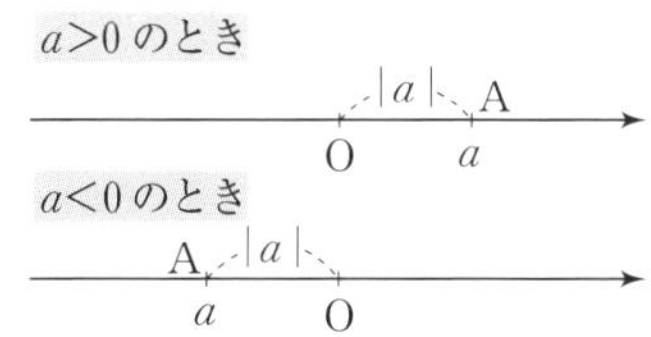

教 p.27

問 1 次の分数を循環小数の記号・を用いて表せ。

(1) $\dfrac{5}{6}$　(2) $\dfrac{3}{11}$　(3) $\dfrac{7}{27}$

考え方 分子を分母で割って小数に直し，循環している部分を見つける。

解答 (1) $\dfrac{5}{6} = 0.8333\cdots = 0.8\dot{3}$

(2) $\dfrac{3}{11} = 0.272727\cdots = 0.\dot{2}\dot{7}$

(3) $\dfrac{7}{27} = 0.259259\cdots = 0.\dot{2}5\dot{9}$ ← 循環する部分の最初と最後の数字の上に記号・を付ける

教 p.28

問 2 次の循環小数を分数で表せ。

(1) $0.\dot{1}\dot{2}$　(2) $0.1\dot{2}$　(3) $1.\dot{2}3\dot{4}$

考え方 小数の部分が何桁ずつ繰り返しているか考え，循環する部分が一致するように 10 倍，100 倍，$\cdots$ する。
答えは，既約分数に直して答える。

解答 (1) 循環小数 $r = 0.\dot{1}\dot{2}$ は小数の部分が<u>2 桁</u>ずつ繰り返しているから，<u>$100r$ と r との差</u>を考えると
右の計算から

$$r = \frac{12}{99} = \frac{4}{33}$$

$$\begin{array}{rrl} & 100r = & 12.1212\cdots \\ -) & r = & 0.1212\cdots \\ \hline & 99r = & 12 \end{array}$$

したがって　$0.\dot{1}\dot{2} = \dfrac{4}{33}$

(2) 循環小数 $r=0.1\dot{2}$ は小数の部分が1桁ずつ繰り返しているから，$10r$ と r との差を考えると，下の計算から

$$r=\frac{11}{90}$$

$$\begin{array}{rl} 10r &= 1.222\cdots \\ -)\quad r &= 0.122\cdots \\ \hline 9r &= 1.1 \end{array}$$

したがって　$0.1\dot{2}=\dfrac{11}{90}$

(3) 循環小数 $r=1.\dot{2}3\dot{4}$ は小数の部分が3桁ずつ繰り返しているから，$1000r$ と r との差を考えると，下の計算から

$$r=\frac{1233}{999}=\frac{137}{111}$$

$$\begin{array}{rl} 1000r &= 1234.234234\cdots \\ -)\quad r &= 1.234234\cdots \\ \hline 999r &= 1233 \end{array}$$

したがって　$1.\dot{2}3\dot{4}=\dfrac{137}{111}$

教 p.30

問3　次の値を答えよ。

(1) $|4|$　(2) $|-5|$　(3) $|0|$

考え方　原点Oからの距離を考える。

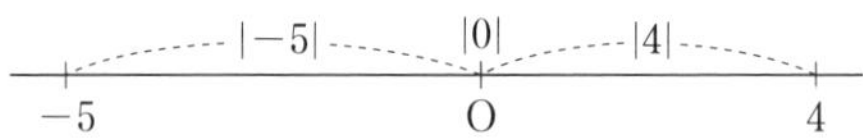

解　答　(1) $|4|=4$　(2) $|-5|=5$　(3) $|0|=0$

● 実数 a の絶対値　　**解き方のポイント**

$a\geqq 0$ のとき　$|a|=a$

$a<0$ のとき　$|a|=-a$

教 p.30

問4　次の値を求めよ。

(1) $|2-7|$　(2) $\left|\dfrac{1}{3}-\dfrac{1}{4}\right|$　(3) $|\sqrt{2}-2|$

考え方　(3) 絶対値記号の中の正負を考える。

解　答　(1) $|2-7|=|-5|=-(-5)=5$

(2) $\left|\dfrac{1}{3}-\dfrac{1}{4}\right|=\left|\dfrac{1}{12}\right|=\dfrac{1}{12}$

(3) $\sqrt{2}<2$ であるから　$\sqrt{2}-2<0$

したがって

$$|\sqrt{2}-2|=-(\sqrt{2}-2)=2-\sqrt{2}$$

2 根号を含む式の計算

Set Up 教 p.31

$\dfrac{1}{\sqrt{2}}$ と $\dfrac{\sqrt{3}}{2}$ ではどちらが大きいだろうか。$\dfrac{\sqrt{3}}{6}$ と $\dfrac{1}{\sqrt{18}}$，$\dfrac{2}{3}$ と $\dfrac{1}{\sqrt{5}+\sqrt{2}}$ の場合はどうだろうか。

$\sqrt{2}=1.414$，$\sqrt{3}=1.732$，$\sqrt{5}=2.236$ として考えてみよう。

解答 **真さん**：(分子)÷(分母)を計算する。

- $\dfrac{1}{\sqrt{2}}=1\div 1.414=0.707\cdots$，$\dfrac{\sqrt{3}}{2}=1.732\div 2=0.866$

  であるから　$\dfrac{1}{\sqrt{2}}<\dfrac{\sqrt{3}}{2}$

- $\dfrac{\sqrt{3}}{6}=1.732\div 6=0.2886\cdots$

  $\dfrac{1}{\sqrt{18}}=\dfrac{1}{3\sqrt{2}}=1\div(3\times 1.414)=0.2357\cdots$

  であるから　$\dfrac{\sqrt{3}}{6}>\dfrac{1}{\sqrt{18}}$

- $\dfrac{2}{3}=2\div 3=0.666\cdots$，$\dfrac{1}{\sqrt{5}+\sqrt{2}}=\dfrac{1}{2.236+1.414}=0.2739\cdots$

  であるから　$\dfrac{2}{3}>\dfrac{1}{\sqrt{5}+\sqrt{2}}$

悠さん：分母の数を同じにする（通分する）。

分母が同じ分数では，分子が大きいほうが大きいから

- $\dfrac{1}{\sqrt{2}}$，$\dfrac{\sqrt{3}}{2}$ を通分すると，$\dfrac{2}{2\sqrt{2}}$，$\dfrac{\sqrt{6}}{2\sqrt{2}}$ となる。

  $2<\sqrt{6}$ であるから　$\dfrac{1}{\sqrt{2}}<\dfrac{\sqrt{3}}{2}$

- $\dfrac{\sqrt{3}}{6}$，$\dfrac{1}{\sqrt{18}}$ を通分すると，$\dfrac{1}{\sqrt{18}}=\dfrac{1}{3\sqrt{2}}$ であるから，

  $\dfrac{\sqrt{3}}{6}=\dfrac{\sqrt{6}}{6\sqrt{2}}$，$\dfrac{1}{\sqrt{18}}=\dfrac{2}{6\sqrt{2}}$

  $\sqrt{6}>2$ であるから　$\dfrac{\sqrt{3}}{6}>\dfrac{1}{\sqrt{18}}$

- $\dfrac{2}{3}$，$\dfrac{1}{\sqrt{5}+\sqrt{2}}$ を通分すると，$\dfrac{2(\sqrt{5}+\sqrt{2})}{3(\sqrt{5}+\sqrt{2})}$，$\dfrac{3}{3(\sqrt{5}+\sqrt{2})}$ となる。

  $2(\sqrt{5}+\sqrt{2})=2\cdot 3.65=7.3>3$ であるから　$\dfrac{2}{3}>\dfrac{1}{\sqrt{5}+\sqrt{2}}$

栄さん：分母に根号を含まない形に表す。(分母を有理化する。)

- $\dfrac{1}{\sqrt{2}}=\dfrac{\sqrt{2}}{\sqrt{2}\cdot\sqrt{2}}=\dfrac{\sqrt{2}}{2}$　　$\sqrt{2}<\sqrt{3}$ であるから　　$\dfrac{1}{\sqrt{2}}<\dfrac{\sqrt{3}}{2}$

- $\dfrac{1}{\sqrt{18}}$ の分母を有理化すると

$$\frac{1}{\sqrt{18}}=\frac{1}{3\sqrt{2}}=\frac{\sqrt{2}}{3\sqrt{2}\cdot\sqrt{2}}=\frac{\sqrt{2}}{6}$$

$\sqrt{3}>\sqrt{2}$ であるから　　$\dfrac{\sqrt{3}}{6}>\dfrac{1}{\sqrt{18}}$

- $\dfrac{1}{\sqrt{5}+\sqrt{2}}=\dfrac{\sqrt{5}-\sqrt{2}}{(\sqrt{5}+\sqrt{2})(\sqrt{5}-\sqrt{2})}=\dfrac{\sqrt{5}-\sqrt{2}}{(\sqrt{5})^2-(\sqrt{2})^2}=\dfrac{\sqrt{5}-\sqrt{2}}{3}$

$\sqrt{5}-\sqrt{2}=2.236-1.414=0.822$ であるから　　$\dfrac{2}{3}>\dfrac{1}{\sqrt{5}+\sqrt{2}}$

用語のまとめ

平方根

- 実数 a に対して，2 乗すると a になる数を a の **平方根** という。
  - (i)　**$a>0$ のとき**…… a の平方根は正と負の 2 つあり，正の方を $\sqrt{a}$，負の方を $-\sqrt{a}$ と表す。
  - (ii)　**$a=0$ のとき**…… a の平方根は 0 だけであり，$\sqrt{0}=0$ とする。
  - (iii)　**$a<0$ のとき**…… a の平方根は実数の範囲には存在しない。

分母の有理化

- 分母に根号を含む式を，分母が根号を含まない式に変形することを **分母の有理化** という。

教 p.31

問 5　次の数の平方根を求めよ。

(1)　7　　　(2)　81　　　(3)　$\dfrac{1}{4}$

考え方　$a>0$ のとき，a の平方根は $\sqrt{a}$ と $-\sqrt{a}$ の 2 つ。

解　答　(1)　$\sqrt{7}$，$-\sqrt{7}$

(2)　81 の平方根は　　$\sqrt{81}=9$，$-\sqrt{81}=-9$

したがって　　9，-9

(3)　$\dfrac{1}{4}$ の平方根は　　$\sqrt{\dfrac{1}{4}}=\dfrac{1}{2}$，$-\sqrt{\dfrac{1}{4}}=-\dfrac{1}{2}$

したがって　　$\dfrac{1}{2}$，$-\dfrac{1}{2}$

● $\sqrt{a^2}$ の値　解き方のポイント

実数 a に対して　$\sqrt{a^2}=|a|$

● 平方根の積と商　解き方のポイント

$a>0$，$b>0$ のとき

[1] $\sqrt{a}\sqrt{b}=\sqrt{ab}$　　[2] $\dfrac{\sqrt{a}}{\sqrt{b}}=\sqrt{\dfrac{a}{b}}$

特に [1] から，次のことが成り立つ。

$m>0$，$a>0$ のとき　$\sqrt{m^2a}=m\sqrt{a}$

教 p.33

問6 次の式を簡単にせよ。

(1) $\sqrt{3}\sqrt{7}$　　(2) $\dfrac{\sqrt{42}}{\sqrt{6}}$

解答 (1) $\sqrt{3}\sqrt{7}=\sqrt{3\cdot7}=\sqrt{21}$　　(2) $\dfrac{\sqrt{42}}{\sqrt{6}}=\sqrt{\dfrac{42}{6}}=\sqrt{7}$

教 p.33

問7 次の式を簡単にせよ。

(1) $\sqrt{24}$　　(2) $\sqrt{1700}$

(3) $\sqrt{8}+\sqrt{18}-\sqrt{72}$　　(4) $\sqrt{72}-\sqrt{75}+\sqrt{108}-\sqrt{128}$

考え方 $\sqrt{m^2a}=m\sqrt{a}$ を利用して，根号の中の数はできるだけ小さくして考える。

解答 (1) $\sqrt{24}=\sqrt{2^2\cdot6}=2\sqrt{6}$

(2) $\sqrt{1700}=\sqrt{10^2\cdot17}=10\sqrt{17}$

(3) $\sqrt{8}+\sqrt{18}-\sqrt{72}=\sqrt{2^2\cdot2}+\sqrt{3^2\cdot2}-\sqrt{6^2\cdot2}$

$=2\sqrt{2}+3\sqrt{2}-6\sqrt{2}$

$=-\sqrt{2}$

(4) $\sqrt{72}-\sqrt{75}+\sqrt{108}-\sqrt{128}$

$=\sqrt{6^2\cdot2}-\sqrt{5^2\cdot3}+\sqrt{6^2\cdot3}-\sqrt{8^2\cdot2}$

$=6\sqrt{2}-5\sqrt{3}+6\sqrt{3}-8\sqrt{2}$

$=-5\sqrt{3}+6\sqrt{3}+6\sqrt{2}-8\sqrt{2}$

$=\sqrt{3}-2\sqrt{2}$

教 p.33

問 8 次の式を簡単にせよ。

(1) $(\sqrt{6}-\sqrt{10})^2$　(2) $(\sqrt{7}+\sqrt{3})(\sqrt{7}-\sqrt{3})$

考え方 乗法公式を用いて計算する。

解 答 (1) $(\sqrt{6}-\sqrt{10})^2=(\sqrt{6})^2-2\sqrt{6}\sqrt{10}+(\sqrt{10})^2$ ←$(a-b)^2=a^2-2ab+b^2$

$=6-2\sqrt{60}+10$ ←$60=2^2\times15$

$=16-4\sqrt{15}$

(2) $(\sqrt{7}+\sqrt{3})(\sqrt{7}-\sqrt{3})=(\sqrt{7})^2-(\sqrt{3})^2$ ←$(a+b)(a-b)=a^2-b^2$

$=7-3$

$=4$

● 分母の有理化(1)　解き方のポイント

分母に根号を含む式は，分母と分子に同じ数を掛けて分母を有理化する。

教 p.34

問 9 次の式の分母を有理化せよ。

(1) $\dfrac{1}{\sqrt{5}}$　(2) $\dfrac{6}{\sqrt{3}}$　(3) $\dfrac{1}{\sqrt{18}}$　(4) $\dfrac{6}{\sqrt{24}}$

考え方 それぞれの式について，分母が根号を含まない式に変形するには，分母，分子に何を掛ければよいのか考える。そのとき，根号の中の数はできるだけ小さくしておく。

(3) $\sqrt{18}=\sqrt{3^2\times2}=3\sqrt{2}$ であるから，分母，分子に $\sqrt{2}$ を掛ける。

(4) $\sqrt{24}=\sqrt{2^2\times6}=2\sqrt{6}$ であるから，分母，分子に $\sqrt{6}$ を掛ける。

解 答 (1) $\dfrac{1}{\sqrt{5}}=\dfrac{1\cdot\sqrt{5}}{\sqrt{5}\cdot\sqrt{5}}=\dfrac{\sqrt{5}}{5}$

(2) $\dfrac{6}{\sqrt{3}}=\dfrac{6\cdot\sqrt{3}}{\sqrt{3}\cdot\sqrt{3}}=\dfrac{6\sqrt{3}}{3}=2\sqrt{3}$

(3) $\dfrac{1}{\sqrt{18}}=\dfrac{1}{3\sqrt{2}}=\dfrac{1\cdot\sqrt{2}}{3\sqrt{2}\cdot\sqrt{2}}=\dfrac{\sqrt{2}}{6}$

(4) $\dfrac{6}{\sqrt{24}}=\dfrac{6}{2\sqrt{6}}=\dfrac{3}{\sqrt{6}}=\dfrac{3\cdot\sqrt{6}}{\sqrt{6}\cdot\sqrt{6}}=\dfrac{3\sqrt{6}}{6}=\dfrac{\sqrt{6}}{2}$

別解 (4) $\dfrac{6}{\sqrt{24}}=\dfrac{6}{2\sqrt{6}}=\dfrac{\sqrt{6}\cdot\sqrt{6}}{2\sqrt{6}}=\dfrac{\sqrt{6}}{2}$

● 分母の有理化(2) …… 解き方のポイント

分母が，根号を含む数の和 $A+B$ や差 $A-B$ の形に表される式では，
$(A+B)(A-B)=A^2-B^2$ を利用して分母を有理化する。

教 p.34

問10 次の式の分母を有理化せよ。

(1) $\dfrac{1}{\sqrt{3}+\sqrt{2}}$　(2) $\dfrac{5}{\sqrt{7}-\sqrt{2}}$　(3) $\dfrac{\sqrt{7}+3}{\sqrt{7}-3}$

解答 (1)
$$\frac{1}{\sqrt{3}+\sqrt{2}}=\frac{\sqrt{3}-\sqrt{2}}{(\sqrt{3}+\sqrt{2})(\sqrt{3}-\sqrt{2})}=\frac{\sqrt{3}-\sqrt{2}}{(\sqrt{3})^2-(\sqrt{2})^2}$$
$$=\frac{\sqrt{3}-\sqrt{2}}{3-2}$$
$$=\sqrt{3}-\sqrt{2}$$

(2)
$$\frac{5}{\sqrt{7}-\sqrt{2}}=\frac{5(\sqrt{7}+\sqrt{2})}{(\sqrt{7}-\sqrt{2})(\sqrt{7}+\sqrt{2})}=\frac{5(\sqrt{7}+\sqrt{2})}{(\sqrt{7})^2-(\sqrt{2})^2}$$
$$=\frac{5(\sqrt{7}+\sqrt{2})}{7-2}=\frac{5(\sqrt{7}+\sqrt{2})}{5}$$
$$=\sqrt{7}+\sqrt{2}$$

(3)
$$\frac{\sqrt{7}+3}{\sqrt{7}-3}=\frac{(\sqrt{7}+3)^2}{(\sqrt{7}-3)(\sqrt{7}+3)}=\frac{(\sqrt{7})^2+2\cdot\sqrt{7}\cdot3+3^2}{(\sqrt{7})^2-3^2}$$
$$=\frac{7+6\sqrt{7}+9}{7-9}=\frac{16+6\sqrt{7}}{-2}$$
$$=-8-3\sqrt{7}$$

$$\frac{16+6\sqrt{7}}{-2}=\frac{-2(-8-3\sqrt{7})}{-2}$$

教 p.34

問11 教科書 31 ページの Set Up の $\dfrac{2}{3}$ と $\dfrac{1}{\sqrt{5}+\sqrt{2}}$ の大小関係を分母を有理化することによって比較せよ。

解答
$$\frac{1}{\sqrt{5}+\sqrt{2}}=\frac{\sqrt{5}-\sqrt{2}}{(\sqrt{5}+\sqrt{2})(\sqrt{5}-\sqrt{2})}=\frac{\sqrt{5}-\sqrt{2}}{5-2}=\frac{\sqrt{5}-\sqrt{2}}{3}$$

教科書 p.31 より，$\sqrt{5}=2.236$，$\sqrt{2}=1.414$ であるから

$$\sqrt{5}-\sqrt{2}=2.236-1.414=0.822$$

分子どうしを比べると　$\sqrt{5}-\sqrt{2}<2$

であるから　$\dfrac{1}{\sqrt{5}+\sqrt{2}}<\dfrac{2}{3}$

教 p.35

問 12　$x=\dfrac{1}{\sqrt{7}-\sqrt{5}}$，$y=\dfrac{1}{\sqrt{7}+\sqrt{5}}$ のとき，次の式の値を求めよ。

(1)　$x+y$　　(2)　xy　　(3)　x^2+y^2

考え方　x，y の分母を有理化してから，式の値を求める。

(3)　$x^2+y^2=(x+y)^2-2xy$ として，(1)，(2)の結果を利用する。

解答

$$x=\frac{\sqrt{7}+\sqrt{5}}{(\sqrt{7}-\sqrt{5})(\sqrt{7}+\sqrt{5})}=\frac{\sqrt{7}+\sqrt{5}}{2}$$

$$y=\frac{\sqrt{7}-\sqrt{5}}{(\sqrt{7}+\sqrt{5})(\sqrt{7}-\sqrt{5})}=\frac{\sqrt{7}-\sqrt{5}}{2}$$

(1)　$x+y=\dfrac{\sqrt{7}+\sqrt{5}}{2}+\dfrac{\sqrt{7}-\sqrt{5}}{2}$

$=\sqrt{7}$

(2)　$xy=\dfrac{\sqrt{7}+\sqrt{5}}{2}\cdot\dfrac{\sqrt{7}-\sqrt{5}}{2}$

$=\dfrac{(\sqrt{7})^2-(\sqrt{5})^2}{2^2}$

$=\dfrac{7-5}{4}=\dfrac{1}{2}$

(3)　$x^2+y^2=(x+y)^2-2xy$

$=(\sqrt{7})^2-2\cdot\dfrac{1}{2}$

$=7-1=6$

別解　(1)，(2)は，直接代入しても求めることができる。

(1)　$x+y=\dfrac{1}{\sqrt{7}-\sqrt{5}}+\dfrac{1}{\sqrt{7}+\sqrt{5}}$

$=\dfrac{(\sqrt{7}+\sqrt{5})+(\sqrt{7}-\sqrt{5})}{(\sqrt{7}-\sqrt{5})(\sqrt{7}+\sqrt{5})}$　　通分する

$=\dfrac{2\sqrt{7}}{7-5}=\sqrt{7}$

(2)　$xy=\dfrac{1}{\sqrt{7}-\sqrt{5}}\cdot\dfrac{1}{\sqrt{7}+\sqrt{5}}$

$=\dfrac{1\cdot1}{(\sqrt{7}-\sqrt{5})(\sqrt{7}+\sqrt{5})}$

$=\dfrac{1}{7-5}=\dfrac{1}{2}$

Training トレーニング 教 p.35

7 $a=5$, $b=-8$ のとき，次の式の値を求めよ。

(1) $|a|+|b|$　　(2) $|a+b|$

(3) $|a|-|b|$　　(4) $|a-b|$

考え方 $A \geqq 0$ のとき $|A|=A$, $A<0$ のとき $|A|=-A$ である。

解答 (1) $|a|+|b|=|5|+|-8|$
$=5+8=13$

(2) $|a+b|=|5+(-8)|$
$=|-3|=3$

(3) $|a|-|b|=|5|-|-8|$
$=5-8=-3$

(4) $|a-b|=|5-(-8)|$
$=|13|=13$

8 次の式を計算せよ。

(1) $\sqrt{13}\times\sqrt{65}\times\sqrt{15}$　　(2) $\sqrt{12}+\sqrt{48}-\sqrt{27}$

(3) $(\sqrt{7}+\sqrt{6})^2$　　(4) $(2\sqrt{3}-\sqrt{5})^2$

(5) $(\sqrt{2}-3)(3\sqrt{2}+1)$　　(6) $8(4-\sqrt{7})-(4-\sqrt{7})^2$

考え方 (5) $(ax+b)(cx+d)=acx^2+(ad+bc)x+bd$ の公式を利用する。

解答 (1) $\sqrt{13}\times\sqrt{65}\times\sqrt{15}=\sqrt{13\cdot65\cdot15}=\sqrt{13\cdot13\cdot5\cdot3\cdot5}$
$=\sqrt{13^2\cdot5^2\cdot3}=13\cdot5\cdot\sqrt{3}=65\sqrt{3}$

(2) $\sqrt{12}+\sqrt{48}-\sqrt{27}=\sqrt{2^2\cdot3}+\sqrt{4^2\cdot3}-\sqrt{3^2\cdot3}$
$=2\sqrt{3}+4\sqrt{3}-3\sqrt{3}=3\sqrt{3}$

(3) $(\sqrt{7}+\sqrt{6})^2=(\sqrt{7})^2+2\cdot\sqrt{7}\cdot\sqrt{6}+(\sqrt{6})^2$
$=7+2\sqrt{42}+6$
$=13+2\sqrt{42}$

(4) $(2\sqrt{3}-\sqrt{5})^2=(2\sqrt{3})^2-2\cdot2\sqrt{3}\cdot\sqrt{5}+(\sqrt{5})^2$
$=12-4\sqrt{15}+5$
$=17-4\sqrt{15}$

(5) $(\sqrt{2}-3)(3\sqrt{2}+1)=\sqrt{2}\cdot3\sqrt{2}+\{1\cdot1+(-3)\cdot3\}\sqrt{2}+(-3)\cdot1$
$=6-8\sqrt{2}-3$
$=3-8\sqrt{2}$

(6) $8(4-\sqrt{7})-(4-\sqrt{7})^2=(32-8\sqrt{7})-\{4^2-2\cdot4\cdot\sqrt{7}+(\sqrt{7})^2\}$
$=32-8\sqrt{7}-16+8\sqrt{7}-7$
$=9$

別解 (6) $8(4-\sqrt{7})-(4-\sqrt{7})^2=(4-\sqrt{7})\{8-(4-\sqrt{7})\}$
$=(4-\sqrt{7})(4+\sqrt{7})$
$=4^2-(\sqrt{7})^2$
$=16-7=9$

9 次の式の分母を有理化せよ。

(1) $\dfrac{6}{\sqrt{75}}$　(2) $\dfrac{4\sqrt{5}}{\sqrt{54}}$　(3) $\dfrac{\sqrt{5}+1}{\sqrt{5}-1}$　(4) $\dfrac{\sqrt{2}+2\sqrt{3}}{2\sqrt{2}+\sqrt{3}}$

考え方 (1), (2) まず，根号の中の数をできるだけ小さくする。

(3) $(A+B)(A-B)=A^2-B^2$ を利用して，分母を有理化する。

解答 (1) $\dfrac{6}{\sqrt{75}}=\dfrac{6}{\sqrt{5^2\cdot 3}}=\dfrac{6}{5\sqrt{3}}=\dfrac{6\cdot\sqrt{3}}{5\sqrt{3}\cdot\sqrt{3}}=\dfrac{6\sqrt{3}}{15}=\dfrac{2\sqrt{3}}{5}$

(2) $\dfrac{4\sqrt{5}}{\sqrt{54}}=\dfrac{4\sqrt{5}}{\sqrt{3^2\cdot 6}}=\dfrac{4\sqrt{5}}{3\sqrt{6}}=\dfrac{4\sqrt{5}\cdot\sqrt{6}}{3\sqrt{6}\cdot\sqrt{6}}=\dfrac{4\sqrt{30}}{18}=\dfrac{2\sqrt{30}}{9}$

(3) $\dfrac{\sqrt{5}+1}{\sqrt{5}-1}=\dfrac{(\sqrt{5}+1)^2}{(\sqrt{5}-1)(\sqrt{5}+1)}=\dfrac{(\sqrt{5})^2+2\cdot\sqrt{5}\cdot 1+1^2}{(\sqrt{5})^2-1^2}$

$=\dfrac{5+2\sqrt{5}+1}{5-1}=\dfrac{6+2\sqrt{5}}{4}=\dfrac{3+\sqrt{5}}{2}$

(4) $\dfrac{\sqrt{2}+2\sqrt{3}}{2\sqrt{2}+\sqrt{3}}=\dfrac{(\sqrt{2}+2\sqrt{3})(2\sqrt{2}-\sqrt{3})}{(2\sqrt{2}+\sqrt{3})(2\sqrt{2}-\sqrt{3})}$

$=\dfrac{\sqrt{2}\cdot 2\sqrt{2}-\sqrt{2}\cdot\sqrt{3}+2\sqrt{3}\cdot 2\sqrt{2}-2\sqrt{3}\cdot\sqrt{3}}{(2\sqrt{2})^2-(\sqrt{3})^2}$

$=\dfrac{4-\sqrt{6}+4\sqrt{6}-6}{8-3}=\dfrac{-2+3\sqrt{6}}{5}$

10 $x=\dfrac{1}{\sqrt{5}+2}$，$y=\dfrac{1}{\sqrt{5}-2}$ のとき，次の式の値を求めよ。

(1) x^2+xy+y^2　(2) $\dfrac{y}{x}+\dfrac{x}{y}$

考え方 x，y の分母を有理化し，$x+y$ と xy の値を求めておくとよい。
値を求める式は，$x+y$，xy を使った式に変形する。

解答

$x=\dfrac{\sqrt{5}-2}{(\sqrt{5}+2)(\sqrt{5}-2)}=\sqrt{5}-2$

$y=\dfrac{\sqrt{5}+2}{(\sqrt{5}-2)(\sqrt{5}+2)}=\sqrt{5}+2$

$x+y=(\sqrt{5}-2)+(\sqrt{5}+2)=2\sqrt{5}$

$xy=(\sqrt{5}-2)(\sqrt{5}+2)=(\sqrt{5})^2-2^2=1$

(1) $x^2+xy+y^2=(x+y)^2-xy=(2\sqrt{5})^2-1=20-1=19$

(2) $\dfrac{y}{x}+\dfrac{x}{y}=\dfrac{y^2+x^2}{xy}=\dfrac{(x+y)^2-2xy}{xy}=\dfrac{(2\sqrt{5})^2-2\cdot 1}{1}$

$=20-2=18$

Challenge 例題 整数部分と小数部分

教 p.36

用語のまとめ

整数部分と小数部分

- 実数 a に対して a を超えない最大の整数，すなわち
  $$n \leqq a < n+1$$
  を満たす整数 n を a の整数部分といい，$a-n$ を a の小数部分という。

問 1 次の実数の整数部分 a と小数部分 b を求めよ。

(1) $\dfrac{1}{\sqrt{5}-2}$ (2) $\dfrac{4}{\sqrt{5}-1}$

考え方 分母を有理化する。

解答 (1) $$\frac{1}{\sqrt{5}-2}=\frac{\sqrt{5}+2}{(\sqrt{5}-2)(\sqrt{5}+2)}=\frac{\sqrt{5}+2}{5-4}=\sqrt{5}+2$$

まず，$\sqrt{5}$ の整数部分を考える。

$2^2<5<3^2$ より $2<\sqrt{5}<3$ ← $\sqrt{5}$ を，連続する 2 つの整数ではさむ

よって，$\sqrt{5}$ の整数部分は 2

したがって，$\dfrac{1}{\sqrt{5}-2}=\sqrt{5}+2$ の整数部分 a は

$$a=2+2=4$$

また，小数部分 b は

$$b=\frac{1}{\sqrt{5}-2}-a=(\sqrt{5}+2)-4=\sqrt{5}-2$$

すなわち

$$a=4,\ b=\sqrt{5}-2$$

(2) $$\frac{4}{\sqrt{5}-1}=\frac{4(\sqrt{5}+1)}{(\sqrt{5}-1)(\sqrt{5}+1)}=\frac{4(\sqrt{5}+1)}{5-1}=\sqrt{5}+1$$

$\sqrt{5}$ の整数部分は(1)より 2

したがって，$\dfrac{4}{\sqrt{5}-1}=\sqrt{5}+1$ の整数部分 a は

$$a=2+1=3$$

また，小数部分 b は

$$b=\frac{4}{\sqrt{5}-1}-a=(\sqrt{5}+1)-3=\sqrt{5}-2$$

すなわち

$$a=3,\ b=\sqrt{5}-2$$

発展 ▶ 二重根号 　教 p.37

二重根号を外す 　解き方のポイント

$\sqrt{a+b+2\sqrt{ab}}=\sqrt{a}+\sqrt{b}$

$\sqrt{a+b-2\sqrt{ab}}=\sqrt{a}-\sqrt{b}$　ただし，$a>b$ とする。

このように変形することを **二重根号を外す** という。

教 p.37

問 1　次の式の二重根号を外して簡単にせよ。

(1)　$\sqrt{4+2\sqrt{3}}$　　(2)　$\sqrt{6-2\sqrt{8}}$

(3)　$\sqrt{7+\sqrt{24}}$　　(4)　$\sqrt{7-\sqrt{48}}$

(5)　$\sqrt{11+4\sqrt{7}}$　　(6)　$\sqrt{3-\sqrt{5}}$

考え方　次のようにして，根号の中を $m+2\sqrt{n}$，または，$m-2\sqrt{n}$ の形に直す。

(3)　$\sqrt{24}=2\sqrt{6}$　　(4)　$\sqrt{48}=2\sqrt{12}$

(5)　$4\sqrt{7}=2\sqrt{7\cdot 4}$　　(6)　$\sqrt{5}=\dfrac{2\sqrt{5}}{2}$

解答

(1)
$$\begin{aligned}&\sqrt{4+2\sqrt{3}}\\&=\sqrt{(3+1)+2\sqrt{3\cdot 1}}\\&=\sqrt{3}+1\end{aligned}$$

(2)
$$\begin{aligned}&\sqrt{6-2\sqrt{8}}\\&=\sqrt{(4+2)-2\sqrt{4\cdot 2}}\\&=\sqrt{4}-\sqrt{2}\\&=2-\sqrt{2}\end{aligned}$$

(3)
$$\begin{aligned}&\sqrt{7+\sqrt{24}}\\&=\sqrt{7+2\sqrt{6}}\\&=\sqrt{(6+1)+2\sqrt{6\cdot 1}}\\&=\sqrt{6}+1\end{aligned}$$

(4)
$$\begin{aligned}&\sqrt{7-\sqrt{48}}\\&=\sqrt{(4+3)-2\sqrt{4\cdot 3}}\\&=\sqrt{4}-\sqrt{3}\\&=2-\sqrt{3}\end{aligned}$$

(5)
$$\begin{aligned}&\sqrt{11+4\sqrt{7}}\\&=\sqrt{(7+4)+2\sqrt{7\cdot 4}}\\&=\sqrt{7}+\sqrt{4}\\&=\sqrt{7}+2\end{aligned}$$

(6)
$$\begin{aligned}&\sqrt{3-\sqrt{5}}\\&=\sqrt{\frac{6-2\sqrt{5}}{2}}\\&=\frac{\sqrt{(5+1)-2\sqrt{5\cdot 1}}}{\sqrt{2}}\\&=\frac{\sqrt{5}-1}{\sqrt{2}}\\&=\frac{\sqrt{10}-\sqrt{2}}{2}\end{aligned}$$

3節　1次不等式

1 不等式と1次不等式

Set Up　教 p.38

お客の希望する分量を量って売ることを「量り売り」といい，お菓子や惣菜，肉など様々なものが売られている。
今，1g あたり3円で売っているお菓子がある。
このお菓子を20円の容器に入れて，代金を500円以内にしたい。
お菓子は何gまで買うことができるだろうか。

解答　159g 買うとき　$159 \times 3 + 20 = 497$（円）
160g 買うとき　$160 \times 3 + 20 = 500$（円）
161g 買うとき　$161 \times 3 + 20 = 503$（円）
したがって，お菓子は160gまで買うことができる。

用語のまとめ

不等式

- 2つの数量の間の大小関係を不等号 $>$，$<$，$\geqq$，$\leqq$ を用いて表した式を **不等式** という。
- 不等式において，不等号の左側を **左辺**，右側を **右辺** といい，合わせて **両辺** という。

不等式
$150x \leqq 1000$
左辺　右辺
両辺

不等式とその解

- x についての不等式を満たす x の値の範囲をその不等式の **解** といい，解を求めることを，不等式を **解く** という。

1次不等式の解法

- 不等式においても，方程式の場合と同様に **移項** することができる。
- 移項して整理することにより
　（1次式）> 0，（1次式）< 0，（1次式）$\geqq 0$，（1次式）$\leqq 0$
　のいずれかの形に変形できる不等式を **1次不等式** という。

教 p.38

問1　次の大小関係を，不等式で表せ。
(1)　x を3倍して8を引いた値は，10より小さい。
(2)　1個100円のみかんを5個と，1個150円のりんごを x 個買うと，代金は1000円以上になる。

考え方 (1)の「10 より小さい」は，10 を含まない。

(2)の「1000 円以上」は，1000 円を含む。

解 答 (1) $3x-8<10$

(2) $500+150x \geqq 1000$

a より大きい ………… $>a$
a より小さい(未満) … $<a$
a 以上 ………………… $\geqq a$
a 以下 ………………… $\leqq a$

教 p.39

考察・1-1 Set Up で表した $3x+20 \leqq 500$ ……① の x にいろいろな値を代入し，買うことができるお菓子の量 x を予想してみよう。

解 答

x	左辺		右辺
130	410	$<$	500
140	440	$<$	500
150	470	$<$	500
160	500	$=$	500
170	530	$>$	500
180	560	$>$	500

買うことができるお菓子の量は 160 g 以下である。

● 不等式の性質 …… **解き方のポイント**

(1) $a<b$ ならば $a+c<b+c$, $a-c<b-c$

(2) $c>0$ のとき $a<b$ ならば $ac<bc$, $\dfrac{a}{c}<\dfrac{b}{c}$

(3) $c<0$ のとき $a<b$ ならば $ac>bc$, $\dfrac{a}{c}>\dfrac{b}{c}$

不等式の両辺に同じ負の数を掛けたり，両辺を同じ負の数で割ったりすると，不等号の向きが変わる。

教 p.41

問 2 次の x の値のうち，考察・1-3 の不等式 $2x+1<7$ を満たすものはどれか。考察・1-3 で求めた $x<3$ の意味にもとづき説明せよ。

(1) $x=8$ (2) $x=3$ (3) $x=2.8$ (4) $x=1$
(5) $x=0$ (6) $x=-\sqrt{7}$ (7) $x=-6$ (8) $x=-1000$

考え方 (2) $x<3$ であるから，$x=3$ は含まれない。

(6)〜(8) $x<3$ であるから，負の数はすべて含まれる。

解 答 不等式 $2x+1<7$ を満たす数は，3 未満の実数である。

すなわち (3), (4), (5), (6), (7), (8)

● 1次不等式の解き方　　解き方のポイント

[1] x を含む項を左辺に，定数項を右辺に移項する。

[2] $ax > b$ または $ax < b$ の形に整理する。

[3] 不等式の両辺を x の係数 a で割る。
このとき，負の数で割るときは，不等号の向きが変わることに注意する。

教 p.42

問3　次の不等式を解け。

(1) $8x - 9 < 7$　　(2) $3x + 27 > 0$

考え方　左辺の定数項を右辺に移項し，両辺を x の係数で割る。

解答　(1) $8x - 9 < 7$

-9 を右辺に移項すると

$8x < 7 + 9$

整理すると　$8x < 16$

両辺を 8 で割ると

$x < 2$

(2) $3x + 27 > 0$

27 を右辺に移項すると

$3x > -27$

両辺を 3 で割ると

$x > -9$

教 p.42

問4　次の不等式を解け。

(1) $9x + 4 \leqq 7x - 6$　　(2) $4 - 9x \geqq 1 - 3x$

考え方　x を含む項を左辺に，定数項を右辺に移項して整理し，両辺を x の係数で割る。両辺を負の数で割るときは，不等号の向きが変わることに注意する。

解答　(1) $9x + 4 \leqq 7x - 6$

4 を右辺に，$7x$ を左辺に移項すると

$9x - 7x \leqq -6 - 4$

整理すると　$2x \leqq -10$

両辺を 2 で割ると　$x \leqq -5$

(2) $4 - 9x \geqq 1 - 3x$

4 を右辺に，$-3x$ を左辺に移項すると

$-9x + 3x \geqq 1 - 4$

整理すると　$-6x \geqq -3$

両辺を -6 で割ると　$x \leqq \dfrac{1}{2}$

（負の数で割るとき，不等号の向きが変わる）

教 p.42

問5 教科書 38 ページの Set Up の不等式 $3x+20 \leqq 500$ を解け。

解答

$3x+20 \leqq 500$

20 を右辺に移項すると $3x \leqq 500-20$

整理すると $3x \leqq 480$

両辺を 3 で割ると $x \leqq \dfrac{480}{3}$

$x \leqq 160$

教 p.43

問6 次の不等式を解け。

(1) $4(x+1) > x-5$ (2) $6x-3(2x-5) < 4x+5$

考え方 括弧がある場合には，括弧を外して整理してから解く。

解答 (1)

$4(x+1) > x-5$

左辺の括弧を外すと

$4x+4 > x-5$

$3x > -9$

両辺を 3 で割ると

$x > -3$

(2)

$6x-3(2x-5) < 4x+5$

左辺の括弧を外すと

$6x-6x+15 < 4x+5$

$-4x < -10$

両辺を -4 で割ると

$x > \dfrac{5}{2}$

教 p.43

問7 次の不等式を解け。

(1) $\dfrac{x-1}{4} \leqq 2-x$ (2) $\dfrac{x}{2}-\dfrac{2}{3} \geqq \dfrac{5(x-2)}{6}$

考え方 x の係数が整数でない場合には，両辺を何倍かして，係数を整数に直す。

(2) 分母の最小公倍数を，不等式の両辺に掛ける。

解答 (1)

$\dfrac{x-1}{4} \leqq 2-x$

不等式の両辺に 4 を掛けて

$4 \times \dfrac{x-1}{4} \leqq 4(2-x)$

$x-1 \leqq 8-4x$

$5x \leqq 9$

両辺を 5 で割ると

$x \leqq \dfrac{9}{5}$

(2)

$\dfrac{x}{2}-\dfrac{2}{3} \geqq \dfrac{5(x-2)}{6}$

不等式の両辺に 6 を掛けて

$6 \times \dfrac{x}{2}-6 \times \dfrac{2}{3} \geqq 6 \times \dfrac{5(x-2)}{6}$

$3x-4 \geqq 5(x-2)$

$3x-4 \geqq 5x-10$

$-2x \geqq -6$

両辺を -2 で割ると

$x \leqq 3$

2 不等式の応用

用語のまとめ

連立 1 次不等式の解法

- 2 つ以上の不等式を組み合わせたものを **連立不等式** という。また，それらの不等式を同時に満たす x の値の範囲を，その連立不等式の **解** という。

教 p.44

問 8 考察 2-1 をもとに，上の Set Up の整数 x をすべて求めよ。

解答 $x=2,\ 3,\ 4,\ 5$

教 p.45

問 9 次の連立不等式を解け。

(1) $\begin{cases} 2x-5<3 \\ 4x+7>x-2 \end{cases}$　　(2) $\begin{cases} 3x-1<x+5 \\ x \leqq 2(x+1) \end{cases}$

考え方 それぞれの不等式を解き，それらの解の共通の範囲を求める。

解答 (1) $\begin{cases} 2x-5<3 & \cdots\cdots ① \\ 4x+7>x-2 & \cdots\cdots ② \end{cases}$

①より　$2x<8$

両辺を 2 で割って　$x<4$ ……③

②より　$3x>-9$

両辺を 3 で割って　$x>-3$ ……④

求める解は，③，④を同時に満たす x の値の範囲であるから

$-3<x<4$

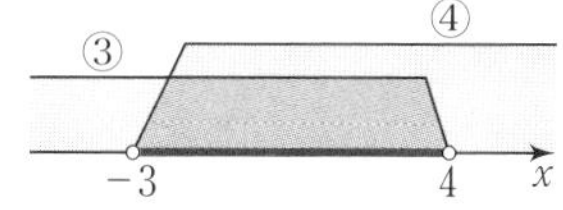

(2) $\begin{cases} 3x-1<x+5 & \cdots\cdots ① \\ x \leqq 2(x+1) & \cdots\cdots ② \end{cases}$

①より　$2x<6$

両辺を 2 で割って　$x<3$ ……③

②より　$x \leqq 2x+2$

$-x \leqq 2$

両辺を -1 で割って

$x \geqq -2$ ……④

求める解は，③，④を同時に満たす x の値の範囲であるから

$-2 \leqq x<3$

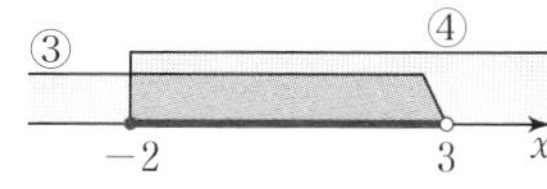

教 p.45

問 10　上の例題 3 で，$\begin{cases} 2x-5<3x-2 \\ 2x-5<5x-6 \end{cases}$ という組み合わせを考えても解くことができるだろうか。

解答

$\begin{cases} 2x-5<3x-2 & \cdots\cdots① \\ 2x-5<5x-6 & \cdots\cdots② \end{cases}$

①より　$x>-3$　……③

②より　$x>\dfrac{1}{3}$　……④

③，④の共通の範囲を求めると

$x>\dfrac{1}{3}$

しかし，例えば，$x=1$ のとき

$2x-5=-3$，$3x-2=1$，$5x-6=-1$

となり，もとの不等式は成り立たない。

$\begin{cases} 2x-5<3x-2 \\ 2x-5<5x-6 \end{cases}$ では，$3x-2$ と $5x-6$ の大小関係が反映されていないから，この組み合わせでは **解くことはできない。**

● $A<B<C$ の形の不等式の解き方　解き方のポイント

$A<B<C$ の形をした不等式は，連立不等式 $\begin{cases} A<B \\ B<C \end{cases}$ を解けばよい。

教 p.45

問 11　不等式 $3x-2<x \leqq -2x-6$ を解け。

解答　この不等式を解くには，次の連立不等式を解けばよい。

$\begin{cases} 3x-2<x & \cdots\cdots① \\ x \leqq -2x-6 & \cdots\cdots② \end{cases}$

① より　$2x<2$ となるから　$x<1$　……③

② より　$3x \leqq -6$ となるから　$x \leqq -2$　……④

求める解は ③，④ の共通の範囲であるから

$x \leqq -2$

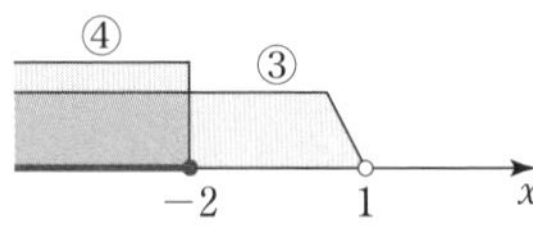

1 次不等式の応用 解き方のポイント

不等式の文章題は，次のように考えるとよい。

1. 何を x で表すか決める。
2. 数量の大小関係を不等式で表す。
3. 不等式を解いて，解を求める。
4. 求めた解が問題に合っているか確認する。

教 p.46

問 12 1 回に 750 kg の重さまで運ぶことのできるエレベーターがある。このエレベーターで 1 個 50 kg の荷物を 2 人で何個か運びたい。2 人の体重の合計が 120 kg のとき，荷物は 1 回に何個まで運ぶことができるか。

考え方 荷物の数を x 個として，重さについての不等式をつくる。

(荷物の重さ)＋(体重の合計) $\leqq 750$

求めるものは荷物の個数であるから，整数で答える。

解答 荷物を 1 回に x 個運ぶとすると，x 個の荷物の重さは $50x$ kg であるから，2 人で運ぶときの全体の重さは

$(50x+120)$ kg

となる。これが，750 kg 以下であることから

$$50x+120 \leqq 750$$

$$50x \leqq 630$$

よって $$x \leqq \frac{630}{50} = 12.6$$

これを満たす最大の整数 x は 12 である。

したがって，1 回に運ぶことができる荷物の個数は

12 個まで

Training トレーニング 教 p.47

11 次の不等式を解け。

(1) $2+5x<3x-6$　　(2) $7-3x \leqq 2x-3$

(3) $2x+7<2(3x-4)-5$　　(4) $4x+6(3-x) \geqq 32$

(5) $\dfrac{3-2x}{6} \geqq \dfrac{x+8}{4}-x$　　(6) $0.4(2x-1) \leqq 0.3x+1.6$

考え方 (3), (4) 括弧を外して整理してから解く。

(5), (6) 係数を整数にして解く。

解答 (1)
$$\begin{aligned} 2+5x &< 3x-6 \\ 5x-3x &< -6-2 \\ 2x &< -8 \\ \boldsymbol{x} &< \boldsymbol{-4} \end{aligned}$$

(2)
$$\begin{aligned} 7-3x &\leqq 2x-3 \\ -3x-2x &\leqq -3-7 \\ -5x &\leqq -10 \\ \boldsymbol{x} &\boldsymbol{\geqq 2} \end{aligned}$$

(3)
$$\begin{aligned} 2x+7 &< 2(3x-4)-5 \\ 2x+7 &< 6x-8-5 \\ -4x &< -20 \\ \boldsymbol{x} &\boldsymbol{> 5} \end{aligned}$$

(4)
$$\begin{aligned} 4x+6(3-x) &\geqq 32 \\ 4x+18-6x &\geqq 32 \\ -2x &\geqq 14 \\ \boldsymbol{x} &\boldsymbol{\leqq -7} \end{aligned}$$

(5) 両辺に 12 を掛けて

$$\begin{aligned} 12\times\frac{3-2x}{6} &\geqq 12\times\left(\frac{x+8}{4}-x\right) \\ 2(3-2x) &\geqq 3(x+8)-12x \\ 6-4x &\geqq 3x+24-12x \\ 5x &\geqq 18 \\ \boldsymbol{x} &\boldsymbol{\geqq \frac{18}{5}} \end{aligned}$$

(6) 両辺に 10 を掛けて

$$\begin{aligned} 10\times 0.4(2x-1) &\leqq 10(0.3x+1.6) \\ 4(2x-1) &\leqq 3x+16 \\ 8x-4 &\leqq 3x+16 \\ 5x &\leqq 20 \\ \boldsymbol{x} &\boldsymbol{\leqq 4} \end{aligned}$$

12 次の連立不等式を解け。

(1) $\begin{cases} 6-4x<-2 \\ 2x-8<3(4-x) \end{cases}$　　(2) $\begin{cases} x \leqq 3(2-x)+4 \\ \dfrac{x-1}{2} \leqq -\dfrac{x+1}{3} \end{cases}$

解　答　(1)　$\begin{cases} 6-4x<-2 & \cdots\cdots ① \\ 2x-8<3(4-x) & \cdots\cdots ② \end{cases}$

① より　$-4x<-2-6$ となるから　$-4x<-8$

両辺を -4 で割って　$x>2$ ……③

② より　$2x-8<12-3x$ となるから　$5x<20$

両辺を 5 で割って　$x<4$ ……④

求める解は ③, ④ の共通の範囲であるから　$2<x<4$

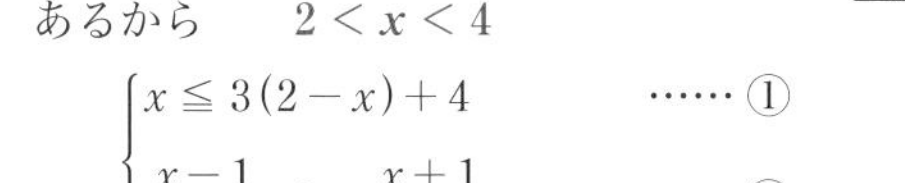

(2)　$\begin{cases} x \leqq 3(2-x)+4 & \cdots\cdots ① \\ \dfrac{x-1}{2} \leqq -\dfrac{x+1}{3} & \cdots\cdots ② \end{cases}$

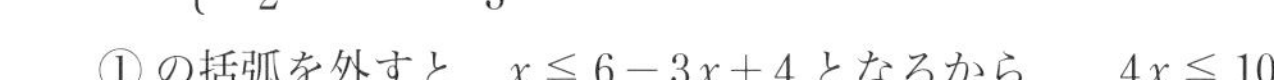

① の括弧を外すと　$x \leqq 6-3x+4$ となるから　$4x \leqq 10$

両辺を 4 で割って　$x \leqq \dfrac{5}{2}$ ……③

② の両辺に 6 を掛けて　$6 \times \dfrac{x-1}{2} \leqq 6 \times \left(-\dfrac{x+1}{3}\right)$

$$3(x-1) \leqq -2(x+1)$$

$$3x-3 \leqq -2x-2$$

となるから　$5x \leqq 1$

両辺を 5 で割って　$x \leqq \dfrac{1}{5}$ ……④

求める解は ③, ④ の共通の範囲であるから　$x \leqq \dfrac{1}{5}$

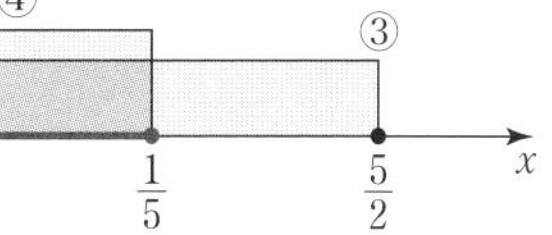

13 不等式 $3-2x<3x-2 \leqq 10+x$ を解け。

考え方　不等式 $A<B<C$ は，連立不等式 $\begin{cases} A<B \\ B<C \end{cases}$ を解けばよい。

解　答　この不等式を解くには，次の連立不等式を解けばよい。

$\begin{cases} 3-2x<3x-2 & \cdots\cdots ① \\ 3x-2 \leqq 10+x & \cdots\cdots ② \end{cases}$

① より　$-5x<-5$ となるから　$x>1$ ……③

② より　$2x \leqq 12$ となるから　$x \leqq 6$ ……④

求める解は ③, ④ の共通の範囲であるから　$1<x \leqq 6$

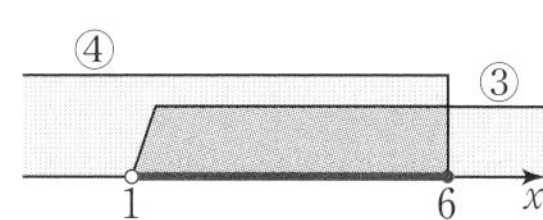

14 1本320円のユリと1本240円のバラを合わせて16本買い，400円の花かごに入れて，代金が5000円以下になるようにしたい。ユリをなるべく多く入れるには，ユリとバラをそれぞれ何本ずつ買えばよいか。

考え方 ユリの本数をx本として，バラの本数をxの式で表し，不等式をつくる。

解答 ユリをx本買うとすると，バラの本数は$(16-x)$本である。

代金が5000円以下になることから

$$320x+240(16-x)+400 \leqq 5000$$

両辺を40で割って

$$8x+6(16-x)+10 \leqq 125$$

$$8x+96-6x+10 \leqq 125$$

$$2x \leqq 19$$

$$x \leqq 9.5$$

これを満たす最大の整数xは9である。

よって，バラの本数は　$16-x=16-9=7$

したがって，**ユリを9本，バラを7本**買えばよい。

15 右の例をもとに，1次方程式の解き方と1次不等式の解き方で，共通する点，異なる点を答えよ。

〈1次方程式〉	〈1次不等式〉
$4x-3=7x+9$	$4x-3 \leqq 7x+9$
$4x-7x=9+3$	$4x-7x \leqq 9+3$
$-3x=12$	$-3x \leqq 12$
$x=-4$	$x \geqq -4$

解答 **共通する点**

・両辺に同じ数を足したり，引いたり，正の数を掛けたり，正の数で割ったりしても，1次方程式の等号は成り立ち，1次不等式の不等号の向きは変わらない。

・1次方程式も1次不等式も，移項して式を簡単にすることができる。また，移項するとき，1次方程式，1次不等式のいずれにおいても符号が変わる。

異なる点

・両辺に負の数を掛けたり，負の数で割ったりするとき，1次方程式では等号は成り立つが，1次不等式では不等号の向きが変わる。

参考 ▶ 絶対値記号を含む方程式・不等式

教 p.48-49

● 絶対値と方程式・不等式 …… 解き方のポイント

$a>0$ のとき

$|x|=a$ を満たす x は

$x=\pm a$

$|x|<a$ を満たす x の範囲は

$-a<x<a$

$|x|>a$ を満たす x の範囲は

$x<-a$ または $a<x$

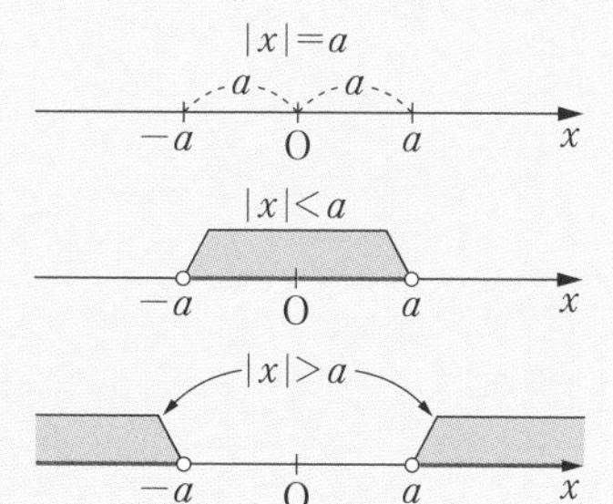

教 p.48

問 1 次の方程式を解け。

(1) $|x-2|=4$　　(2) $|x+7|=3$

解答 (1) $x-2=\pm 4$ より

$x=2\pm 4$

すなわち

$x=6,\ -2$

(2) $x+7=\pm 3$ より

$x=-7\pm 3$

すなわち

$x=-4,\ -10$

教 p.48

問 2 次の不等式を解け。

(1) $|2x|<4$　　(2) $|x+2|\leqq 5$

解答 (1) $-4<2x<4$

の各辺を 2 で割って

$-2<x<2$

(2) $-5\leqq x+2\leqq 5$

の各辺に -2 を加えて

$-7\leqq x\leqq 3$

教 p.49

問 3 次の不等式を解け。

(1) $|x+5|>6$　　(2) $|3x|\geqq 9$

解答 (1) $x+5<-6$ または $6<x+5$

それぞれの不等式を解いて

$x<-11,\ 1<x$

(2) $3x\leqq -9$ または $9\leqq 3x$

それぞれの不等式を解いて

$x\leqq -3,\ 3\leqq x$

絶対値記号を含む方程式 …… 解き方のポイント

絶対値については，次のことが成り立つ。

$a \geqq 0$ のとき　$|a| = a$

$a < 0$ のとき　$|a| = -a$

方程式の絶対値記号を外すには，このことを利用して，場合分けをして考える。

注意　このとき，それぞれの場合で得られた x の値が，場合分けの条件を満たすかどうか確認する。

教 p.49

問 4　方程式 $|x-5| = 2x-1$ を解け。

考え方　絶対値記号の中の式の正負によって，次の 2 つの場合に分けて考える。

(i)　$x-5 \geqq 0$ のとき

(ii)　$x-5 < 0$ のとき

解答　(i)　$x-5 \geqq 0$　すなわち　$x \geqq 5$　…… ①

のとき，$|x-5| = x-5$ であるから

$$x-5 = 2x-1$$

$$-x = 4$$

よって　$x = -4$　…… ②

② は ① を満たさないから，解ではない。

(ii)　$x-5 < 0$　すなわち　$x < 5$　…… ③

のとき，$|x-5| = -(x-5)$ であるから

$$-(x-5) = 2x-1$$

$$-x+5 = 2x-1$$

$$-3x = -6$$

よって　$x = 2$　…… ④

④ は ③ を満たす。

(i), (ii) より，求める解は　$x = 2$

教 p.50-51

1 次の式を展開せよ。

(1) $(x+1)(x+2)(x+3)(x+4)$

(2) $(x-2)(x-1)(x+4)(x+8)$

(3) $(a+b-c+d)(a-b+c+d)$

(4) $(x-2)(x+2)(x^2+4)(x^4+16)$

考え方 (1), (2) 共通な部分ができるように，積の順序を工夫する。

(3) $a+d$，$b-c$ を1つのまとまりとみる。

(4) $(a+b)(a-b)=a^2-b^2$ を繰り返し利用する。

解答 (1)

$$\begin{aligned}&(x+1)(x+2)(x+3)(x+4)\\&=\{(x+1)(x+4)\}\{(x+2)(x+3)\}\\&=(x^2+5x+4)(x^2+5x+6)\end{aligned}$$

積の順序を工夫する

$x^2+5x=A$ とおくと

$$\begin{aligned}&\{(x^2+5x)+4\}\{(x^2+5x)+6\}\\&=(A+4)(A+6)\\&=A^2+10A+24\\&=(x^2+5x)^2+10(x^2+5x)+24\\&=x^4+10x^3+25x^2+10x^2+50x+24\\&=\boldsymbol{x^4+10x^3+35x^2+50x+24}\end{aligned}$$

(2)

$$\begin{aligned}&(x-2)(x-1)(x+4)(x+8)\\&=\{(x-2)(x+4)\}\{(x-1)(x+8)\}\\&=(x^2+2x-8)(x^2+7x-8)\end{aligned}$$

積の順序を工夫する

$x^2-8=A$ とおくと

$$\begin{aligned}&\{(x^2-8)+2x\}\{(x^2-8)+7x\}\\&=(A+2x)(A+7x)\\&=A^2+(2x+7x)A+2x\cdot 7x\\&=A^2+9xA+14x^2\\&=(x^2-8)^2+9x(x^2-8)+14x^2\\&=x^4-16x^2+64+9x^3-72x+14x^2\\&=\boldsymbol{x^4+9x^3-2x^2-72x+64}\end{aligned}$$

(3)

$$\begin{aligned}&(a+b-c+d)(a-b+c+d)\\&=\{(a+d)+(b-c)\}\{(a+d)-(b-c)\}\\&=(a+d)^2-(b-c)^2\\&=a^2+2ad+d^2-(b^2-2bc+c^2)\\&=\boldsymbol{a^2-b^2-c^2+d^2+2ad+2bc}\end{aligned}$$

(4) $(x-2)(x+2)(x^2+4)(x^4+16)$

$=\{(x-2)(x+2)\}(x^2+4)(x^4+16)$

$=(x^2-4)(x^2+4)(x^4+16)$

$=\{(x^2-4)(x^2+4)\}(x^4+16)$

$=(x^4-16)(x^4+16)$

$=\boldsymbol{x^8-256}$

2 $x+y+z=2$，$xy+yz+zx=1$ のとき，次の式の値を求めよ。

$x^2+y^2+z^2$

考え方 $(x+y+z)^2=x^2+y^2+z^2+2xy+2yz+2zx$ を利用する。

解　答 $(x+y+z)^2=x^2+y^2+z^2+2(xy+yz+zx)$ より

$x^2+y^2+z^2=(x+y+z)^2-2(xy+yz+zx)$

$=2^2-2\cdot 1$

$=4-2$

$=\boldsymbol{2}$

3 次の式を因数分解せよ。

(1) $x^2-y^2-z^2+2yz$　(2) $(x-3)(x-1)(x+2)(x+4)+24$

(3) x^4-7x^2+12　(4) $(a+b+c+1)(a+1)+bc$

(5) $a(b^2-c^2)+b(c^2-a^2)+c(a^2-b^2)$

(6) $abx^2-(a^2+b^2)x+(a^2-b^2)$

考え方 (1) $x^2-y^2-z^2+2yz=x^2-(y^2+z^2-2yz)$ と考える。

(2) $(x-3)(x+4)$，$(x-1)(x+2)$ をそれぞれ展開して共通部分を見つける。

(3) $x^4=(x^2)^2$ と考える。

(4) $a+1=A$ とおく。

(5)，(6) 最も次数の低い文字が2種類以上あるから，その中の1種類について整理する。

解　答 (1) $x^2-y^2-z^2+2yz=x^2-(y^2+z^2-2yz)$

$=x^2-(y-z)^2$

$=\{x+(y-z)\}\{x-(y-z)\}$

$=\boldsymbol{(x+y-z)(x-y+z)}$

(2) $(x-3)(x-1)(x+2)(x+4)+24$

$=\{(x-3)(x+4)\}\{(x-1)(x+2)\}+24$

$=(x^2+x-12)(x^2+x-2)+24$

$x^2+x=A$ とおくと

$$\begin{aligned}(x^2+x-12)(x^2+x-2)+24&=(A-12)(A-2)+24\\&=A^2-14A+24+24\\&=A^2-14A+48\\&=(A-6)(A-8)\\&=(x^2+x-6)(x^2+x-8)\\&=(x+3)(x-2)(x^2+x-8)\end{aligned}$$

(3) $$\begin{aligned}x^4-7x^2+12&=(x^2)^2-7x^2+12\\&=(x^2-4)(x^2-3)\\&=(x+2)(x-2)(x^2-3)\end{aligned}$$

$x^2=X$ とおくと

$$\begin{aligned}x^4-7x^2+12&=X^2-7X+12\\&=(X-4)(X-3)\end{aligned}$$

(4) $a+1=A$ とおくと

$$\begin{aligned}\{(a+1)+b+c\}(a+1)+bc&=(A+b+c)A+bc\\&=A^2+(b+c)A+bc\\&=(A+b)(A+c)\\&=(a+b+1)(a+c+1)\end{aligned}$$

(5) $$\begin{aligned}&a(b^2-c^2)+b(c^2-a^2)+c(a^2-b^2)\\&=(c-b)a^2+(b^2-c^2)a+bc^2-b^2c\\&=(c-b)a^2+(b+c)(b-c)a+bc(c-b)\\&=(c-b)a^2-(b+c)(c-b)a+bc(c-b)\\&=(c-b)\{a^2-(b+c)a+bc\}\\&=(c-b)(a-b)(a-c)\\&=(a-b)(b-c)(c-a)\end{aligned}$$

a について整理する

共通な因数 $c-b$ でくくる

(6) $$\begin{aligned}&abx^2-(a^2+b^2)x+(a^2-b^2)\\&=abx^2-(a^2+b^2)x+(a+b)(a-b)\\&=\{ax-(a+b)\}\{bx-(a-b)\}\\&=(ax-a-b)(bx-a+b)\end{aligned}$$

x について整理する

a	$-(a+b)$	→	$-ab-b^2$
b	$-(a-b)$	→	$-a^2+ab$
			$-a^2-b^2$

4 次の式を計算せよ。

(1) $(1+\sqrt{2}+\sqrt{3})^2$

(2) $(\sqrt{2}+2\sqrt{3}+\sqrt{10})(\sqrt{2}-2\sqrt{3}+\sqrt{10})$

(3) $\dfrac{1}{(\sqrt{3}+1)^2}+\dfrac{1}{(\sqrt{3}-1)^2}$

(4) $\dfrac{1}{\sqrt{2}+1}+\dfrac{1}{\sqrt{3}+\sqrt{2}}+\dfrac{1}{2+\sqrt{3}}$

考え方 (1) $(a+b+c)^2=a^2+b^2+c^2+2ab+2bc+2ca$ を用いる。

(2) $(\sqrt{2}+2\sqrt{3}+\sqrt{10})(\sqrt{2}-2\sqrt{3}+\sqrt{10})$

$=\{(\sqrt{2}+\sqrt{10})+2\sqrt{3}\}\{(\sqrt{2}+\sqrt{10})-2\sqrt{3}\}$ と考える。

(3) まず，通分する。

(4) まず，それぞれの分数の分母を有理化する。

解 答 (1)

$$\begin{aligned}&(1+\sqrt{2}+\sqrt{3})^2\\&=1^2+(\sqrt{2})^2+(\sqrt{3})^2+2\cdot1\cdot\sqrt{2}+2\cdot\sqrt{2}\cdot\sqrt{3}+2\cdot\sqrt{3}\cdot1\\&=1+2+3+2\sqrt{2}+2\sqrt{6}+2\sqrt{3}\\&=6+2\sqrt{2}+2\sqrt{3}+2\sqrt{6}\end{aligned}$$

(2)

$$\begin{aligned}&(\sqrt{2}+2\sqrt{3}+\sqrt{10})(\sqrt{2}-2\sqrt{3}+\sqrt{10})\\&=\{(\sqrt{2}+\sqrt{10})+2\sqrt{3}\}\{(\sqrt{2}+\sqrt{10})-2\sqrt{3}\}\\&=(\sqrt{2}+\sqrt{10})^2-(2\sqrt{3})^2\\&=(\sqrt{2})^2+2\cdot\sqrt{2}\cdot\sqrt{10}+(\sqrt{10})^2-12\\&=2+2\sqrt{2^2\cdot5}+10-12\\&=4\sqrt{5}\end{aligned}$$

(3)

$$\begin{aligned}\frac{1}{(\sqrt{3}+1)^2}+\frac{1}{(\sqrt{3}-1)^2}&=\frac{(\sqrt{3}-1)^2+(\sqrt{3}+1)^2}{(\sqrt{3}+1)^2(\sqrt{3}-1)^2}\\&=\frac{(\sqrt{3}-1)^2+(\sqrt{3}+1)^2}{\{(\sqrt{3}+1)(\sqrt{3}-1)\}^2}\\&=\frac{(3-2\sqrt{3}+1)+(3+2\sqrt{3}+1)}{2^2}\\&=\frac{8}{4}\\&=2\end{aligned}$$

(4)

$$\begin{aligned}&\frac{1}{\sqrt{2}+1}+\frac{1}{\sqrt{3}+\sqrt{2}}+\frac{1}{2+\sqrt{3}}\\&=\frac{\sqrt{2}-1}{(\sqrt{2}+1)(\sqrt{2}-1)}+\frac{\sqrt{3}-\sqrt{2}}{(\sqrt{3}+\sqrt{2})(\sqrt{3}-\sqrt{2})}+\frac{2-\sqrt{3}}{(2+\sqrt{3})(2-\sqrt{3})}\\&=\frac{\sqrt{2}-1}{2-1}+\frac{\sqrt{3}-\sqrt{2}}{3-2}+\frac{2-\sqrt{3}}{4-3}\\&=(\sqrt{2}-1)+(\sqrt{3}-\sqrt{2})+(2-\sqrt{3})\\&=1\end{aligned}$$

5 次の問に答えよ。

(1) $(1+\sqrt{2}+\sqrt{3})(1+\sqrt{2}-\sqrt{3})$ を計算せよ。

(2) (1)の結果を利用して，$\dfrac{1}{1+\sqrt{2}+\sqrt{3}}$ の分母を有理化せよ。

考え方 (1) $(1+\sqrt{2}+\sqrt{3})(1+\sqrt{2}-\sqrt{3})=\{(1+\sqrt{2})+\sqrt{3}\}\{(1+\sqrt{2})-\sqrt{3}\}$ と考える。

解　答 (1)
$$\begin{aligned}(1+\sqrt{2}+\sqrt{3})(1+\sqrt{2}-\sqrt{3})&=\{(1+\sqrt{2})+\sqrt{3}\}\{(1+\sqrt{2})-\sqrt{3}\}\\&=(1+\sqrt{2})^2-(\sqrt{3})^2\\&=1^2+2\cdot1\cdot\sqrt{2}+(\sqrt{2})^2-3\\&=1+2\sqrt{2}+2-3\\&=2\sqrt{2}\end{aligned}$$

(2)
$$\begin{aligned}\frac{1}{1+\sqrt{2}+\sqrt{3}}&=\frac{1+\sqrt{2}-\sqrt{3}}{(1+\sqrt{2}+\sqrt{3})(1+\sqrt{2}-\sqrt{3})}\\&=\frac{1+\sqrt{2}-\sqrt{3}}{2\sqrt{2}}\\&=\frac{(1+\sqrt{2}-\sqrt{3})\cdot\sqrt{2}}{2\sqrt{2}\cdot\sqrt{2}}\\&=\frac{2+\sqrt{2}-\sqrt{6}}{4}\end{aligned}$$

6 $x=\dfrac{\sqrt{5}-\sqrt{3}}{\sqrt{5}+\sqrt{3}}$ のとき，次の式の値を求めよ。

(1) $x+\dfrac{1}{x}$　　(2) $x^2+\dfrac{1}{x^2}$

考え方 まず，x と $\dfrac{1}{x}$ の分母を有理化する。

(2) $\left(x+\dfrac{1}{x}\right)^2=x^2+2\cdot x\cdot\dfrac{1}{x}+\dfrac{1}{x^2}=x^2+\dfrac{1}{x^2}+2$ を利用する。

解　答
$$x=\frac{\sqrt{5}-\sqrt{3}}{\sqrt{5}+\sqrt{3}}=\frac{(\sqrt{5}-\sqrt{3})^2}{(\sqrt{5}+\sqrt{3})(\sqrt{5}-\sqrt{3})}=\frac{5-2\sqrt{15}+3}{5-3}$$
$$=\frac{8-2\sqrt{15}}{2}=4-\sqrt{15}$$
$$\frac{1}{x}=\frac{\sqrt{5}+\sqrt{3}}{\sqrt{5}-\sqrt{3}}=\frac{(\sqrt{5}+\sqrt{3})^2}{(\sqrt{5}-\sqrt{3})(\sqrt{5}+\sqrt{3})}=\frac{5+2\sqrt{15}+3}{5-3}$$
$$=\frac{8+2\sqrt{15}}{2}=4+\sqrt{15}$$

(1) $x+\dfrac{1}{x}=(4-\sqrt{15})+(4+\sqrt{15})=8$

(2)
$$x^2+\frac{1}{x^2}=\left(x^2+2\cdot x\cdot\frac{1}{x}+\frac{1}{x^2}\right)-2\cdot x\cdot\frac{1}{x}=\left(x+\frac{1}{x}\right)^2-2$$

であるから

$$x^2+\frac{1}{x^2}=8^2-2=64-2=62$$

7 $\sqrt{x^2-2x+1}+\sqrt{x^2+2x+1}$ を，次のそれぞれの場合について簡単にせよ。

(1) $x<-1$ の場合　(2) $-1 \leqq x \leqq 1$ の場合　(3) $1<x$ の場合

考え方 $a \geqq 0$ のとき $|a|=a$，$a<0$ のとき $|a|=-a$ である。

解答

	-1		1	
$x-1$	負	負	正
$x+1$	負	正	正

$\sqrt{x^2-2x+1}+\sqrt{x^2+2x+1}$

$=\sqrt{(x-1)^2}+\sqrt{(x+1)^2}$

$=|x-1|+|x+1|$

(1) $x<-1$ の場合

$x-1<0$，$x+1<0$ であるから

$$\sqrt{x^2-2x+1}+\sqrt{x^2+2x+1}=-(x-1)-(x+1)=-2x$$

(2) $-1 \leqq x \leqq 1$ の場合

$x-1 \leqq 0$，$x+1 \geqq 0$ であるから

$$\sqrt{x^2-2x+1}+\sqrt{x^2+2x+1}=-(x-1)+(x+1)=2$$

(3) $1<x$ の場合

$x-1>0$，$x+1>0$ であるから

$$\sqrt{x^2-2x+1}+\sqrt{x^2+2x+1}=x-1+x+1=2x$$

8 1個220gのりんごと1個140gのかきがある。1個の値段はりんごが160円，かきが80円である。このりんごとかきを合わせて20個買い，重さは3.7kg以上，①代金は2600円以下②になるようにしたい。りんごとかきの個数をそれぞれ求めよ。

考え方 りんごを x 個買ったとして，重さと代金についての不等式をつくる。

解答 りんごを x 個買うとすると，かきは $(20-x)$ 個買うことになる。

重さについて　$220x+140(20-x) \geqq 3700$　…… ①

代金について　$160x+80(20-x) \leqq 2600$　…… ②

① の両辺を 20 で割って　$11x+7(20-x) \geqq 185$

$4x \geqq 45$　（$11x-7x \geqq 185-140$）

$x \geqq 11.25$　…… ③

② の両辺を 40 で割って　$4x+2(20-x) \leqq 65$

$2x \leqq 25$　（$4x-2x \leqq 65-40$）

$x \leqq 12.5$　…… ④

③，④ の共通の範囲は　$11.25 \leqq x \leqq 12.5$

これを満たす整数 x の値は 12 である。

よって，かきの個数は　$20-x=20-12=8$

したがって　**りんご12個，かき8個**

9 正の数 a, b の小数第1位を四捨五入すると，それぞれ3，5になった。このとき，次の式のとり得る値の範囲を求めよ。

(1) a　(2) b　(3) $a+b$　(4) $2a-3b$

考え方 小数第1位を四捨五入して3になる数は　2.5以上3.5未満
小数第1位を四捨五入して5になる数は　4.5以上5.5未満

解答 (1) $2.5 \leqq a < 3.5$

(2) $4.5 \leqq b < 5.5$

(3) (1), (2) より　※

$$7 \leqq a+b < 9$$

※
$$\begin{array}{rcccl} 2.5 \leqq & & a & & < 3.5 \\ 4.5 \leqq & & b & & < 5.5 \\ \hline 2.5+4.5 \leqq & & a+b & & < 3.5+5.5 \end{array}$$

(4) (1) より　$5 \leqq 2a < 7$

(2) より　$-16.5 < -3b \leqq -13.5$

よって

$$5+(-16.5) < 2a+(-3b) < 7+(-13.5)$$

したがって　$-11.5 < 2a-3b < -6.5$

10 不等式 $-x+8 \leqq 3x \leqq x+a$ を満たす整数 x がちょうど3個であるような定数 a の値の範囲を求めよ。

考え方 連立不等式を解いて，x の値の範囲を数直線上に表してから考える。

解答 $-x+8 \leqq 3x \leqq x+a$ より

$$\begin{cases} -x+8 \leqq 3x & \cdots\cdots ① \\ 3x \leqq x+a & \cdots\cdots ② \end{cases}$$

① より　$-4x \leqq -8$ となるから　$x \geqq 2$ ……③

② より　$2x \leqq a$ となるから　$x \leqq \dfrac{a}{2}$ ……④

③, ④ の共通の範囲は

$$2 \leqq x \leqq \frac{a}{2}$$

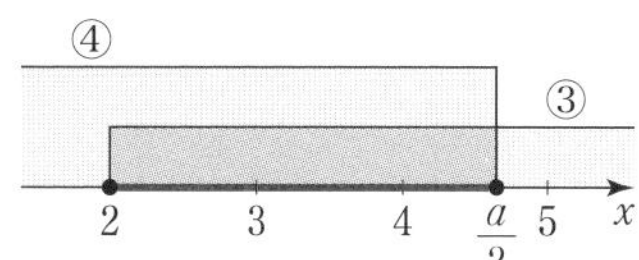

これを満たす整数 x が3個であるとき，その整数は，$x=2$, 3, 4 である。

このとき，$\dfrac{a}{2}$ の満たす範囲は

$$4 \leqq \frac{a}{2} < 5$$

したがって

$$8 \leqq a < 10$$

Investigation

教 p.52-53

□ 平方根の近似値を求めてみよう □

Q 「バビロニアの方法」を参考にして，$\sqrt{3}$ の近似値を求めてみよう。

1 $\sqrt{3}$ の近似値を求めるためには，「バビロニアの方法」のどの部分をどのように変えたらよいだろうか考えてみよう。

2 **1** で考えた方法で，始めは $x=2$ として，$\sqrt{3}$ の近似値を求めてみよう。また，$\sqrt{3}=1.73205080\cdots$ と比べて，求めた $\sqrt{3}$ の近似値が小数第何位まで一致するか，電卓などを用いて確かめてみよう。

考え方 **1** $x=\sqrt{3}$ ならば

$$x=\frac{3}{x}$$

が成り立つことに着目する。

解 答 **1** 始めに，$\sqrt{3}$ より大きい値を考える。

その値を x として，次の①に代入して計算する。

$$\frac{1}{2}\left(x+\frac{3}{x}\right) \qquad \cdots\cdots①$$

計算して求めた値を，あらためて x として，再び①に代入して計算する。

この計算を繰り返すと，$\sqrt{3}$ の近似値が求められる。

2 $2>\sqrt{3}$ であるから，$x=2$ として，**1** の①に代入して計算すると

$$\frac{1}{2}\left(2+\frac{3}{2}\right)=\frac{7}{4}$$

次に，あらためて $x=\frac{7}{4}$ として，①に代入して計算すると

$$\frac{1}{2}\left(\frac{7}{4}+3\div\frac{7}{4}\right)=\frac{1}{2}\left(\frac{7}{4}+\frac{12}{7}\right)=\frac{97}{56}$$

さらに，$x=\frac{97}{56}$ として，①に代入して計算すると　$\frac{18817}{10864}$

$\frac{97}{56}$，$\frac{18817}{10864}$ を小数で表すと

$$\frac{97}{56}=1.73214285\cdots,\quad \frac{18817}{10864}=1.73205081\cdots$$

$\sqrt{3}=1.73205080\cdots$ と比べて，**小数第3位，小数第7位** まで，それぞれ一致する。

2章　集合と論証

1節　集合
2節　命題と論証

Introduction

教 p.54-55

チューリップとバラは足せない?

Q れんさんや，めいさんは，どうして足せないと思ったのだろうか。

1 れんさんは，どのように問いかけると「7本」と答えるだろうか。
2 めいさんは，どのように説明すれば納得するだろうか。
3 次の問題（省略）は，どのような条件を満たす年と考えればよいだろうか。

考え方 **1** チューリップとバラの両方が含まれるような単語（解答例では「花」）を補って問いかければよい。

解 答 **1** (例) 花は合わせて何本あるでしょうか。

2 右の図のように，長さ2の線分と，長さ $\sqrt{2}$ の線分を一直線に並べると，この線分の長さが $2+\sqrt{2}$ となる。このことから，$2+\sqrt{2}$ は和を求める式という見方のほか，整数と無理数の和を表す1つの数を表していると見ることもできる。

2　$\sqrt{2}$
$2+\sqrt{2}$

3 13年ごとに大発生するセミをA，17年ごとに大発生するセミをBとする。
西暦 k 年について，k が「$k-2011$ が13で割り切れる数の集まり」であるときAが大発生し，k が「$k-2016$ が17で割り切れる数の集まり」であるときBが大発生する。
すなわち，k が「$k-2011$ が13で割り切れ，かつ，$k-2016$ が17で割り切れる数の集まり」であるとき，A，B両方のセミが大発生する。
　2050年，2271年，2492年…
は，この条件を満たすから，両方のセミが大発生すると考えられる。

プラス＋ 13と17が素数であることから，このようなセミは「素数ゼミ」とよばれる。
「素数ゼミ」は，最小公倍数の性質により他のセミと発生年が重なりにくいので交雑が起こりにくく，発生周期が乱されにくいために生き残ったといわれている。

1節 集合

1 集合

Set Up 教 p.56

20以下の自然数のうち，

　2の倍数の集まりを A

　3の倍数の集まりを B

とするとき，次の数の集まりはどのように表すことができるだろうか。

(1) A，B の両方に入る数の集まり

(2) A と B のいずれにも入らない数の集まり

考え方 悠さん

具体的に倍数を書き出すと

　A は　2，4，6，8，10，12，14，16，18，20

　B は　3，6，9，12，15，18

となる。

解答 (1) A，B の両方に入る数の集まりは

A	2		4	6	8		10	12	14		16	18	20
B		3		6		9		12		15		18	

となるから

　6，12，18（6の倍数となる。）

(2)

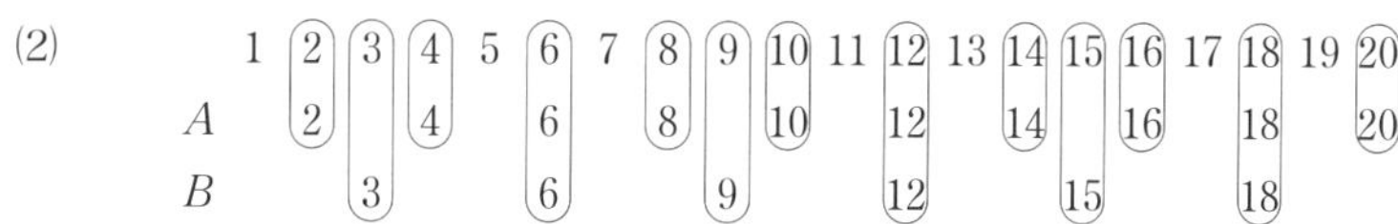

となるから，A と B のいずれにも入らない数の集まりは

　1，5，7，11，13，17，19

用語のまとめ

集合と要素

- ある条件を満たすもの全体の集まりを **集合** といい，A，B などの文字で表す。集合をつくっている個々のものを，その集合の **要素** という。
- a が集合 A の要素であるとき，a は集合 A に **属する** といい，$a \in A$ で表す。また，b が集合 A の要素でないことを $b \notin A$ で表す。

部分集合

- 集合 A のすべての要素が集合 B の要素になっているとき，A を B の **部分集合** といい，$A \subset B$ または $B \supset A$ で表す。このとき，A は B に **含まれる**，または，B は A を **含む** という。

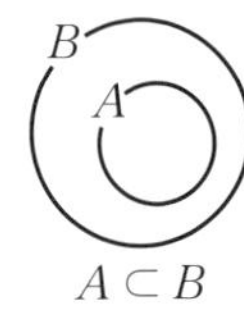

$A \subset B$

- 集合 A は A 自身の部分集合である。すなわち，$A \subset A$ である。
- 集合 A と集合 B の要素がすべて一致しているとき，2 つの集合 A，B は **等しい** といい，$A = B$ で表す。
- 集合 A は A 自身の部分集合である。

共通部分と和集合

- 集合 A，B のどちらにも属する要素全体の集合を，A と B の **共通部分** といい

$$A \cap B$$

で表す。

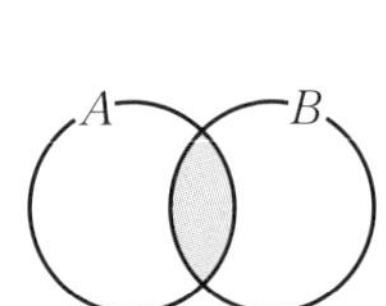

$A \cap B$

- 集合 A，B の少なくとも一方に属する要素全体の集合を，A と B の **和集合** といい

$$A \cup B$$

で表す。

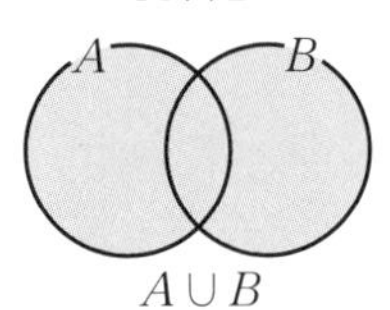

$A \cup B$

補集合

- 集合を考えるときは，あらかじめ 1 つの集合 U を定め，その部分集合について考えることが多い。このとき，U を **全体集合** という。
- 全体集合 U の部分集合 A に対して，U の要素で A に属さないもの全体の集合を A の **補集合** といい，$\overline{A}$ で表す。

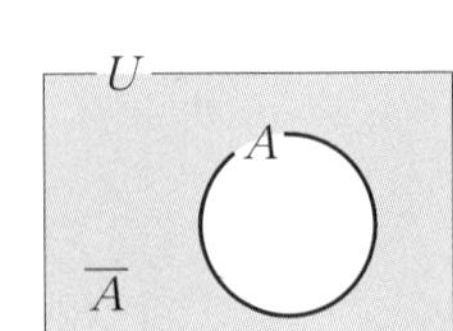

空集合

- 要素をもたない集合を **空集合** といい，$\varnothing$ で表す。

教 p.56

問1 次の□の中に，$\in$，$\notin$ のいずれかを書き入れよ。
正の奇数全体の集合を A とするとき，$5\square A$，$6\square A$

考え方 5 は奇数である。6 は偶数である (奇数ではない)。

解 答 $A=\{1,\ 3,\ 5,\ 7,\ \cdots\}$ であるから
5 は A の要素であるが，6 は A の要素ではない。
したがって
$5\in A$，$6\notin A$

● 集合の表し方 ……… 解き方のポイント

集合の表し方には，次の2通りの方法がある。
(ア) 要素を書き並べる方法
(イ) 要素の条件を述べる方法

教 p.57

問2 次の集合を，要素を書き並べる方法で表せ。
(1) 10 以下の素数全体の集合　　(2) $\{x\,|\,x^2=4\}$
(3) $\{5n\,|\,n$ は自然数$\}$

考え方 集合の要素の個数が多い場合や，要素の個数が有限個でない場合には，一部の要素だけを書き，残りを $\cdots$ で表す。

解 答 (1) $\{2,\ 3,\ 5,\ 7\}$
(2) $x^2=4$ を解くと　$x=\pm 2$ であるから　$\{-2,\ 2\}$
(3) $\{5\times 1,\ 5\times 2,\ 5\times 3,\ 5\times 4,\ \cdots\}=\{5,\ 10,\ 15,\ 20,\ \cdots\}$

教 p.58

問3 4つの集合 $A=\{1,\ 2,\ 3,\ 6,\ 12\}$，$B=\{1,\ 2,\ 4\}$，$C=\{1,\ 3\}$，$D=\{x\,|\,x$ は 6 の正の約数$\}$ のうち，$E=\{1,\ 2,\ 3,\ 6\}$ の部分集合であるものはどれか。

考え方 要素がすべて集合 E の要素になっているかどうかを調べる。

解 答 $D=\{1,\ 2,\ 3,\ 6\}$ となるから，集合 E の部分集合であるものは
C，D

注 意 集合 D と集合 E の要素がすべて一致しているから，$D=E$ である。ここで，集合 D は D 自身の部分集合であるから，集合 D は集合 E の部分集合である。

教 p.59

問 4 次の集合 A, B について，$A \cap B$ と $A \cup B$ をそれぞれ要素を書き並べる方法で表せ。

(1) $A = \{1,\ 2,\ 3,\ 4,\ 5,\ 6\}$, $B - \{1,\ 3,\ 5,\ 7\}$

(2) $A = \{x \mid x$ は 24 の正の約数$\}$, $B = \{x \mid x$ は 32 の正の約数$\}$

(3) $A = \{x \mid (x-3)(x-4) = 0\}$, $B = \{x \mid x$ は 10 以下の正の奇数$\}$

考え方 $A \cap B$ は A, B 両方に属する要素を，$A \cup B$ は A, B の少なくとも一方に属する要素を書き並べる。

(2), (3) まず A, B のすべての要素をそれぞれ { } の中に書き並べる。

解 答 (1) $A \cap B = \{1,\ 3,\ 5\}$

$A \cup B = \{1,\ 2,\ 3,\ 4,\ 5,\ 6,\ 7\}$

(2) $A = \{1,\ 2,\ 3,\ 4,\ 6,\ 8,\ 12,\ 24\}$

$B = \{1,\ 2,\ 4,\ 8,\ 16,\ 32\}$

であるから

$A \cap B = \{1,\ 2,\ 4,\ 8\}$

$A \cup B = \{1,\ 2,\ 3,\ 4,\ 6,\ 8,\ 12,\ 16,\ 24,\ 32\}$

(3) $A = \{3,\ 4\}$, $B = \{1,\ 3,\ 5,\ 7,\ 9\}$ であるから

$A \cap B = \{3\}$

$A \cup B = \{1,\ 3,\ 4,\ 5,\ 7,\ 9\}$

● **補集合の性質** ……………… **解き方のポイント**

$$A \cup \overline{A} = U, \quad \overline{(\overline{A})} = A$$

教 p.60

問 5 $U = \{1,\ 2,\ 3,\ 4,\ 5,\ 6,\ 7,\ 8,\ 9\}$ を全体集合とする。
$A = \{2,\ 4,\ 6\}$, $B = \{1,\ 3,\ 4,\ 7\}$ について，次の集合を求めよ。

(1) $\overline{A}$　(2) $\overline{B}$　(3) $\overline{A} \cap \overline{B}$　(4) $\overline{A \cup B}$

考え方 (1) U の要素のうち，A の要素でないものを求める。

(2) U の要素のうち，B の要素でないものを求める。

(3) $\overline{A}$ と $\overline{B}$ の共通部分を求める。

(4) A と B の和集合 $A \cup B$ を求め，その補集合を考える。

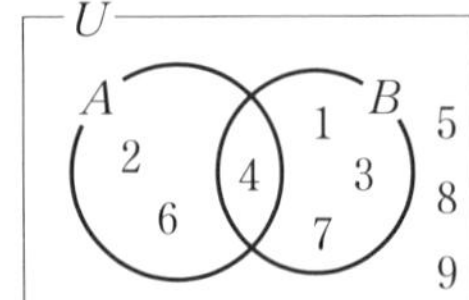

解答 (1) $\overline{A}=\{1,\ 3,\ 5,\ 7,\ 8,\ 9\}$

(2) $\overline{B}=\{2,\ 5,\ 6,\ 8,\ 9\}$

(3) $\overline{A}=\{1,\ 3,\ 5,\ 7,\ 8,\ 9\}$, $\overline{B}=\{2,\ 5,\ 6,\ 8,\ 9\}$

であるから

$\overline{A}\cap\overline{B}=\{5,\ 8,\ 9\}$

(4) $A\cup B=\{1,\ 2,\ 3,\ 4,\ 6,\ 7\}$ であるから

$\overline{A\cup B}=\{5,\ 8,\ 9\}$

空集合 解き方のポイント

どのような集合 A についても，空集合は A の部分集合と考える。すなわち，$\varnothing\subset A$ となる。さらに，$A\cap\overline{A}=\varnothing$ である。

教 p.60

問 6 次の集合の部分集合をすべて答えよ。

(1) $\{3,\ 4\}$　　(2) $\{5,\ 6,\ 7\}$

考え方 どのような集合 A についても，空集合は A の部分集合と考える。
集合 A は A 自身の部分集合である。

解答 (1) $\varnothing$, $\{3\}$, $\{4\}$, $\{3,\ 4\}$

(2) $\varnothing$, $\{5\}$, $\{6\}$, $\{7\}$, $\{5,\ 6\}$, $\{5,\ 7\}$, $\{6,\ 7\}$, $\{5,\ 6,\ 7\}$

ド・モルガンの法則 解き方のポイント

$\overline{A\cup B}=\overline{A}\cap\overline{B}$

和集合の補集合は，補集合の共通部分に等しい。

$\overline{A\cap B}=\overline{A}\cup\overline{B}$

共通部分の補集合は，補集合の和集合に等しい。

この法則をド・モルガンの法則という。

教 p.62

問 7 $U=\{1,\ 2,\ 3,\ 4,\ 5,\ 6,\ 7,\ 8,\ 9\}$ を全体集合とする。
集合 $A=\{2,\ 4,\ 6\}$, $B=\{1,\ 3,\ 4,\ 7\}$ について，
$\overline{A\cap B}$, $\overline{A}\cup\overline{B}$, $\overline{\overline{A}\cup B}$, $A\cap\overline{B}$ をそれぞれ求め，ド・モルガンの法則が成り立つかどうかを確かめよ。

考え方 教科書 p.60 の問 5 の結果と合わせて考える。

解 答 $A \cap B = \{4\}$ であるから

$$\overline{A \cap B} = \{1,\ 2,\ 3,\ 5,\ 6,\ 7,\ 8,\ 9\}$$

問 5 (1), (2)より

$$\overline{A} \cup \overline{B} = \{1,\ 2,\ 3,\ 5,\ 6,\ 7,\ 8,\ 9\}$$

したがって　$\overline{A \cap B} = \overline{A} \cup \overline{B}$ **が成り立つ。**

問 5 (1)より，$\overline{A} \cup B = \{1,\ 3,\ 4,\ 5,\ 7,\ 8,\ 9\}$ であるから

$$\overline{\overline{A} \cup B} = \{2,\ 6\}$$

問 5 (2)より

$$A \cap \overline{B} = \{2,\ 6\}$$

したがって　$\overline{\overline{A} \cup B} = A \cap \overline{B}$ **が成り立つ。**

これらのことから，ド・モルガンの法則が成り立つ。

参考 ▶ 3 つの集合の共通部分・和集合　教 p.62

用語のまとめ

- 3 つの集合 A, B, C のすべてに属する要素全体の集合を A, B, C の共通部分といい，$A \cap B \cap C$ で表す。

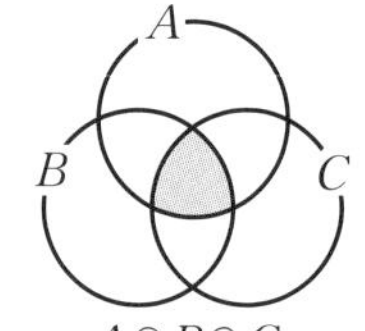

- 集合 A, B, C の少なくとも 1 つに属する要素全体の集合を A, B, C の和集合といい，$A \cup B \cup C$ で表す。

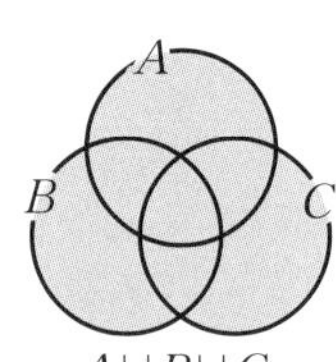

Training トレーニング 教 p.63

1 13 年ごとに大発生するセミが 2011 年に，また，17 年ごとに大発生するセミが 2016 年にそれぞれ大発生した。2011 年から 2060 年までのうち，13 年ごとにセミが大発生する年を集合 A，17 年ごとにセミが大発生する年を集合 B として，$A\cap B$ と $A\cup B$ をそれぞれ要素を書き並べる方法で表せ。

解答
$A=\{2011$ 年，2024 年，2037 年，2050 年$\}$
$B=\{2016$ 年，2033 年，2050 年$\}$
したがって
$\boldsymbol{A\cap B=\{2050}$ **年**$\boldsymbol{\}}$
$\boldsymbol{A\cup B=\{2011}$ **年，2016 年，2024 年，2033 年，2037 年，2050 年**$\boldsymbol{\}}$

2 $U=\{x\,|\,x$ は実数$\}$ を全体集合とする。
集合 A，B は U の部分集合で
$A=\{x\,|\,3\leqq x\leqq 7\}$
$B=\{x\,|\,5<x<10\}$
であるとする。このとき，次の集合を求めよ。
(1) $A\cap B$　(2) $A\cup B$　(3) $\overline{A}\cup\overline{B}$　(4) $\overline{A}\cap\overline{B}$

解答 (1) 集合 A，B のどちらにも属する要素は，$5<x\leqq 7$ であるから
$\boldsymbol{A\cap B=\{x\,|\,5<x\leqq 7\}}$

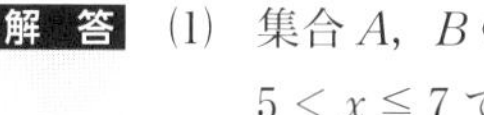

(2) 集合 A，B の少なくとも一方に属する要素は，$3\leqq x<10$ であるから
$\boldsymbol{A\cup B=\{x\,|\,3\leqq x<10\}}$

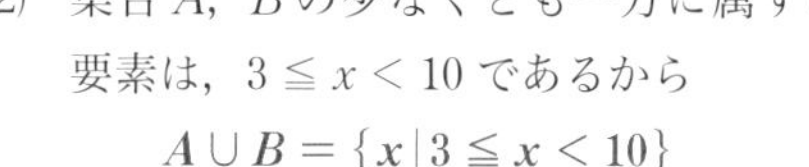

(3) $\overline{A}=\{x\,|\,x<3,\ 7<x\}$
$\overline{B}=\{x\,|\,x\leqq 5,\ 10\leqq x\}$
集合 $\overline{A}$，$\overline{B}$ の少なくとも一方に属する要素は，$x\leqq 5$，$7<x$ であるから
$\boldsymbol{\overline{A}\cup\overline{B}=\{x\,|\,x\leqq 5,\ 7<x\}}$

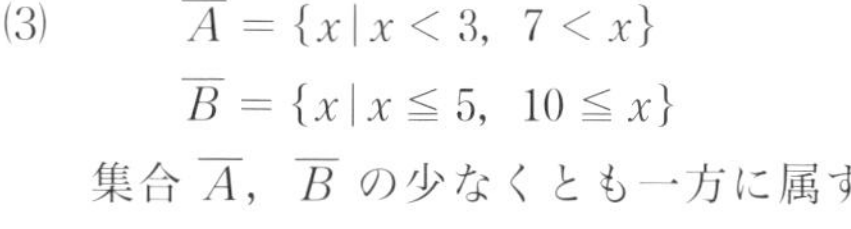

(4) 集合 $\overline{A}$，$\overline{B}$ のどちらにも属する要素は，$x<3$，$10\leqq x$ であるから
$\boldsymbol{\overline{A}\cap\overline{B}=\{x\,|\,x<3,\ 10\leqq x\}}$

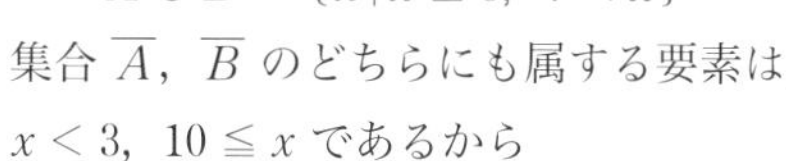

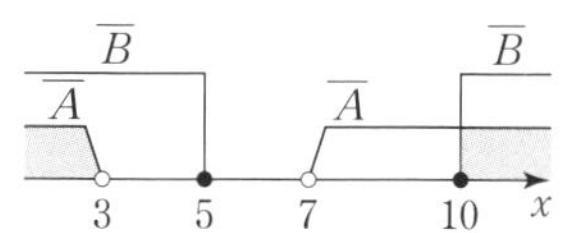

別解 (3) $\overline{A}\cup\overline{B}=\overline{A\cap B}$ であるから，(1)より　$\overline{A}\cup\overline{B}=\{x\,|\,x\leqq 5,\ 7<x\}$
(4) $\overline{A}\cap\overline{B}=\overline{A\cup B}$ であるから，(2)より　$\overline{A}\cap\overline{B}=\{x\,|\,x<3,\ 10\leqq x\}$

3 $U=\{x \mid x$ は 10 以下の自然数$\}$ を全体集合とする。
集合 A, B は U の部分集合で

$A=\{1,\ 3,\ 4,\ 6,\ 8\}$

$A\cap B=\{4,\ 6,\ 8\}$

$A\cup B=\{1,\ 2,\ 3,\ 4,\ 6,\ 7,\ 8,\ 9\}$

であるとする。このとき，次の集合を求めよ。

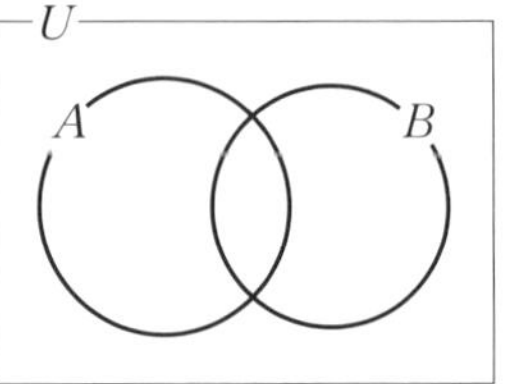

(1) B　　(2) $A\cap\overline{B}$

(3) $A\cup\overline{B}$　　(4) $\overline{\overline{A}\cap B}$

考え方 図に，$A\cap B$，A，$A\cup B$ の順に要素を書き込んでいき，最後に $A\cup B$ に含まれていない U の要素を書き込む。

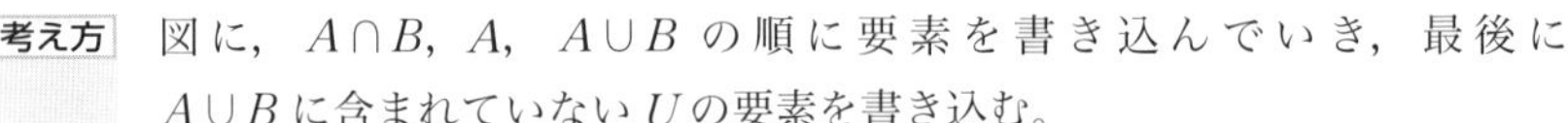

(1) B は，$A\cup B$ から A を除き，これに $A\cap B$ を加えた集合である。

(2) $A\cap\overline{B}$ は，A と $\overline{B}$ のどちらにも属する要素全体の集合である。

(3) $A\cup\overline{B}$ は，A と $\overline{B}$ の少なくとも一方に属している要素全体の集合である。

(4) $\overline{\overline{A}\cap B}=(\overline{\overline{A}})\cup\overline{B}=A\cup\overline{B}$ より，(3) の集合に等しい。

解答 $U=\{1,\ 2,\ 3,\ 4,\ 5,\ 6,\ 7,\ 8,\ 9,\ 10\}$
集合 A, B, U の要素を図に表すと右のようになる。

(1) $B=\{2,\ 4,\ 6,\ 7,\ 8,\ 9\}$

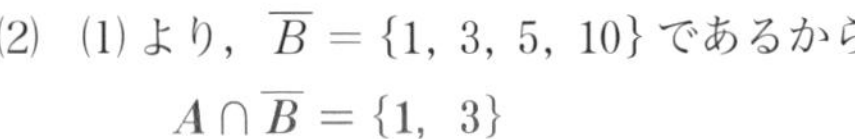

(2) (1) より，$\overline{B}=\{1,\ 3,\ 5,\ 10\}$ であるから

$A\cap\overline{B}=\{1,\ 3\}$

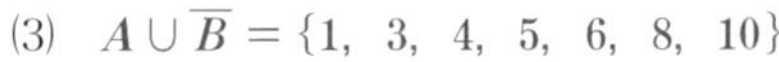

(3) $A\cup\overline{B}=\{1,\ 3,\ 4,\ 5,\ 6,\ 8,\ 10\}$

(4) $\overline{\overline{A}\cap B}=(\overline{\overline{A}})\cup\overline{B}=A\cup\overline{B}$ であるから，(3)より

$\overline{\overline{A}\cap B}=\{1,\ 3,\ 4,\ 5,\ 6,\ 8,\ 10\}$

4 集合 A, B があるとき，次の(1)，(2)で表していることを，“要素” という用語を用いてそれぞれ説明せよ。

(1) $a\in A$　　(2) $A\subset B$

解答 (1) a は集合 A の要素である。

(2) 集合 A のすべての要素は集合 B の要素になっている。

2節　命題と論証

1 命題と条件

Set Up　教 p.64

次の文は，「正しい」「正しくない」「判断できない」のどれにあてはまるだろうか。また，その理由を説明してみよう。

(1)「5は，小さい数である」

(2)「-1と3の間にある数は，5より小さい数である」

解答　(1)「5は，小さい数である」は，5は何より小さいかが分からないから正しいとも正しくないとも判断できない。

(2) -1と3の間にある数は，必ず5より小さい数であるから，正しい。

用語のまとめ

命題

- 正しいか正しくないかが定まる文や式を **命題** という。
- 命題が正しいとき，その命題は **真** である，または，成り立つという。また，命題が正しくないとき，その命題は **偽** である，または，成り立たないという。

条件

- 変数を含む文や式で，その変数に値を代入したときに真偽が定まる文や式を **条件** という。

命題「$p \Longrightarrow q$」

- p，q を条件として「p ならば q である」という形の命題は，その真偽に関わらず $\Longrightarrow$ という記号を用いて「$p \Longrightarrow q$」と表す。このとき，p をこの命題の **仮定**，q をこの命題の **結論** という。

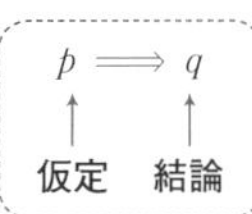

- 命題「$p \Longrightarrow q$」が真で，かつ「$q \Longrightarrow p$」が真であるとき

　　「$p \Longleftrightarrow q$」

　と表す。これは，$P=Q$ が成り立つことと同じである。

反例

- 命題「$p \Longrightarrow q$」が偽であることを示すには，「p であるのに q でない」という例を1つ挙げればよい。このような例を，その命題に対する **反例** という。

必要条件と十分条件

- 2つの条件 p，q について，命題「$p \Longrightarrow q$」が真であるとき

　　p は q であるための **十分条件** である

　　q は p であるための **必要条件** である

　という。

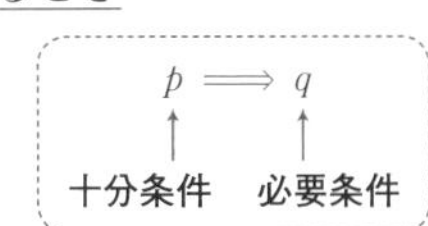

- 2つの条件 p, q について,「$p \Longleftrightarrow q$」であるとき

　　p は q であるための **必要十分条件** である

　　(q は p であるときの必要十分条件でもある。)

　という。また, p と q は **同値** であるともいう。

p の否定

- 条件 p に対し「p でない」という条件を, p の **否定** といい, $\overline{p}$ と表す。全体集合を U として, p を満たすもの全体の集合を P とするとき, $\overline{p}$ を満たすもの全体の集合は, 補集合 $\overline{P}$ となる。

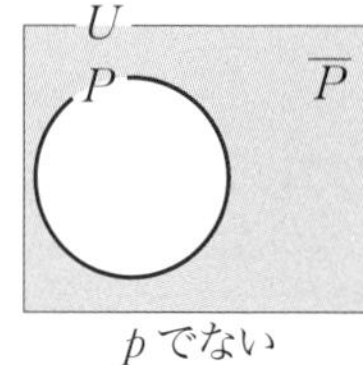

p でない

「p かつ q」と「p または q」

- 条件 p, q を満たすもの全体の集合をそれぞれ P, Q とするとき,

　　条件「p かつ q」を満たすもの全体の集合は, P と Q の共通部分 $P \cap Q$

　　条件「p または q」を満たすもの全体の集合は, P と Q の和集合 $P \cup Q$

　となる。

教 p.64

問1　次の命題の真偽を答えよ。

(1)「$9^2 + 12^2 = 15^2$」　　(2)「21は素数である」

解答　(1)　$9^2 + 12^2 = 81 + 144 = 225$, $15^2 = 225$

　したがって, 命題「$9^2 + 12^2 = 15^2$」は **真** である。

(2)　$21 = 3 \cdot 7$ であるから, 21は素数ではない。

　したがって, 命題「21は素数である」は **偽** である。

教 p.65

問2　次の条件が真となるときの x の値, x の値の範囲を求めよ。

(1)　条件「$x^2 - 2x - 3 = 0$」　　(2)　条件「$3x + 12 > 0$」

考え方　x についての2次方程式, 1次不等式を解く。

解答　(1)　$x^2 - 2x - 3 = 0$ を解くと

　$(x+1)(x-3) = 0$ より　　$x = -1,\ 3$

　したがって, 条件「$x^2 - 2x - 3 = 0$」が真となる x の値は

　$\boldsymbol{x = -1,\ 3}$

(2)　$3x + 12 > 0$ を解くと

　$3x > -12$ より　　$x > -4$

　したがって, 条件「$3x + 12 > 0$」が真となる x の値の範囲は

　$\boldsymbol{x > -4}$

命題「$p \Longrightarrow q$」と集合　　解き方のポイント

一般に，条件 p, q を満たすもの全体の集合をそれぞれ P, Q で表すならば

命題「$p \Longrightarrow q$」が真

であることは　　$P \subset Q$

が成り立つことと同じである。

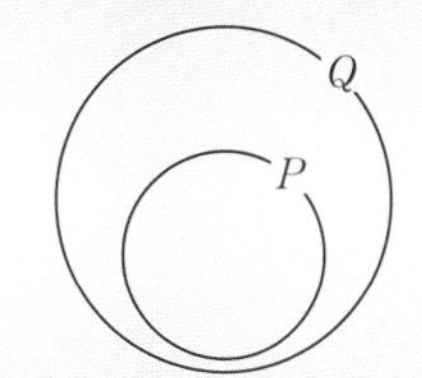

教 p.66

問3　次の条件 p, q について，命題「$p \Longrightarrow q$」の真偽を，集合を考えることによって答えよ。

(1) p：自然数 n は 6 の倍数　　q：自然数 n は 12 の倍数

(2) p：自然数 n は 6 の約数　　q：自然数 n は 12 の約数

(3) p：$x < 0$　　q：$x < 1$

考え方　条件 p, q を満たすもの全体の集合をそれぞれ P, Q として，$P \subset Q$ が成り立つかどうかを考える。

それぞれについて，条件 p, q を満たすもの全体の集合をそれぞれ P, Q とすると

(1) $P = \{6,\ 12,\ 18,\ 24,\ \cdots\}$, $Q = \{12,\ 24,\ \cdots\}$

(2) $P = \{1,\ 2,\ 3,\ 6\}$, $Q = \{1,\ 2,\ 3,\ 4,\ 6,\ 12\}$

(3) $P = \{x \mid x < 0\}$, $Q = \{x \mid x < 1\}$

となる。

(3) 数直線上に表して考える。

解答　(1) 2 つの条件

p：自然数 n は 6 の倍数

q：自然数 n は 12 の倍数

を満たす n の値全体の集合をそれぞれ P, Q とすると

$P \subset Q$

が成り立たないから

命題「$p \Longrightarrow q$」は **偽** である。

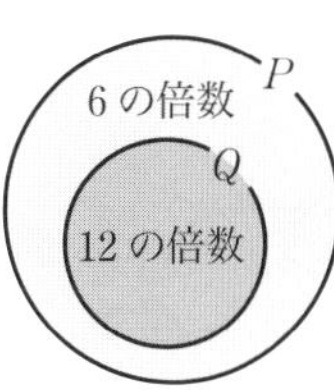

(2) 2つの条件

p：自然数 n は6の約数

q：自然数 n は12の約数

を満たす n の値全体の集合をそれぞれ P, Q とすると

$P \subset Q$

が成り立つから

命題「$p \Longrightarrow q$」は **真** である。

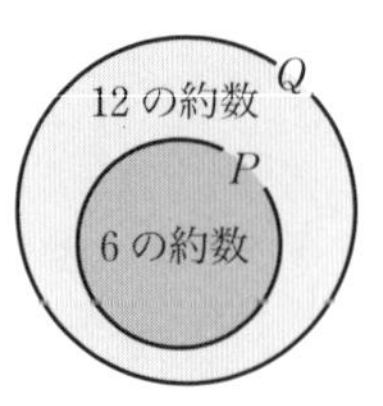

(3) $p : x < 0$, $q : x < 1$

を満たす x の値全体の集合をそれぞれ P, Q とすると

$P \subset Q$

が成り立つから

命題「$p \Longrightarrow q$」は **真** である。

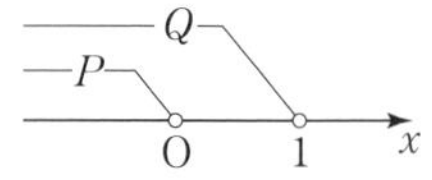

教 p.67

問4 次の命題の真偽を答えよ。また，偽であるときは反例を挙げよ。

(1) $3x = 6 \Longrightarrow x = 2$

(2) $ab = 0 \Longrightarrow a^2 + b^2 = 0$

考え方 (1) 方程式を解く。

(2) $ab = 0$ ならば $a = 0$ または $b = 0$ である。

解 答 (1) $3x = 6$ を解くと，$x = 2$ であるから，命題「$3x = 6 \Longrightarrow x = 2$」は **真**。

(2) $ab = 0$ ならば $a = 0$ または $b = 0$ であるから，命題「$ab = 0 \Longrightarrow a^2 + b^2 = 0$」は **偽** で，その **反例は** $a = 0$, $b = 1$ など

教 p.67

問5 次の □ に 必要 または 十分 のどちらか適切なものを入れよ。

(1) $x > 1$ は $x > 0$ であるための 十分 条件である。

(2) n が偶数であることは，$n = 4$ であるための 必要 条件である。

考え方 命題「$p \Longrightarrow q$」，「$q \Longrightarrow p$」の真偽を調べる。

$p \Longrightarrow q$ が真のとき　p は q であるための十分条件

$q \Longrightarrow p$ が真のとき　p は q であるための必要条件

解 答 (1) $p:x>1$, $q:x>0$ とすると，命題「$p \Longrightarrow q$」は真である。
命題「$q \Longrightarrow p$」は，反例として $x=0.5$ があるから偽である。
したがって，p は q であるための十分条件であるが必要条件ではない。

(2) $p:n$ は偶数，$q:n=4$ とすると，命題「$p \Longrightarrow q$」は，反例として $n=2$があるから偽である。
命題「$q \Longrightarrow p$」は真である。
したがって，p は q であるための必要条件であるが十分条件ではない。

教 p.68

問 6 次の条件 p, q について，p は q であるための必要条件である，十分条件である，必要十分条件である，必要条件でも十分条件でもない，のうち最も適切なものを答えよ。

(1) p：図形 F は正方形である。　q：図形 F は長方形である。
(2) p：自然数 n は2の倍数である。　q：自然数 n は 3 の倍数である。
(3) p：整数 a, b の和は正である。　q：整数 a, b はともに正である。
(4) p：四角形の 2 組の対辺がそれぞれ平行である。　q：四角形の 2 組の対角がそれぞれ等しい。

考え方 2 つの条件 p, q について，「$p \Longleftrightarrow q$」であるとき
p は q であるための必要十分条件
である。

解 答 (1) 命題「$p \Longrightarrow q$」は真である。
命題「$q \Longrightarrow p$」は，反例として正方形以外の長方形があるから偽である。
したがって，p は q であるための **十分条件である。**

(2) 命題「$p \Longrightarrow q$」は，反例として $n=2$ があるから偽である。
命題「$q \Longrightarrow p$」は，反例として $n=3$ があるから偽である。
したがって，p は q であるための **必要条件でも十分条件でもない。**

(3) 命題「$p \Longrightarrow q$」は，反例として $a=2$, $b=-1$ があるから偽である。
命題「$q \Longrightarrow p$」は真である。
したがって，p は q であるための **必要条件である。**

(4) 2 組の対辺がそれぞれ平行である四角形，2 組の対角がそれぞれ等しい四角形は，いずれも平行四辺形である。
したがって，命題「$p \Longrightarrow q$」，命題「$q \Longrightarrow p$」は，ともに真である。
したがって，「$p \Longleftrightarrow q$」であるから p は q であるための **必要十分条件である。**

教 p.68

問7 次の条件の否定をつくれ。

(1) 自然数 n は奇数である。

(2) $x \leqq -3$

(3) x は 5 以上である。

考え方 条件 p に対し，「p でない」という条件をつくればよい。

解 答 (1) 「自然数 n は奇数でない。」

すなわち，**「自然数 n は偶数である。」**

(2) 「$x \leqq -3$ でない。」

すなわち，**「$x > -3$」**

(3) 「x は 5 以上でない。」

すなわち，**「x は 5 未満である。」**

● ド・モルガンの法則（「かつ」の否定，「または」の否定）……解き方のポイント

$\overline{p \text{ かつ } q} \Longleftrightarrow \overline{p} \text{ または } \overline{q}$

$\overline{p \text{ または } q} \Longleftrightarrow \overline{p} \text{ かつ } \overline{q}$

教 p.69

問8 次の条件の否定をつくれ。

(1) $x \geqq 1$ かつ $x \leqq 4$

(2) $x \leqq 2$ または $x > 3$

解 答 (1) 「$x \geqq 1$ かつ $x \leqq 4$」の否定は　「$\overline{x \geqq 1 \text{ かつ } x \leqq 4}$」

$\overline{x \geqq 1 \text{ かつ } x \leqq 4} \Longleftrightarrow \overline{x \geqq 1}$ または $\overline{x \leqq 4}$

ここで

$\overline{x \geqq 1}$ は $x < 1$，$\overline{x \leqq 4}$ は $x > 4$

であるから，$x \geqq 1$ かつ $x \leqq 4$ の否定は

$x < 1$ または $x > 4$

(2) 「$x \leqq 2$ または $x > 3$」の否定は　「$\overline{x \leqq 2 \text{ または } x > 3}$」

$\overline{x \leqq 2 \text{ または } x > 3} \Longleftrightarrow \overline{x \leqq 2}$ かつ $\overline{x > 3}$

ここで

$\overline{x \leqq 2}$ は $x > 2$，$\overline{x > 3}$ は $x \leqq 3$

であるから，$x \leqq 2$ または $x > 3$ の否定は

$x > 2$ かつ $x \leqq 3$

すなわち　**$2 < x \leqq 3$**

2 論証

用語のまとめ

命題の逆・裏・対偶

- 命題「$p \Longrightarrow q$」に対して
  命題「$q \Longrightarrow p$」を「$p \Longrightarrow q$」の **逆**
  命題「$\overline{p} \Longrightarrow \overline{q}$」を「$p \Longrightarrow q$」の **裏**
  命題「$\overline{q} \Longrightarrow \overline{p}$」を「$p \Longrightarrow q$」の **対偶**
  という。

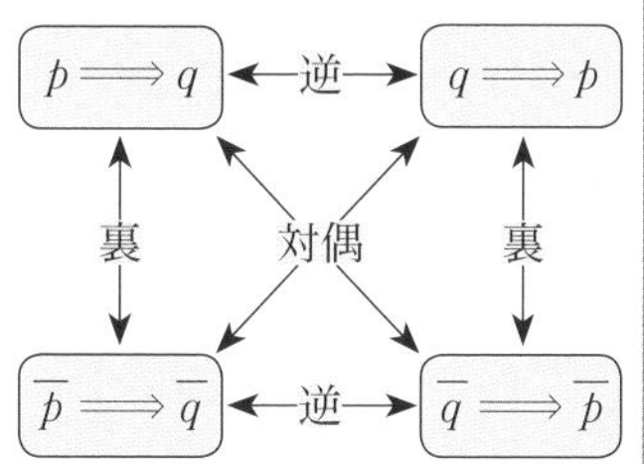

教 p.70

問9 次の命題の逆，裏および対偶をつくり，その真偽を答えよ。

(1) $x=0 \Longrightarrow x^2=0$

(2) 自然数 n は 6 の約数 $\Longrightarrow$ 自然数 n は 12 の約数

(3) $-2<x<2 \Longrightarrow 0<x<1$

考え方 (3) 数直線を用いて考える。

解答 (1) **逆**　「$x^2=0 \Longrightarrow x=0$」で，**真** である。

裏　「$x \neq 0 \Longrightarrow x^2 \neq 0$」で，**真** である。

対偶　「$x^2 \neq 0 \Longrightarrow x \neq 0$」で，**真** である。

(2) 　6 の約数は　1，2，3，6

12 の約数は　1，2，3，4，6，12

逆　「**自然数 n は 12 の約数 $\Longrightarrow$ 自然数 n は 6 の約数**」で，$n=4$ などの反例があるから **偽** である。

裏　「**自然数 n は 6 の約数でない $\Longrightarrow$ 自然数 n は 12 の約数でない**」で，$n=4$ などの反例があるから **偽** である。

対偶　「**自然数 n は 12 の約数でない $\Longrightarrow$ 自然数 n は 6 の約数でない**」で，**真** である。

(3) 条件 $-2<x<2$ を満たす x の集合 P と条件 $0<x<1$ を満たす x の集合 Q は，右の図のようになる。

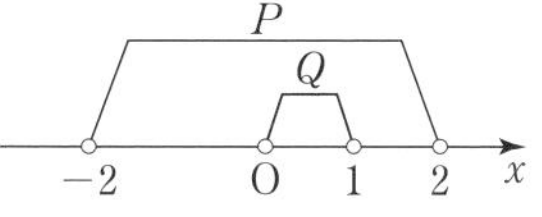

逆　「$0<x<1 \Longrightarrow -2<x<2$」で，**真** である。

裏　「$x \leqq -2$ または $2 \leqq x \Longrightarrow x \leqq 0$ または $1 \leqq x$」で，**真** である。

対偶　「$x \leqq 0$ または $1 \leqq x \Longrightarrow x \leqq -2$ または $2 \leqq x$」で，$x=-1$ などの反例があるから **偽** である。

注意 ある命題が真であっても，その命題の **逆は真とは限らない**。
また，**裏も真とは限らない**。

命題と対偶　解き方のポイント

命題「$p \Longrightarrow q$」とその対偶「$\overline{q} \Longrightarrow \overline{p}$」とは，真偽が一致する。

教 p.71

問 10　整数 n について，$3n+5$ が偶数ならば n は奇数であることを，対偶を利用して証明せよ。

考え方 対偶が真であることを証明すればよい。

証明 整数 n について，「$3n+5$ が偶数 $\Longrightarrow$ n は奇数」の対偶は

「n は偶数 $\Longrightarrow$ $3n+5$ は奇数」

である。これを証明すればよい。

n を偶数とすると，ある整数 k を用いて，$n=2k$ と表される。

よって

$$3n+5=3\cdot 2k+5=6k+5=2(3k+2)+1$$

ここで，$3k+2$ は整数であるから，$3n+5$ は奇数である。

したがって，対偶が真であるから，もとの命題も真である。

背理法を用いた証明　解き方のポイント

ある命題を

「その命題が成り立たないと仮定すると，矛盾が生じる。
よって，その命題は成り立たなければならない。」

として証明する方法がある。

このような証明法を **背理法** という。

教 p.72

問 11　「直線 l 上にない点 A から，直線 l に引ける垂線は 1 本だけである」ことを，背理法を用いて証明したい。
右の図のように点 A から直線 l に垂線が 2 本引けると仮定すると，△ABC においてどのような矛盾が生じるかを記せ。

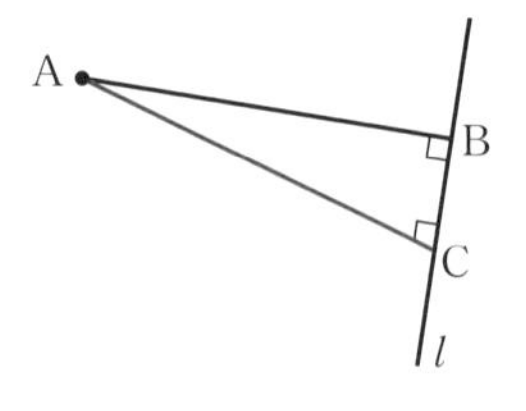

解 答 △ABC の内角の和は

$$\angle \mathrm{ABC} + \angle \mathrm{ACB} + \angle \mathrm{A} = 90^\circ + 90^\circ + \angle \mathrm{A}$$
$$= 180^\circ + \angle \mathrm{A}$$

したがって　$\angle \mathrm{ABC} + \angle \mathrm{ACB} + \angle \mathrm{A} > 180^\circ$

これは，△ABC において，内角の和が 180°であることに矛盾する。

教 p.73

問 12 $\sqrt{6}$ が無理数であることを，背理法を用いて証明せよ。

考え方 $\sqrt{6}$ は有理数であると仮定して，矛盾を導く。

証 明 $\sqrt{6}$ が無理数でない，すなわち，$\sqrt{6}$ は有理数であると仮定する。

このとき，1 以外の公約数をもたない自然数 m，n を用いて

$$\sqrt{6} = \frac{m}{n} \quad \cdots\cdots①$$

と表すことができる。

①の両辺を 2 乗すると

$$6 = \frac{m^2}{n^2}$$

$$6n^2 = m^2 \quad \cdots\cdots②$$

この左辺は 2 で割り切れるから，m^2 は偶数である。

よって，m も偶数である。　　← 教科書 p.71 例題 1 より

ゆえに，m はある自然数 k を用いて

$$m = 2k$$

と表される。これを②の右辺に代入して

$$6n^2 = 4k^2$$

$$3n^2 = 2k^2 \quad \cdots\cdots③$$

③より，n^2 は偶数であるから，n も偶数である。← 教科書 p.71 例題 1 より

よって，m，n はともに偶数となり，2 という公約数をもつことになる。

しかし，これは m，n が 1 以外の公約数をもたないということに矛盾する。

したがって，$\sqrt{6}$ は有理数ではない。

すなわち，$\sqrt{6}$ は無理数である。

Training トレーニング

教 p.74

5 自然数 m, n に関する次の命題の真偽を答えよ。また，偽であるときは反例を挙げよ。

(1) 和 $m+n$ は奇数 $\Longrightarrow$ 積 mn は偶数

(2) 和 $m+n$ は偶数 $\Longrightarrow$ 積 mn は奇数

考え方 (1) $m+n$ が奇数となるのは，m，n がどのような場合かを考える。

(2) $m+n$ が偶数となるのは，m，n がどのような場合かを考える。

解答 (1) $m+n$ が奇数となるのは，m，n のどちらか一方が偶数で他方が奇数の場合である。このとき，mn は偶数であるから

命題「和 $m+n$ は奇数 $\Longrightarrow$ 積 mn は偶数」は，**真** である。

(2) $m+n$ が偶数となるのは，m，n がともに偶数の場合と，m，n がともに奇数の場合がある。m，n がともに偶数のとき，積 mn は偶数であるから

命題「和 $m+n$ は偶数 $\Longrightarrow$ 積 mn は奇数」は，**偽** である。

反例は，$m=2$，$n=4$ など

6 次の □ の中に，必要条件である，十分条件である，必要十分条件である，必要条件でも十分条件でもない，のうち最も適切なものを入れよ。

(1) 実数 x，y について，$xy>0$ であることは，$x+y>0$ であるための □。

(2) 実数 a，b，c について，$a<b$ であることは，$a+c<b+c$ であるための □。

(3) 自然数 m，n について，m または n が4の倍数であることは，mn が4の倍数であるための □。

(4) 四角形について，4つの内角の大きさが等しいことは，正方形であるための □。

考え方 条件 p，q について，「$p \Longrightarrow q$」，「$q \Longrightarrow p$」の真偽を考える。

- 命題「$p \Longrightarrow q$」が真，命題「$q \Longrightarrow p$」が偽のとき，p は q であるための十分条件である。
- 命題「$p \Longrightarrow q$」が偽，命題「$q \Longrightarrow p$」が真のとき，p は q であるための必要条件である。
- 命題「$p \Longrightarrow q$」，命題「$q \Longrightarrow p$」がともに真のとき，p は q であるための必要十分条件である。
- 命題「$p \Longrightarrow q$」，命題「$q \Longrightarrow p$」がともに偽のとき，p は q であるための必要条件でも十分条件でもない。

解　答　(1)　命題「$xy>0 \Longrightarrow x+y>0$」には，$x=-1$，$y=-1$ という反例があるから偽である。

命題「$x+y>0 \Longrightarrow xy>0$」には，$x=2$，$y=-1$ という反例があるから偽である。

したがって，**必要条件でも十分条件でもない。**

(2)　命題「$a<b \Longrightarrow a+c<b+c$」は真である。

命題「$a+c<b+c \Longrightarrow a<b$」は真である。

したがって，**必要十分条件である。**

(3)　命題「m または n が 4 の倍数 $\Longrightarrow$ mn が 4 の倍数」は真である。

命題「mn が 4 の倍数 $\Longrightarrow$ m または n が 4 の倍数」には，$m=2$，$n=2$ という反例があるから偽である。

したがって，**十分条件である。**

(4)　命題「四角形の 4 つの内角の大きさが等しい $\Longrightarrow$ 正方形である」には，隣り合う 2 辺の長さが異なる長方形という反例があるから偽である。

命題「正方形である $\Longrightarrow$ 四角形の 4 つの内角の大きさが等しい」は，真である。

したがって，**必要条件である。**

7　次の条件の否定をつくれ。

(1)　$1<x<4$　　　(2)　$x=-2$ または $y=3$

考え方　(1)　$1<x<4$ を数直線で考えると，右の図のようになる。

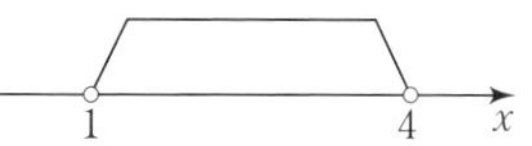

(2)　ド・モルガンの法則により

$\overline{p \text{ または } q} \iff \overline{p} \text{ かつ } \overline{q}$

となる。

解　答　(1)　「$1<x<4$」の否定は

「$x \leqq 1$ または $4 \leqq x$」

(2)　「$x=-2$ または $y=3$」の否定は

「$x \neq -2$ かつ $y \neq 3$」

8 整数 n について，n^2+1 が偶数ならば，n は奇数であることを，対偶を利用して証明せよ。

考え方 命題「n^2+1 が偶数 $\Longrightarrow$ n は奇数」の対偶は

「$\overline{n\text{ は奇数}}\Longrightarrow\overline{n^2+1\text{ は偶数}}$」

対偶が真であることを証明すればよい。

証明 命題「n^2+1 が偶数 $\Longrightarrow$ n は奇数」の対偶は

「n は偶数 $\Longrightarrow$ n^2+1 は奇数」

である。

n を偶数とすると，ある整数 k を用いて，$n=2k$ と表される。

よって　　$n^2+1=(2k)^2+1=4k^2+1=2\cdot 2k^2+1$

ここで，$2k^2$ は整数であるから，n^2+1 は奇数である。

したがって，対偶が真であるから，もとの命題も真である。

9 x が有理数であるとき，$x+\sqrt{3}$ は無理数であることを背理法を用いて証明せよ。ただし，$\sqrt{3}$ が無理数であることは用いてよい。

考え方 $x+\sqrt{3}$ が有理数であると仮定して，矛盾を導く。

証明 　$x+\sqrt{3}=p$ ……①

とおき，p が有理数であると仮定する。

このとき，① より　　$\sqrt{3}=p-x$

x，p はともに有理数であるから，$p-x$ も有理数である。

しかし，これは $\sqrt{3}$ が無理数であることに矛盾する。

よって，p は有理数ではない。

すなわち，$x+\sqrt{3}$ は無理数である。

10 2つの条件 p，q について，次の①，②，③のうち誤りであるのはどれか。また，誤りであるものはその下線部を正しくなるように直せ。

① 命題「$p\Longrightarrow q$」と命題「$q\Longrightarrow p$」は真偽が<u>一致する</u>。

② 命題「$p\Longrightarrow q$」と命題「$\overline{q}\Longrightarrow\overline{p}$」は真偽が<u>一致するとは限らない</u>。

③ 命題「$p\Longrightarrow q$」と命題「$\overline{p}\Longrightarrow\overline{q}$」は真偽が<u>一致するとは限らない</u>。

考え方 ① 2つの命題は逆の関係である。

② 2つの命題は対偶の関係である。

③ 2つの命題は裏の関係である。

解答 誤りであるもの：①，②

修正：① <u>一致するとは限らない</u>　　② <u>一致する</u>

教 p.75

1 次の集合 A, B について，$A \subset B$ である，$A \supset B$ である，$A = B$ である，$A \subset B$ でも $A \supset B$ でもない，のうち最も適切なものを答えよ。

(1) $A = \{x \mid x$ は 10 以下の素数$\}$，$B = \{x \mid x^2 - 10x + 21 = 0\}$

(2) $A = \{x \mid 1 \leqq x \leqq 3\}$，$B = \{x \mid 2 < x < 4\}$

(3) $A = \{2n - 1 \mid n$ は自然数$\}$，$B = \{x \mid x$ は正の奇数$\}$

考え方 (1), (3) 2 つの集合を，要素を書き並べて比べる。
(2) 2 つの集合を，数直線上に表して比べる。

解答 (1) 10 以下の素数は，2，3，5，7 であるから $A = \{2,\ 3,\ 5,\ 7\}$

$x^2 - 10x + 21 = (x - 3)(x - 7) = 0$ より $x = 3,\ 7$ $B = \{3,\ 7\}$

集合 B は集合 A の部分集合である。

すなわち

$A \supset B$ である

(2) 集合 A, B を数直線上に表すと，下の図のようになる。

すなわち

$A \subset B$ でも $A \supset B$ でもない

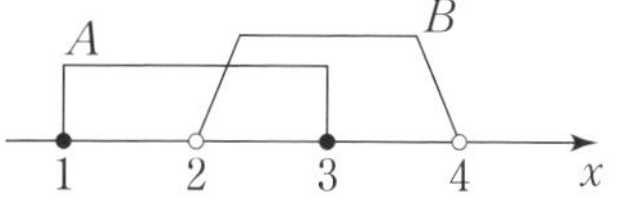

(3) $A = \{1,\ 3,\ 5,\ 7,\ \cdots\}$，$B = \{1,\ 3,\ 5,\ 7,\ \cdots\}$

集合 A と集合 B は一致する。

すなわち

$A = B$ である

2 $U = \{x \mid x$ は 15 以下の自然数$\}$ を全体集合とする。
集合 A, B は U の部分集合で

$A = \{x \mid x$ は 15 以下の素数$\}$

$(\overline{A} \cup \overline{B}) \cap (A \cup B) = \{1,\ 2,\ 7,\ 11,\ 13,\ 15\}$

であるとする。このとき，集合 B を求めよ。

考え方 ド・モルガンの法則により，$\overline{A} \cup \overline{B} = \overline{A \cap B}$ である。$\overline{A} \cup \overline{B}$ と $A \cup B$ の集合をそれぞれ図に表して，その共通部分を考える。

解答 ド・モルガンの法則により，$\overline{A}\cup\overline{B}=\overline{A\cap B}$ であるから，$\overline{A}\cup\overline{B}$ は下の図1の影を付けた部分になる。

$A\cup B$ は，下の図2の影を付けた部分になる。

したがって，$(\overline{A}\cup\overline{B})\cap(A\cup B)$ は図1と図2の影を付けた部分の共通部分であるから，下の図3の影を付けた部分になる。

図1($\overline{A}\cup\overline{B}$)

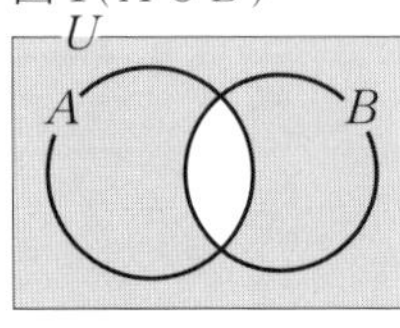

図2($A\cap B$)

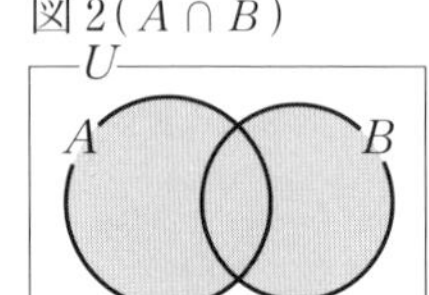

図3

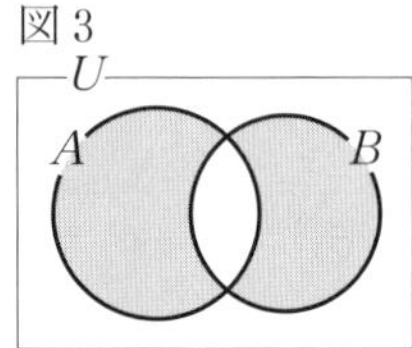

$(\overline{A}\cup\overline{B})\cap(A\cup B)=\{1,\ 2,\ 7,\ 11,\ 13,\ 15\}$ と

$A=\{2,\ 3,\ 5,\ 7,\ 11,\ 13\}$ の共通部分を考えて，

図3の左の影の部分の要素は $\{2,\ 7,\ 11,\ 13\}$

である。これより

　中央の影のない部分の要素は $\{3,\ 5\}$

　右の影の部分の要素は $\{1,\ 15\}$

である。したがって　　$B=\{1,\ 3,\ 5,\ 15\}$

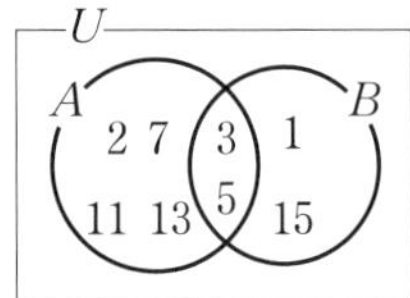

3 次の条件 p, q について，p は q であるための

(ア) 必要条件である。　　(イ) 十分条件である。

(ウ) 必要十分条件である。　　(エ) 必要条件でも十分条件でもない。

のいずれが最も適切であるかを答えよ。ただし，a, b は実数であるとする。

(1) $p: a^2=b^2$　　$q: |a|=|b|$

(2) $p: a^2<b^2$　　$q: a<b$

(3) $p: a^2+b^2=0$　　$q: a=0$

(4) $p: a^2+b^2>0$　　$q: a>0$

考え方 条件 p, q について，「$p\Longrightarrow q$」,「$q\Longrightarrow p$」の真偽を考える。

- 命題「$p\Longrightarrow q$」が真，命題「$q\Longrightarrow p$」が偽のとき，p は q であるための十分条件である。
- 命題「$p\Longrightarrow q$」が偽，命題「$q\Longrightarrow p$」が真のとき，p は q であるための必要条件である。
- 命題「$p\Longrightarrow q$」，命題「$q\Longrightarrow p$」がともに真のとき，p は q であるための必要十分条件である。
- 命題「$p\Longrightarrow q$」，命題「$q\Longrightarrow p$」がともに偽のとき，p は q であるための必要条件でも十分条件でもない。

解答 (1) $a^2=b^2$ から　$a=\pm b$

$|a|=|b|$ から　$a=\pm b$

よって　「$p \iff q$」である。

したがって　(ウ) **必要十分条件である。**

(2) $a=1,\ b=-2$ のとき　$a^2<b^2,\ a>b$

となるから　「$p \Longrightarrow q$」は偽である。

$a=-1,\ b=0$ のとき　$a<b,\ a^2>b^2$

となるから　「$q \Longrightarrow p$」は偽である。

したがって　(エ) **必要条件でも十分条件でもない。**

(3) $a^2+b^2=0$ を満たす実数 $a,\ b$ は　$a=b=0$

よって　「$p \Longrightarrow q$」は真である。

$a=0,\ b \neq 0$ のとき　$a^2+b^2 \neq 0$

となるから　「$q \Longrightarrow p$」は偽である。

したがって　(イ) **十分条件である。**

(4) $a=0,\ b \neq 0$ のとき　$a^2+b^2>0$

となるから　「$p \Longrightarrow q$」は偽である。

$a>0$ のとき　$a^2>0$　となるから　$a^2+b^2>0$

よって　「$q \Longrightarrow p$」は真である。

したがって　(ア) **必要条件である。**

4 有理数 $x,\ y$ について，$x+y\sqrt{2}=0$ ならば $x=y=0$ であることを証明せよ。ただし，$\sqrt{2}$ が無理数であることは用いてよい。

考え方 まず，背理法を用いて $y=0$ であることを証明する。

証明 $y \neq 0$ と仮定する。

このとき，$x+y\sqrt{2}=0$ より

$$\sqrt{2}=-\frac{x}{y}$$

と表すことができる。

ここで，有理数 x を 0 でない有理数 y で割ったものは，有理数であるから，

$-\dfrac{x}{y}$ も有理数であるが，これは $\sqrt{2}$ が無理数であることに矛盾する。

ゆえに，$y=0$ である。

これを $x+y\sqrt{2}=0$ に代入すると，$x=0$ である。

したがって，$x=y=0$ である。

プラス＋ この命題の結論は「$x=0$ かつ $y=0$」である。このように「p かつ q」という形の命題を背理法によって証明するときには，一方の否定のみを仮定して推論を進めるとよい。

Investigation

教 p.76-77

ひし形にするには？

Q 四角形 ABCD がひし形になる条件を AB ＝ BC ＝ CD ＝ DA 以外に考えてみよう。

1 四角形 ABCD がひし形であるとき，成り立つ性質をできる限り多く挙げてみよう。

2 次の条件 p，q をともに満たす四角形 ABCD はひし形になるか考えてみよう。

p：AB ＝ BC，q：AC ⊥ BD

3 **1** で挙げた他の条件についても，**2** と同様に考えてみよう。

解答

1 ∠A ＝ ∠C，∠A＋∠B ＝ 180°，AC ⊥ BD，AB // DC，
△ABD ≡ △CBD，∠ABD ＝ ∠ADB など

2 (ア) (例)

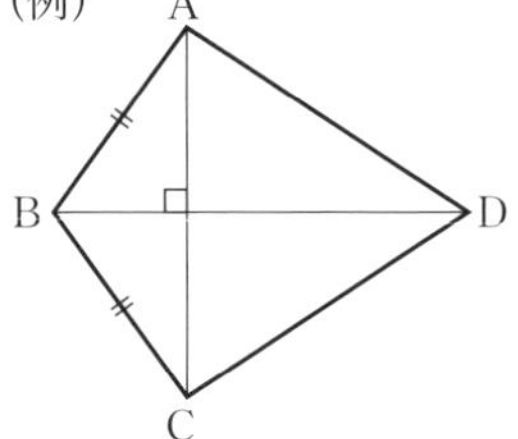

(イ) ∠ABD ＝ ∠ADB，
∠A＋∠B ＝ 180°，∠B ＝ ∠D，
AB ＝ AD，
AB ＝ DC，AB // DC，
∠BAC ＝ ∠DAC，
∠BAC ＝ ∠DCA，
AC と BD の交点を E とするとき
BE ＝ DE
など

(ウ) r：AC と BD の交点を E とするとき　BE ＝ DE
として考えてみよう。
図 1：条件 p，r を満たし，条件 q を満たさない四角形の例
図 2：条件 q，r を満たし，条件 p を満たさない四角形の例
図 3：条件 p，q，r をすべて満たす四角形の例

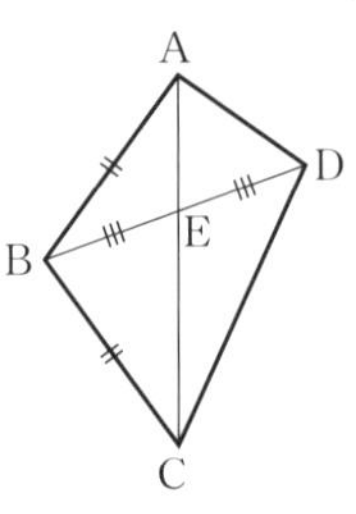

図 1

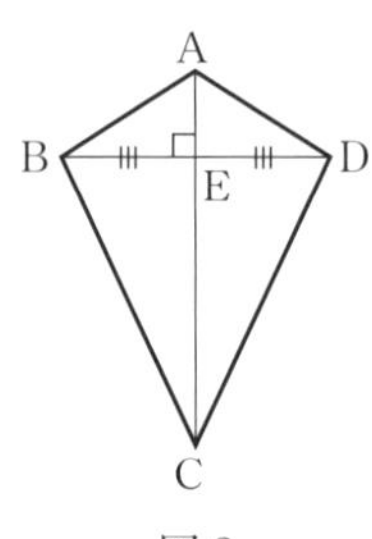

図 2

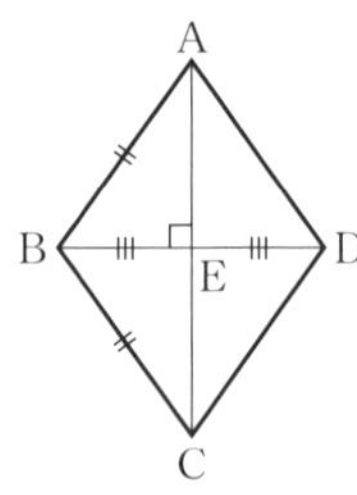

図 3

条件 p, q, r のすべてを満たす場合に四角形 ABCD(図 3) がひし形になることの証明

△ABE と△ADE において

　BE = DE, ∠AEB = ∠AED = 90°, AE は共通

2 組の辺とその間の角がそれぞれ等しいから

　△ABE≡△ADE

したがって　　AB = AD　……①

また, △CBE と△CDE においても同様に

　△CBE≡△CDE

したがって　　BC = DC　……②

①, ②より　　AB = BC = CD = DA

すなわち四角形 ABCD はひし形である。

3　r : AB // DC

として考えてみよう。

図 4 : 条件 p, r を満たし, 条件 q を満たさない四角形の例

図 5 : 条件 q, r を満たし, 条件 p を満たさない四角形の例

図 6 : 条件 p, q, r をすべて満たす四角形の例

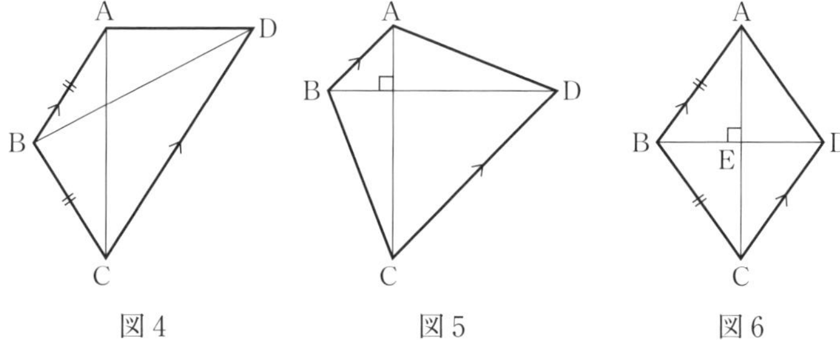

図 4　　図 5　　図 6

条件 p, q, r のすべてを満たす場合に四角形 ABCD(図 6) がひし形になることの証明

AC と BD の交点を E とする。

△ABE と△CBE において

　AB = CB, ∠AEB = ∠CEB = 90°, BE は共通

直角三角形で斜辺と他の 1 辺がそれぞれ等しいから

　△ABE ≡ △CBE　……①

△ABE と △CDE において

AB // DC より，錯角が等しいから

$\angle$BAE ＝ $\angle$DCE　　　……②

$\angle$AEB ＝ $\angle$CED ＝ 90°　……③

①より　AE ＝ CE　　　……④

②，③，④より，1組の辺とその両端の角が等しいから

△ABE ≡ △CDE

したがって　BE ＝ DE である。

これは，本解答の **2** (ウ)の例で挙げた条件 r であるから，四角形 ABCD はひし形である。

! 深める

考え方　ひし形において，内角がすべて直角，または，対角線の長さが等しいという条件が加わると，そのひし形は正方形となる。

解 答　**3** の解答例で挙げた p，q，r に対して，条件 s として

AE ＝ BE，$\angle$ABE ＝ $\angle$BAE，$\angle$ABE ＝ 45°

などが挙げられる。

s：AE ＝ BE

として考えてみよう。

図1：条件 q，r，s を満たし，条件 p を満たさない四角形の例

図2：条件 p，r，s を満たし，条件 q を満たさない四角形の例

図3：条件 p，q，s を満たし，条件 r を満たさない四角形の例

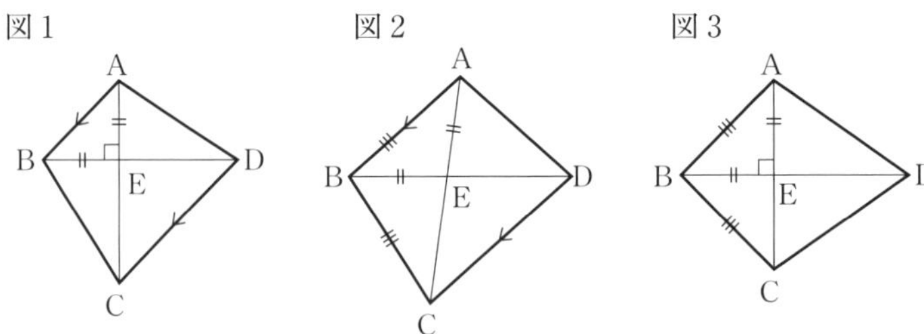

条件 p，q，r，s のすべてを満たす場合に四角形 ABCD が正方形になることの証明

条件 p，q，r をすべて満たすとき，四角形 ABCD はひし形になる。

AE ＝ BE (条件 s) のとき，△ABE，△BCE，△CDE，△DAE はすべて直角二等辺三角形であり，ひし形 ABCD の内角が，45° ＋ 45° ＝ 90°，すなわち，すべて直角となる。したがって，四角形 ABCD は正方形である。

3章　2次関数

1節　2次関数とそのグラフ
2節　2次方程式と2次不等式

関連する既習内容

1次関数

- 1次関数 $y = ax + b$（a，b は定数）の変化の割合は a（一定）であり，そのグラフの傾きは a，切片は b

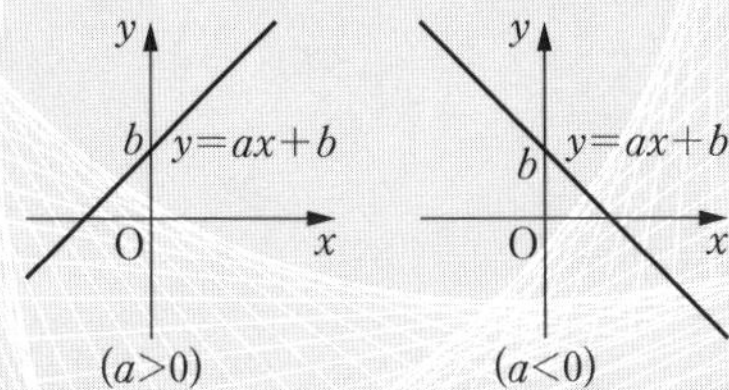

2乗に比例する関数

- 関数 $y = ax^2$（a は定数）のグラフ

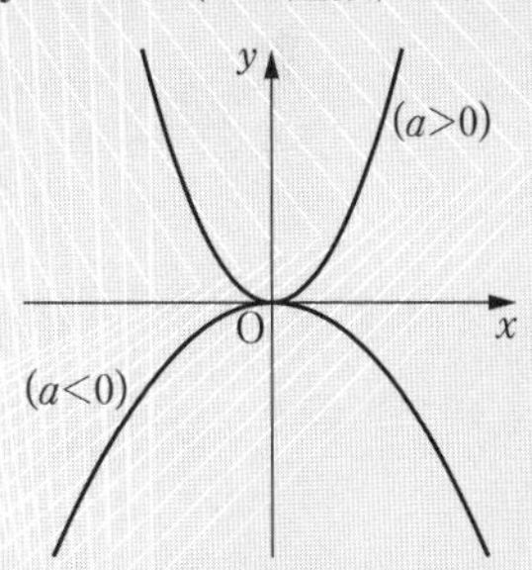

Introduction

教 p.78-79

2つの正方形の面積の和

Q 2つの正方形S，Tの面積の和が最小になるのは，点Pがどの位置にあるときだろうか。

1 どの線分の長さを x とするかを決め，その x と2つの正方形S，Tの面積の和の関係を表にしてみよう。

2 **1** の表をもとに，x と面積の和の関係を表すグラフがどのようになるか予想してみよう。

3 **2** で予想したグラフをもとに，面積の和が最小になるのはどのようなときか考えてみよう。

4 正方形の面積の和を y として x の式で表してみよう。

解答 **1** ・x を AP とした場合

このとき，PB $= 10 - x$ である。

正方形の1辺の長さと対角線の長さの比は $1 : \sqrt{2}$ であるから，正方形Sの1辺の長さは $\dfrac{x}{\sqrt{2}}$ となる。

したがって，正方形Sの面積は

$$\left(\frac{x}{\sqrt{2}}\right)^2 = \frac{x^2}{2}$$

である。

同様に，正方形Tの1辺の長さは $\dfrac{10-x}{\sqrt{2}}$ となるから，正方形Tの面積は

$$\left(\frac{10-x}{\sqrt{2}}\right)^2 = \frac{(10-x)^2}{2}$$

である。

x を0から10までの整数とするときの面積の和は，次の表のようになる。

x	0	1	2	3	4	5	6	7	8	9	10
正方形Sの面積	0	0.5	2	4.5	8	12.5	18	24.5	32	40.5	50
正方形Tの面積	50	40.5	32	24.5	18	12.5	8	4.5	2	0.5	0
面積の和	50	41	34	29	26	25	26	29	34	41	50

2 APの長さを x，正方形Sと正方形Tの面積の和を y として，**1** で求めた表より，$(x,\ y)$ を座標とする点をとり，それらをなめらかな曲線でつなぐと下の図のようになる。

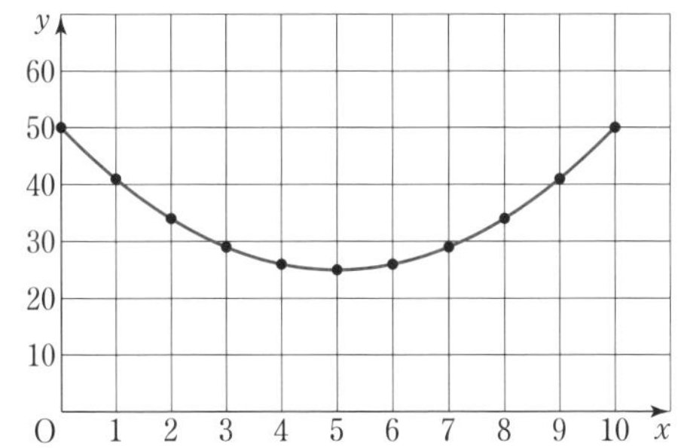

3 **$x=5$ のとき**，すなわち，点Pが線分ABの中点になるとき，面積の和が最小になると考えられる。

4 x をAPとするとき

正方形Sの面積　$\dfrac{x^2}{2}$

正方形Tの面積　$\dfrac{(10-x)^2}{2}$

であるから

$$y=\frac{x^2}{2}+\frac{(10-x)^2}{2}$$

$$=\frac{1}{2}\{x^2+(100-20x+x^2)\}$$

$$=\frac{1}{2}(2x^2-20x+100)$$

$$=x^2-10x+50$$

したがって

$$\boldsymbol{y=x^2-10x+50}$$

1節　2次関数とそのグラフ

1 2次関数

用語のまとめ

関数

- 2つの変数 x, y があって，x の値を定めると，それに応じて y の値がただ1つだけ定まるとき，y は x の **関数** であるという。
- y が x の関数で，x の2次式で表されるとき，y は x の **2次関数** であるという。
  一般に，2次関数は，$y=ax^2+bx+c$ の形に表される。
  ただし，a, b, c は定数で，$a \neq 0$ である。

関数の値

- y が x の関数であることを $y=f(x)$ のような記号で表す。
- 関数 $y=f(x)$ において，$x=a$ に対応する y の値を $x=a$ における **関数の値** といい，$f(a)$ で表す。

関数のグラフ

- 関数 $y=f(x)$ において，x の値とそれに対応する y の値の組 $(x,\ y)$ を座標とする点全体からなる図形を，**関数 $y=f(x)$ のグラフ** という。

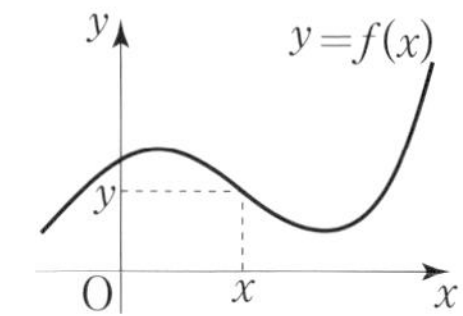

平行移動

- グラフなどの図形を，一定の方向に，一定の距離だけ動かす移動を **平行移動** という。

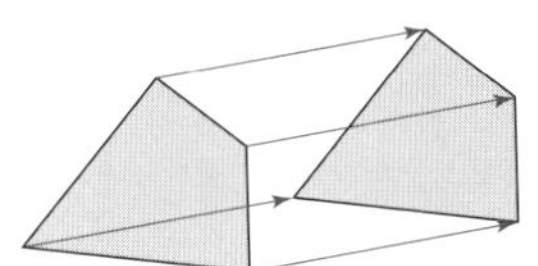

$y=ax^2$ のグラフ

- 2次関数 $y=ax^2$ のグラフが表す曲線を **放物線** という。放物線の対称軸を **軸**，軸と放物線の交点を **頂点** という。
  この放物線は
  　　$a>0$ のときは　**下に凸**
  　　$a<0$ のときは　**上に凸**
  であるという。

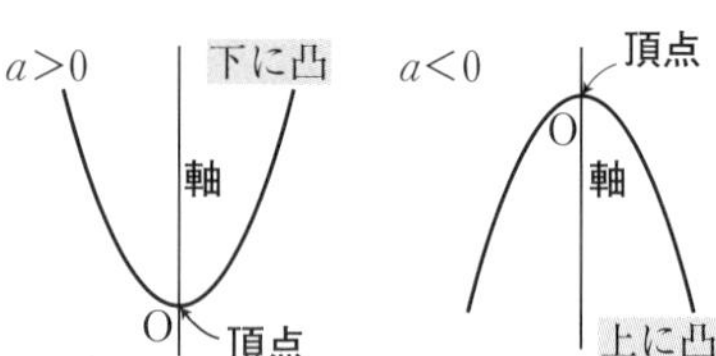

平方完成

- x の2次式 ax^2+bx+c を $a(x-p)^2+q$ の形に変形することを **平方完成** するという。

教 p.81

問 1　次の関数 $f(x)$ について，$f(2)$，$f(-3)$，$f(a)$ を求めよ。

(1)　$f(x)=2x-3$　　(2)　$f(x)=x^2$

考え方　$x=2$，$x=-3$，$x=a$ を，それぞれ $f(x)$ の式に代入する。

解　答　(1)　$f(2)=2\times2-3=1$

$f(-3)=2\times(-3)-3=-9$

$f(a)=2\times a-3=2a-3$

(2)　$f(2)=2^2=4$

$f(-3)=(-3)^2=9$

$f(a)=a^2$

● $y=ax^2$ のグラフ　　解き方のポイント

2 次関数 $y=ax^2$ のグラフは，原点を通り，y 軸に関して対称である。

軸　y 軸

頂点　原点 (0，0)

教 p.82

問 2　次の 2 次関数のグラフをかけ。

(1)　$y=2x^2$　　(2)　$y=-\frac{1}{2}x^2$

考え方　いろいろな x の値に対応する y の値を求めて表をつくると下のようになる。表で得た値の組 $(x,\ y)$ を座標とする点をとり，なめらかな曲線で結ぶ。

(1)

x	…	-2	-1	0	1	2	…
y	…	8	2	0	2	8	…

(2)

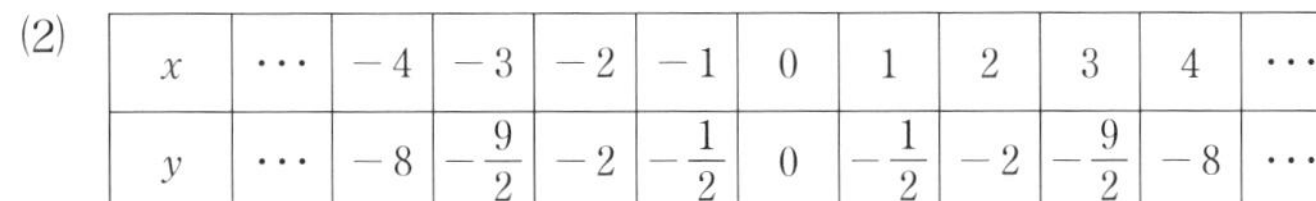

x	…	-4	-3	-2	-1	0	1	2	3	4	…
y	…	-8	$-\frac{9}{2}$	-2	$-\frac{1}{2}$	0	$-\frac{1}{2}$	-2	$-\frac{9}{2}$	-8	…

解　答　(1)

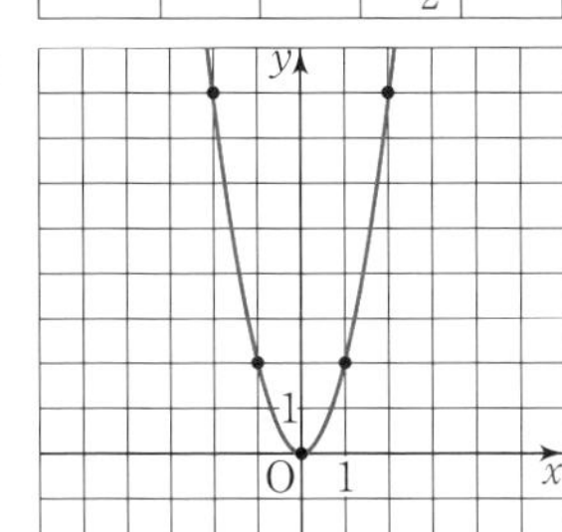

(2)

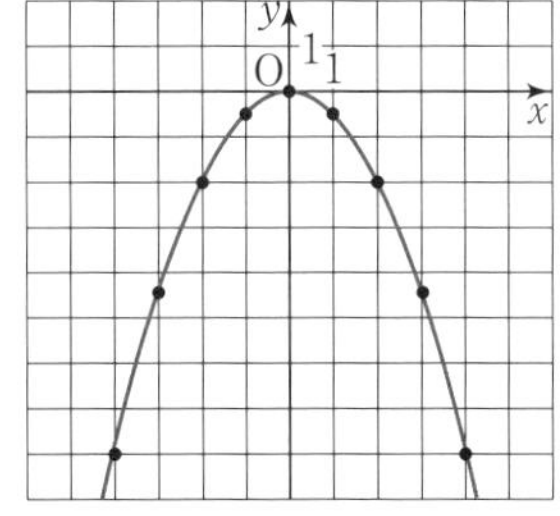

注　意　放物線は，軸に関して対称ななめらかな曲線となるようにかき，頂点でとがったり，最後でひろがったりしないように注意する。

教 p.82

問 3　$y=2x^2$ と $y=-2x^2$ のグラフはどのような位置関係にあるか説明せよ。

考え方　$y=2x^2$ と $y=-2x^2$ を比べると，x のどの値についても，それに対応する y の値は，絶対値が等しく符号が反対である。

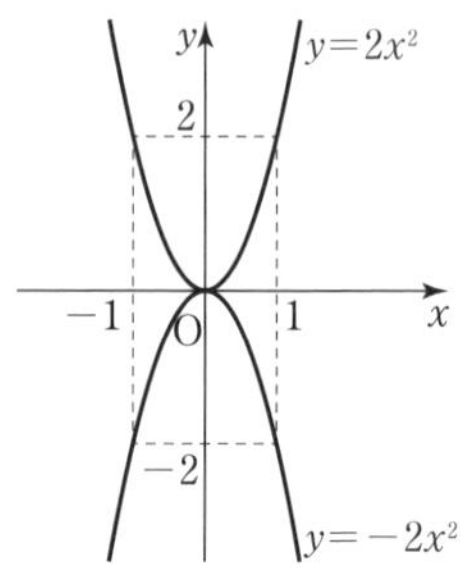

解　答　x 軸に関して対称

● $y=ax^2+q$ のグラフ　　解き方のポイント

2 次関数 $y=ax^2+q$ のグラフは，$y=ax^2$ のグラフを

　　y 軸方向に q だけ平行移動

した放物線である。その **軸は y 軸**，**頂点は点 $(0,\ q)$** である。

教 p.83

問 4　次の 2 次関数のグラフの軸と頂点を求め，そのグラフをかけ。

(1)　$y=2x^2-4$　　　(2)　$y=-x^2+2$

考え方　(1)　$y=2x^2+(-4)$ と表すことができる。

解　答　(1)　$y=2x^2-4$ のグラフは，$y=2x^2$ のグラフを y 軸方向に -4 だけ平行移動した放物線である。

軸は　y 軸（直線 $x=0$）

頂点は　点 $(0,\ -4)$

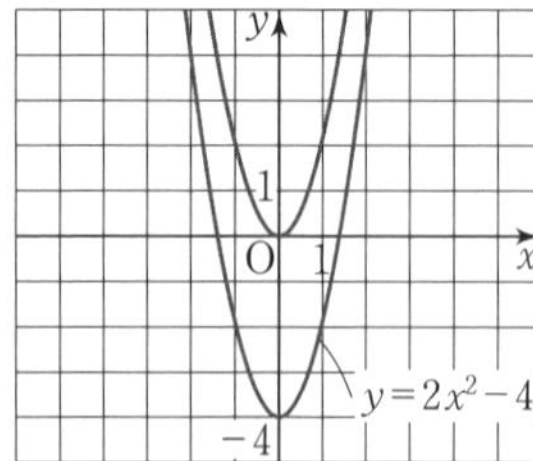

(2)　$y=-x^2+2$ のグラフは，$y=-x^2$ のグラフを y 軸方向に 2 だけ平行移動した放物線である。

軸は　y 軸（直線 $x=0$）

頂点は　点 $(0,\ 2)$

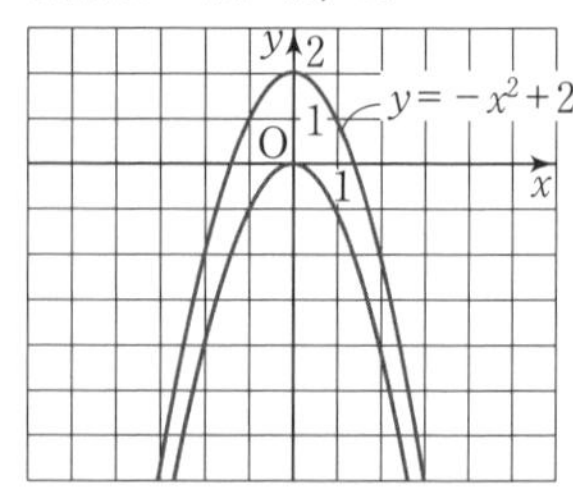

$y=a(x-p)^2$ のグラフ　　解き方のポイント

2 次関数 $y=a(x-p)^2$ のグラフは，$y=ax^2$ のグラフを

　　x 軸方向に p だけ平行移動

した放物線である。その

　　軸は直線 $x=p$，頂点は点 $(p, 0)$

である。

教 p.84

問 5　次の 2 次関数のグラフの軸と頂点を求め，そのグラフをかけ。

(1)　$y=(x-2)^2$　　　(2)　$y=-2(x+3)^2$

考え方　(2)　$y=-2\{x-(-3)\}^2$ と表すことができる。

解答　(1)　$y=(x-2)^2$ のグラフは，$y=x^2$ のグラフを x 軸方向に 2 だけ平行移動した放物線である。

軸は　直線 $x=2$

頂点は　点 $(2,\ 0)$

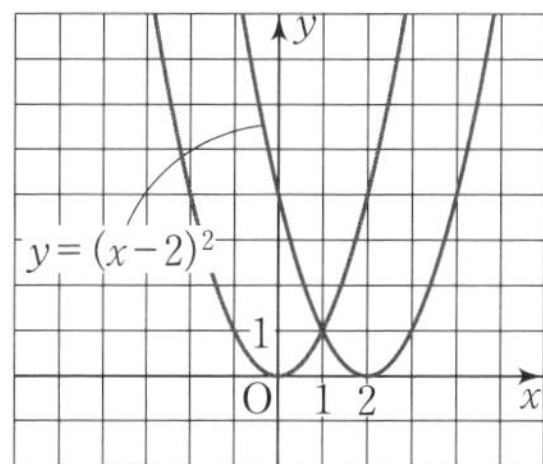

(2)　$y=-2(x+3)^2$ のグラフは，$y=-2x^2$ のグラフを x 軸方向に -3 だけ平行移動した放物線である。

軸は　直線 $x=-3$

頂点は　点 $(-3,\ 0)$

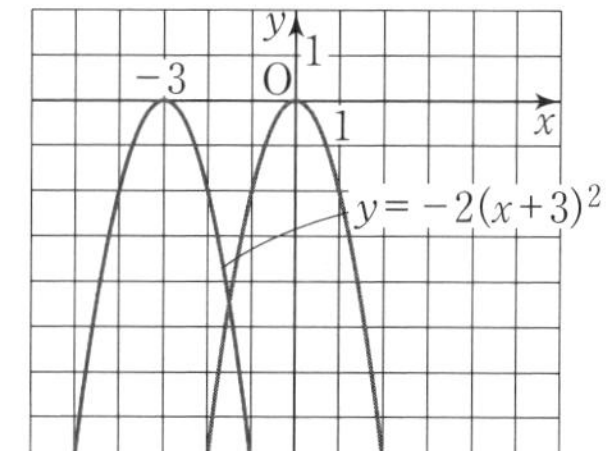

$y=a(x-p)^2+q$ のグラフ　　解き方のポイント

2 次関数 $y=a(x-p)^2+q$ のグラフは，$y=ax^2$ のグラフを

　　x 軸方向に p

　　y 軸方向に q

だけ平行移動した放物線である。その

　　軸は直線 $x=p$

　　頂点は点 (p, q)

である。

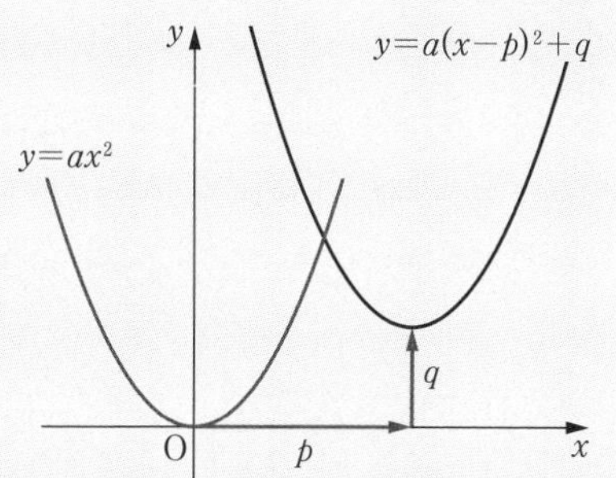

教 p.85

問6 次の 2 次関数のグラフの軸と頂点を求め，そのグラフをかけ。

(1) $y=(x-4)^2+2$　　(2) $y=-2(x+2)^2+3$

考え方 (2) $y=-2\{x-(-2)\}^2+3$ と表すことができる。

解 答 (1) $y=(x-4)^2+2$ のグラフは，$y=x^2$ のグラフを x 軸方向に 4，y 軸方向に 2 だけ平行移動した放物線である。

軸は　直線 $x=4$

頂点は　点 $(4,\ 2)$

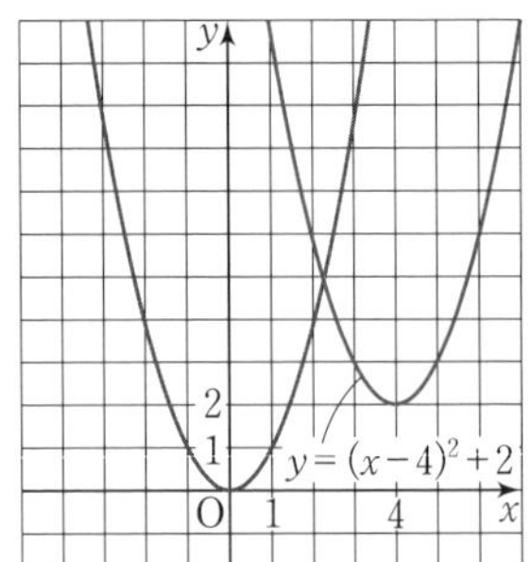

(2) $y=-2(x+2)^2+3$ のグラフは，$y=-2x^2$ のグラフを x 軸方向に -2，y 軸方向に 3 だけ平行移動した放物線である。

軸は　直線 $x=-2$

頂点は　点 $(-2,\ 3)$

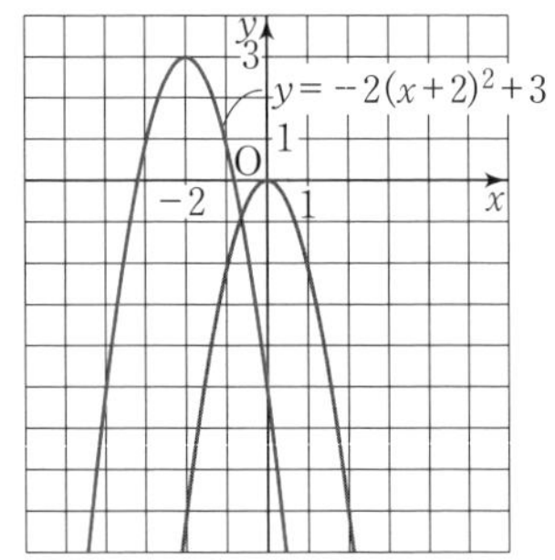

教 p.86

問7 次の 2 次関数を $y=(x-p)^2+q$ の形に変形せよ。

(1) $y=x^2-2x$　　(2) $y=x^2+6x-2$

(3) $y=x^2+3x+4$　　(4) $y=x^2-9x+21$

考え方 $x^2-\bigcirc x=\left(x-\dfrac{\bigcirc}{2}\right)^2-\left(\dfrac{\bigcirc}{2}\right)^2$ を利用する。

(3) は $y=x^2+2\cdot\dfrac{3}{2}x+4$，(4) は $y=x^2-2\cdot\dfrac{9}{2}x+21$ と考える。

解 答 (1) $y=x^2-2x$

$=(x-1)^2-1^2$

$=\boldsymbol{(x-1)^2-1}$

(2) $y=x^2+6x-2$

$=(x+3)^2-3^2-2$

$=\boldsymbol{(x+3)^2-11}$

(3) $y=x^2+3x+4$

$=\left(x+\dfrac{3}{2}\right)^2-\left(\dfrac{3}{2}\right)^2+4$

$=\boldsymbol{\left(x+\dfrac{3}{2}\right)^2+\dfrac{7}{4}}$

(4) $y=x^2-9x+21$

$=\left(x-\dfrac{9}{2}\right)^2-\left(\dfrac{9}{2}\right)^2+21$

$=\boldsymbol{\left(x-\dfrac{9}{2}\right)^2+\dfrac{3}{4}}$

●平方完成　解き方のポイント

例えば，$2x^2+4x-1$ は次のようにして平方完成することができる。

$$
\begin{aligned}
&2x^2+4x-1\\
&=2(x^2+2x)-1 &&\longleftarrow \text{①}\ x^2\text{の係数でくくる。}\\
&\qquad(2\text{の半分})\\
&=2\{\underline{(x+1)^2-1^2}\}-1 &&\longleftarrow \text{②}\ \{(x+(x\text{の係数の半分}))^2-(x\text{の係数の半分})^2\}\\
&=2(x+1)^2-2-1 &&\longleftarrow \text{③}\ \{\ \ \}\text{を外す。}\\
&=2(x+1)^2-3 &&\longleftarrow \text{④}\ \text{定数項を整理する。}
\end{aligned}
$$

平方完成の手順

1. x^2 の係数でくくる。
2. $\{(x+(x\text{の係数の半分}))^2-(x\text{の係数の半分})^2\}$
3. $\{\ \ \}$ を外す。
4. 定数項を整理する。

教 p.87

問8　次の2次関数を $y=a(x-p)^2+q$ の形に変形せよ。

(1) $y=2x^2+4x+1$　(2) $y=3x^2-12x-2$

(3) $y=-x^2+10x+7$　(4) $y=-2x^2-6x-5$

解答

(1)
$$
\begin{aligned}
y&=2x^2+4x+1\\
&=2(x^2+2x)+1\\
&=2\{(x+1)^2-1^2\}+1\\
&=2(x+1)^2-2\cdot1^2+1\\
&=2(x+1)^2-1
\end{aligned}
$$

(2)
$$
\begin{aligned}
y&=3x^2-12x-2\\
&=3(x^2-4x)-2\\
&=3\{(x-2)^2-2^2\}-2\\
&=3(x-2)^2-3\cdot2^2-2\\
&=3(x-2)^2-14
\end{aligned}
$$

(3)
$$
\begin{aligned}
y&=-x^2+10x+7\\
&=-(x^2-10x)+7\\
&=-\{(x-5)^2-5^2\}+7\\
&=-(x-5)^2+5^2+7\\
&=-(x-5)^2+32
\end{aligned}
$$

(4)
$$
\begin{aligned}
y&=-2x^2-6x-5\\
&=-2(x^2+3x)-5\\
&=-2\left\{\left(x+\frac{3}{2}\right)^2-\left(\frac{3}{2}\right)^2\right\}-5\\
&=-2\left(x+\frac{3}{2}\right)^2+2\cdot\left(\frac{3}{2}\right)^2-5\\
&=-2\left(x+\frac{3}{2}\right)^2-\frac{1}{2}
\end{aligned}
$$

2次関数のグラフの軸と頂点 ……… 解き方のポイント

2次関数のグラフの軸と頂点は，平方完成して $y=a(x-p)^2+q$ の形にすると

軸が　直線 $x=p$

頂点が　点 $(p,\ q)$

と求められる。

教 p.87

問9　次の2次関数のグラフの軸と頂点を求め，そのグラフをかけ。

(1)　$y=x^2-4x+3$　　(2)　$y=2x^2+4x+3$

(3)　$y=-2x^2-6x-3$　　(4)　$y=\dfrac{1}{2}x^2+2x+5$

考え方　$y=a(x-p)^2+q$ の形に変形し，軸の式と頂点の座標を求める。

解答　(1)　与えられた2次関数は

$$\begin{aligned} y &= (x^2-4x)+3 \\ &= (x-2)^2-2^2+3 \\ &= (x-2)^2-1 \end{aligned}$$

と変形される。よって，そのグラフは

軸が　直線 $x=2$

頂点が　点 $(2,\ -1)$

の下に凸の放物線である。

また，グラフは y 軸と点 $(0,\ 3)$ で交わる。

よって，グラフは右の図のようになる。

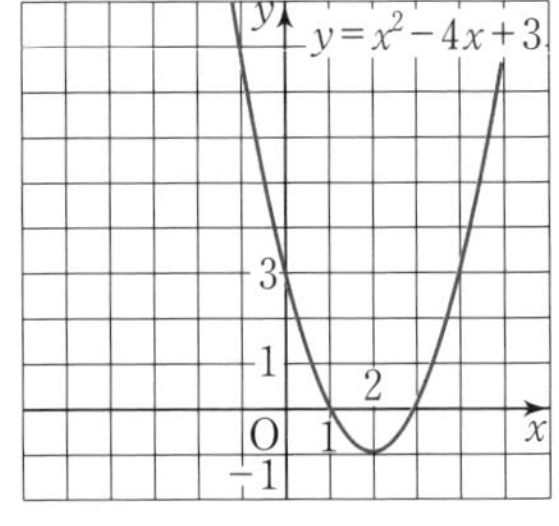

(2)　与えられた2次関数は

$$\begin{aligned} y &= 2(x^2+2x)+3 \\ &= 2\{(x+1)^2-1^2\}+3 \\ &= 2(x+1)^2-2+3 \\ &= 2(x+1)^2+1 \end{aligned}$$

と変形される。よって，そのグラフは

軸が　直線 $x=-1$

頂点が　点 $(-1,\ 1)$

の下に凸の放物線である。

また，グラフは y 軸と点 $(0,\ 3)$ で交わる。

よって，グラフは右の図のようになる。

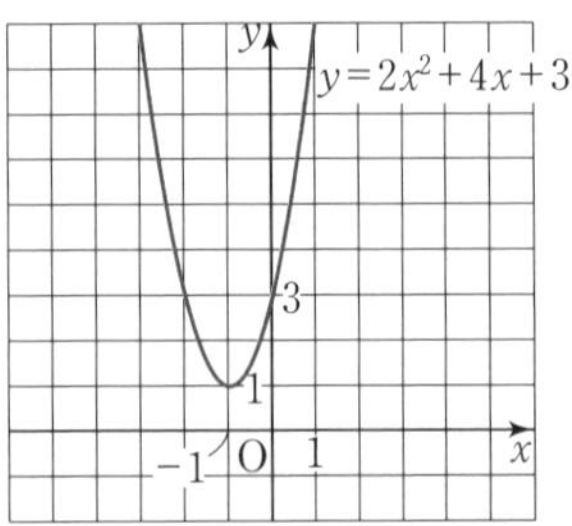

(3) 与えられた2次関数は

$$y=-2(x^2+3x)-3$$
$$=-2\left\{\left(x+\frac{3}{2}\right)^2-\left(\frac{3}{2}\right)^2\right\}-3$$
$$=-2\left(x+\frac{3}{2}\right)^2+\frac{3}{2}$$

と変形される。よって，そのグラフは

軸が　直線 $x=-\frac{3}{2}$

頂点が　点 $\left(-\frac{3}{2},\ \frac{3}{2}\right)$

の上に凸の放物線である。

また，グラフは y 軸と点 $(0,\ -3)$ で交わる。

よって，グラフは右の図のようになる。

(4) 与えられた2次関数は

$$y=\frac{1}{2}(x^2+4x)+5$$
$$=\frac{1}{2}\{(x+2)^2-2^2\}+5$$
$$=\frac{1}{2}(x+2)^2+3$$

と変形される。よって，そのグラフは

軸が　直線 $x=-2$

頂点が　点 $(-2,\ 3)$

の下に凸の放物線である。

また，グラフは y 軸と点 $(0,\ 5)$ で交わる。

よって，グラフは右の図のようになる。

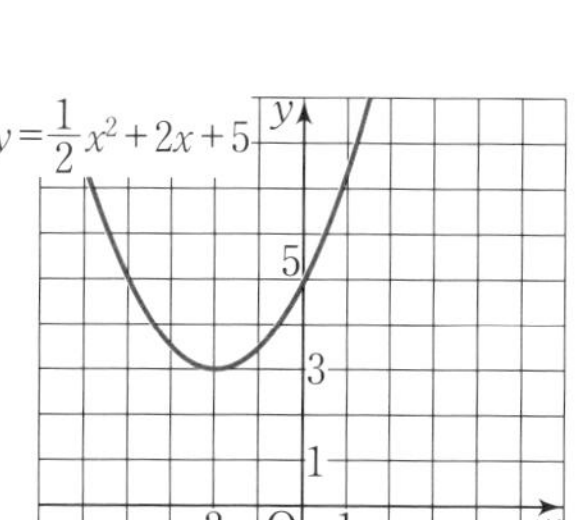

● $y=ax^2+bx+c$ のグラフ …… 解き方のポイント

2次関数 $y=ax^2+bx+c$ のグラフは，$y=ax^2$ のグラフを平行移動した放物線で

軸は　直線　$x=-\frac{b}{2a}$，　頂点は　点 $\left(-\frac{b}{2a},\ -\frac{b^2-4ac}{4a}\right)$

● 2つの2次関数のグラフの位置関係 …… 解き方のポイント

x^2 の係数が等しい2つの2次関数のグラフは，頂点どうしが重なるように平行移動すると，グラフを重ね合わせることができる。

教 p.89

問 10 2 次関数 $y=x^2-8x+13$ のグラフをどのように平行移動すると，2 次関数 $y=x^2-4x+2$ のグラフに重なるか。

考え方 それぞれ $y=(x-p)^2+q$ の形に変形して頂点を求める。

解 答 2 つの 2 次関数を

$y=x^2-8x+13$ ……①

$y=x^2-4x+2$ ……②

とおく。

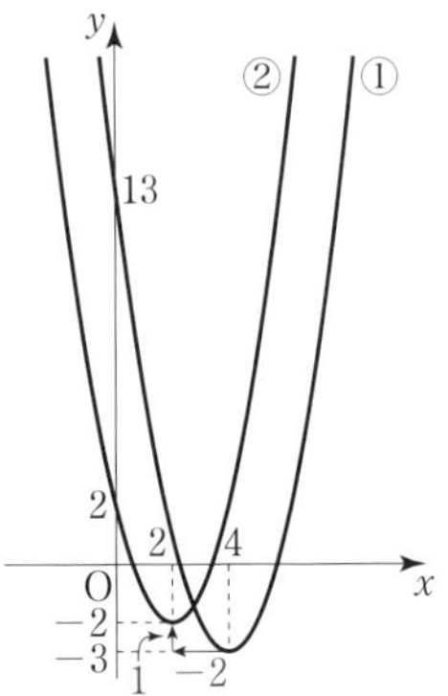

① の 2 次関数は　　$y=(x-4)^2-3$

と変形できるから，グラフの頂点は点 $(4,\ -3)$ である。

② の 2 次関数は　　$y=(x-2)^2-2$

と変形できるから，グラフの頂点は点 $(2,\ -2)$ である。

① と ② の x^2 の係数は等しいから，① のグラフを

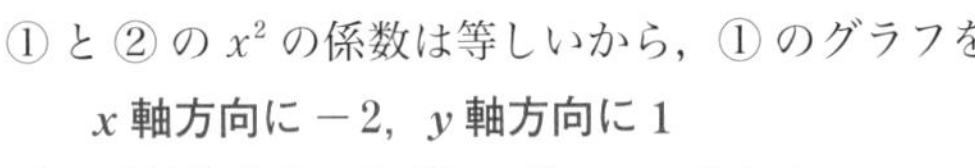

x 軸方向に -2，y 軸方向に 1

だけ平行移動すると ② のグラフに重なる。

参考 ▶ グラフの平行移動　**教 p.90**

● グラフの平行移動　解き方のポイント

関数 $y=f(x)$ のグラフを x 軸方向に p，y 軸方向に q だけ平行移動したグラフの関数は，x を $x-p$ に，y を $y-q$ に置き換えた

$y-q=f(x-p)$　すなわち　$y=f(x-p)+q$

である。

教 p.90

問 1 2 次関数 $y=x^2+4x+5$ のグラフを x 軸方向に -3，y 軸方向に 1 だけ平行移動した放物線をグラフとする 2 次関数を求めよ。

考え方 x 軸方向に -3，y 軸方向に 1 だけ平行移動するから，x を $x-(-3)$，すなわち，$x+3$ に，y を $y-1$ にそれぞれ置き換える。

解 答 求める 2 次関数は

$y-1=(x+3)^2+4(x+3)+5$

すなわち　　$\boldsymbol{y=x^2+10x+27}$

参考 ▶ グラフの対称移動 教 p.91

● グラフの対称移動 解き方のポイント

関数 $y=f(x)$ のグラフを

x 軸に関して対称移動したグラフの関数は

$-y=f(x)$　すなわち　$y=-f(x)$

y 軸に関して対称移動したグラフの関数は

$y=f(-x)$

原点に関して対称移動したグラフの関数は

$-y=f(-x)$　すなわち　$y=-f(-x)$

教 p.91

問 1　2 次関数 $y=-x^2-6x-2$ のグラフを x 軸，y 軸，原点に関して対称移動した放物線をグラフとする 2 次関数をそれぞれ求めよ。

考え方　x 軸，y 軸，原点に関して対称移動したグラフは下の図のようになる。

x 軸に関して対称移動

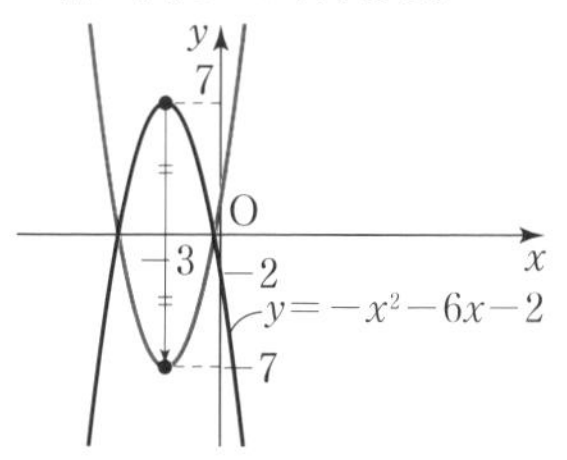

y 軸に関して対称移動

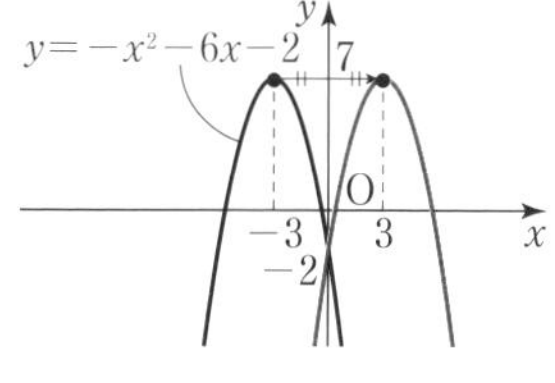

原点に関して対称移動

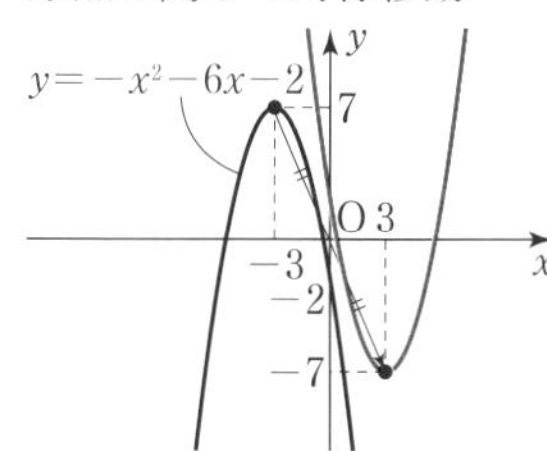

解　答　x 軸に関して対称移動したグラフの関数は

$y=-(-x^2-6x-2)$　すなわち　$y=x^2+6x+2$

y 軸に関して対称移動したグラフの関数は

$y=-(-x)^2-6(-x)-2$　すなわち　$y=-x^2+6x-2$

原点に関して対称移動したグラフの関数は

$y=-\{-(-x)^2-6(-x)-2\}$　すなわち　$y=x^2-6x+2$

参考 ▶ グラフ作成ツールを利用した放物線の考察 教 p.92-93

Q 2次関数 $y=ax^2+x$ において，a を動かすと放物線の頂点はどのように動くか考えてみよう。

1 グラフの頂点を求め，グラフ作成ツールを使って放物線がどのように変化するか調べてみよう。

2 頂点の動きを詳しく調べてみよう。頂点の x 座標と y 座標はどのような関係になっているだろうか。

3 頂点はどのようなグラフ上を動くか予想してみよう。

4 $b=1$，$c=0$ 以外の場合についても考えてみよう。

解答 **1**

$$y=ax^2+x=a\left(x+\frac{1}{2a}\right)^2-\frac{1}{4a}$$

となるから，頂点の座標は

$$\left(-\frac{1}{2a},\ -\frac{1}{4a}\right)$$

である。

グラフ作成ツールを使って a の値を変化させると放物線は右の図のように変化する。a の値によって，グラフの開き具合や頂点の位置が変わる。

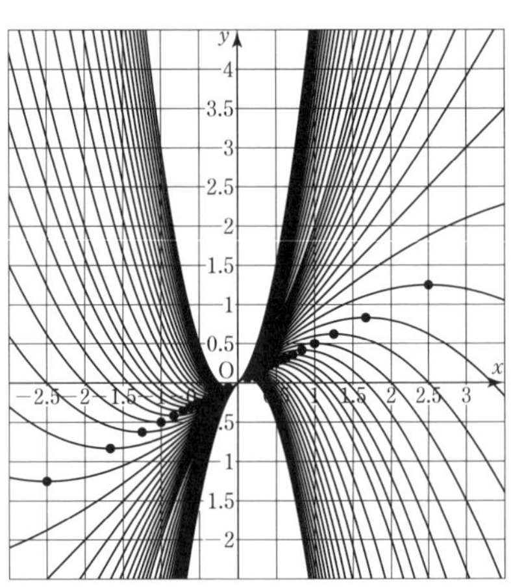

2 考え方1

頂点の座標は $\left(-\frac{1}{2a},\ -\frac{1}{4a}\right)$ であるから，a の値に対応する x 座標，y 座標の値を求めて表をつくると，次のようになる。

a	-4	-3	-2	-1	0	1	2	3	4
頂点の x 座標	$\frac{1}{8}$	$\frac{1}{6}$	$\frac{1}{4}$	$\frac{1}{2}$	／	$-\frac{1}{2}$	$-\frac{1}{4}$	$-\frac{1}{6}$	$-\frac{1}{8}$
頂点の y 座標	$\frac{1}{16}$	$\frac{1}{12}$	$\frac{1}{8}$	$\frac{1}{4}$	／	$-\frac{1}{4}$	$-\frac{1}{8}$	$-\frac{1}{12}$	$-\frac{1}{16}$

表を縦に見ると，a がどの値のときも，頂点の x 座標の $\frac{1}{2}$ 倍が頂点の y 座標の値になっている。(ただし，$a \neq 0$)

考え方 2

考え方 1 でつくった表をもとに点をとると，右の図のようになる。

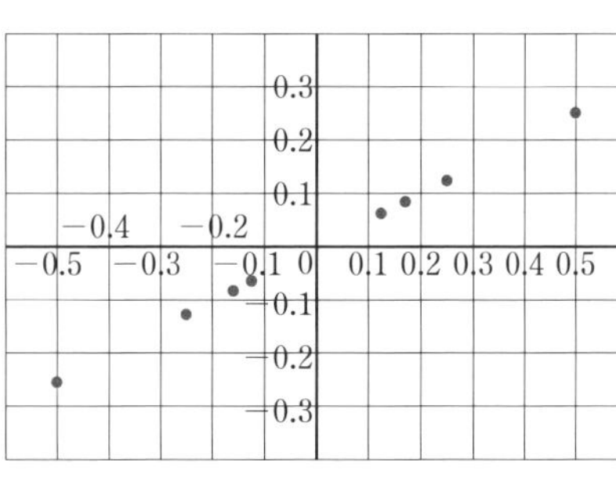

点は一直線上に並んでいるように見えるから，**頂点の x 座標と y 座標は比例の関係になっている。**(ただし，$a \neq 0$)

考え方 3

1 より，頂点の x 座標は $-\frac{1}{2a}$，y 座標は $-\frac{1}{4a}$ であるから

$$-\frac{1}{4a}=\frac{1}{2}\cdot\left(-\frac{1}{2a}\right)$$

より，**頂点の x 座標の $\frac{1}{2}$ 倍が頂点の y 座標の値になっている**（ただし，$a \neq 0$）。

3 **2** より，頂点の x 座標の $\frac{1}{2}$ 倍が頂点の y 座標の値になっていることから，**頂点は，直線 $y=\frac{1}{2}x$（原点を除く）上を動く。**

4 $y=ax^2+bx+c$ の場合（ただし，$a \neq 0$，$b \neq 0$）

$$y=ax^2+bx+c=a\left(x+\frac{b}{2a}\right)^2-\frac{b^2}{4a}+c$$

より，頂点の座標は $\left(-\frac{b}{2a},\ -\frac{b^2}{4a}+c\right)$

y 座標について

$$-\frac{b^2}{4a}+c=\frac{b}{2}\cdot\left(-\frac{b}{2a}\right)+c$$

であるから，**頂点は直線 $y=\frac{b}{2}x+c$（y 軸上の点を除く）上を動く**と考えられる。

2 2次関数の最大・最小

Set Up 教 p.94

問 上の問題において，2つの正方形の面積の和が最小になるとき，その面積を予想し，その理由を説明せよ。

解 答 2つの正方形の面積の和は y であり，グラフから y の最小の値は25である。したがって，2つの正方形の面積が最小になるとき，その和は25であると予想される。

用語のまとめ

関数の定義域・値域

- 関数 $y=f(x)$ において，変数 x のとり得る値の範囲を，この関数の **定義域** という。
- x が定義域のすべての値をとるとき，それに応じて変数 y がとる値の範囲を，この関数の **値域** という。

関数の最大値・最小値

- 関数 $y=f(x)$ において，その値域に最大の値，最小の値があるとき，これらをそれぞれこの関数の **最大値**，**最小値** という。

教 p.95

問11 関数 $y=-3x+2\ (-1\leqq x\leqq 2)$ の値域，および最大値，最小値を求めよ。

考え方 定義域におけるグラフをかき，y の値の範囲を調べる。

解 答 1次関数 $y=-3x+2$ のグラフは点 $(0,\ 2)$ を通り，傾き -3 の直線で

$x=-1$ のとき　$y=-3\times(-1)+2=5$

$x=2$ のとき　$y=-3\times 2+2=-4$

であるから，定義域が $-1\leqq x\leqq 2$ のとき，関数 $y=-3x+2$ のグラフは，右の図のグラフの実線部分である。したがって

値域は　$-4\leqq y\leqq 5$

また

$x=-1$ のとき　**最大値**　5

$x=2$ のとき　**最小値**　-4

である。

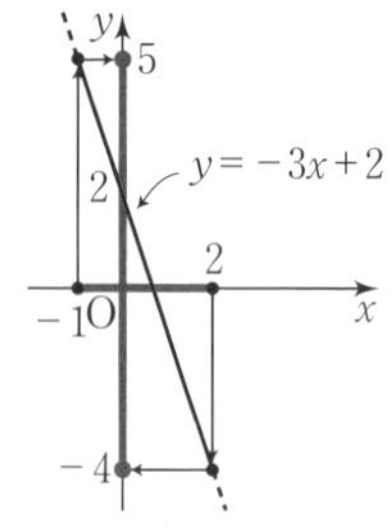

● 2 次関数の最大・最小　解き方のポイント

2 次関数 $\boldsymbol{y=a(x-p)^2+q}$ は

$\boldsymbol{a>0}$ ならば，$\boldsymbol{x=p}$ で **最小値** $\boldsymbol{q}$ をとり，最大値はない。

$\boldsymbol{a<0}$ ならば，$\boldsymbol{x=p}$ で **最大値** $\boldsymbol{q}$ をとり，最小値はない。

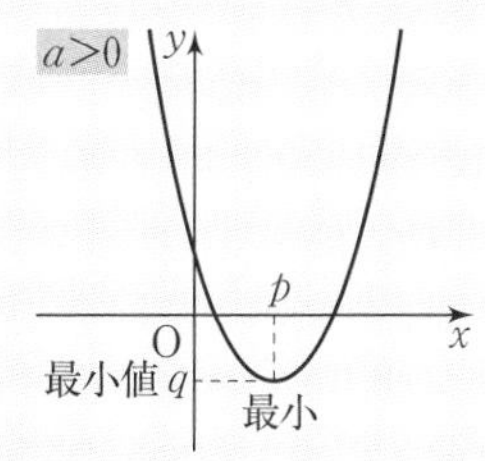

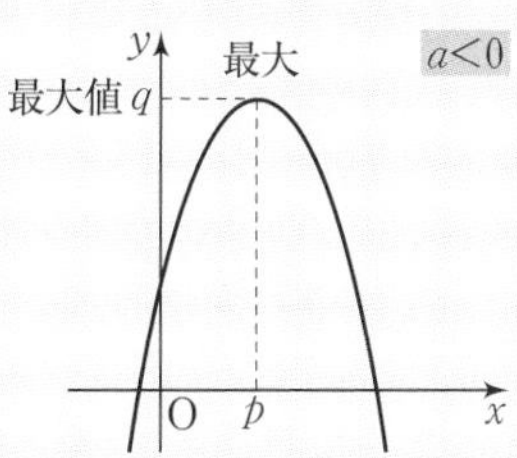

教 p.97

問 12　次の 2 次関数の最大値または最小値を求めよ。また，そのときの x の値を求めよ。

(1)　$y=x^2-6x+7$　　　(2)　$y=-x^2-2x+2$

考え方　$y=a(x-p)^2+q$ の形に変形し，この関数のグラフを考える。

解 答　(1)　与えられた 2 次関数は

$$y=(x^2-6x)+7$$
$$=(x-3)^2-3^2+7$$
$$=(x-3)^2-2$$

と変形される。したがって，この関数は

$\boldsymbol{x=3}$ **のとき，最小値** $\boldsymbol{-2}$ **をとる。**

最大値はない。

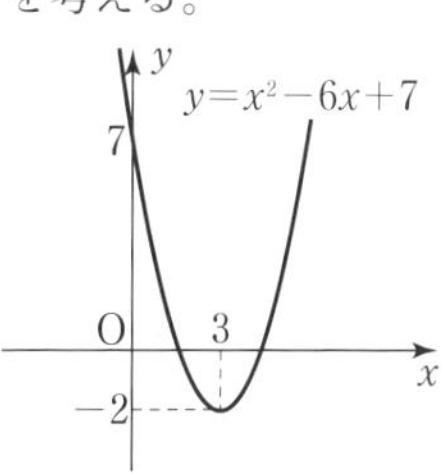

(2)　与えられた 2 次関数は

$$y=-(x^2+2x)+2$$
$$=-\{(x+1)^2-1^2\}+2$$
$$=-(x+1)^2+3$$

と変形される。したがって，この関数は

$\boldsymbol{x=-1}$ **のとき，最大値 3 をとる。**

最小値はない。

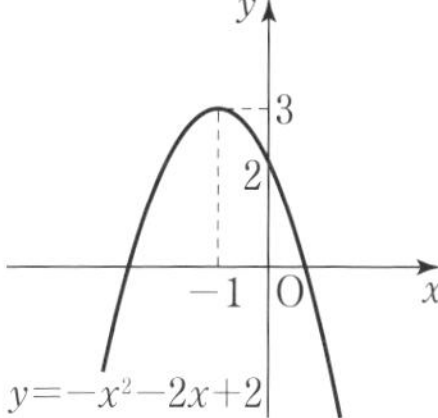

教 p.97

問 13　2 次関数 $y=-2x^2+16x-3k$ が最大値 5 をとるとき，定数 k の値を求めよ。

考え方　$y=-2x^2+16x-3k$ を $y=a(x-p)^2+q$ の形に変形する。この関数のグラフは上に凸の放物線であるから，$x=p$ のとき最大値 q をとる。

解 答　与えられた 2 次関数は

$$y=-2(x^2-8x)-3k$$
$$=-2\{(x-4)^2-4^2\}-3k$$
$$=-2(x-4)^2-3k+32$$

と変形される。$x=4$ のとき，この関数は最大値 $-3k+32$ をとるから

$$-3k+32=5$$

したがって　　$k=9$

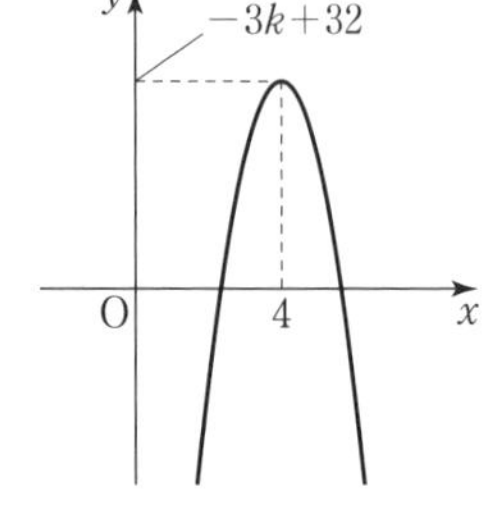

定義域がある範囲に制限されたときの最大値・最小値　解き方のポイント

定義域がある範囲に制限されている 2 次関数の最大値，最小値を求めるには，グラフの頂点と定義域の両端における関数の値を比較する。

教 p.98

問 14　次の 2 次関数の最大値と最小値を求めよ。また，そのときの x の値を求めよ。

(1)　$y=x^2+4x+3$　$(-1\leqq x\leqq 3)$

(2)　$y=-2x^2+4x+3$　$(-2\leqq x\leqq 2)$

考え方　$y=a(x-p)^2+q$ の形に変形し，定義域における関数のグラフを考える。

解 答　(1)　与えられた 2 次関数は

$$y=(x+2)^2-2^2+3$$
$$=(x+2)^2-1$$

と変形される。

$-1\leqq x\leqq 3$ におけるこの関数のグラフは，右の図の放物線の実線部分である。

したがって

$x=3$ のとき　　最大値 24

$x=-1$ のとき　最小値 0

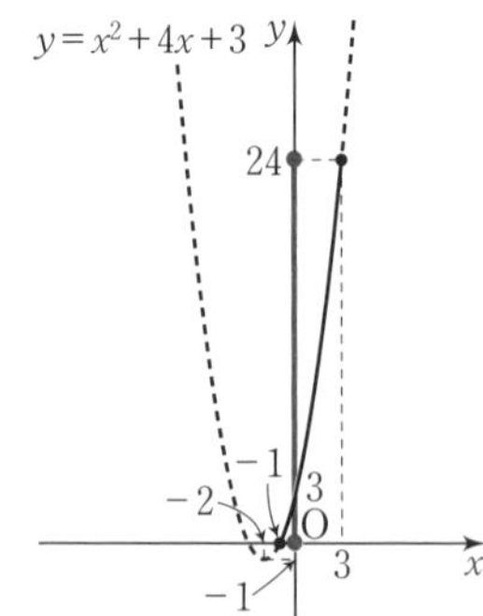

(2) 与えられた2次関数は

$$y=-2(x^2-2x)+3$$
$$=-2\{(x-1)^2-1^2\}+3$$
$$=-2(x-1)^2+5$$

と変形される。$-2 \leqq x \leqq 2$ におけるこの関数のグラフは，右の図の放物線の実線部分である。したがって

$x=1$ のとき　最大値 5

$x=-2$ のとき　最小値 -13

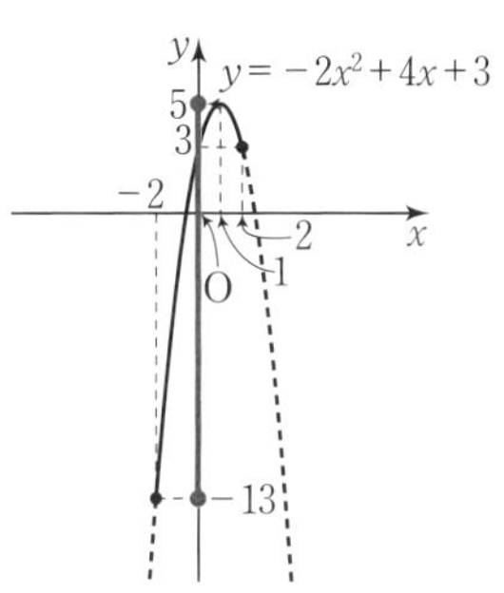

● 最大・最小の応用　　解き方のポイント

2次関数の最大・最小についての応用問題は，次のような手順で解く。

1　何を x とするか決める。

2　最大（最小）値を求める量を y とし，y を x の式で表す。

3　定義域を求める。

4　$y=a(x-p)^2+q$ の形に変形する。

5　3 の範囲で関数 y のグラフをかき，最大値または最小値を求める。

教 p.99

問 15　直角をはさむ2辺の長さの和が 20 cm であるような直角三角形の面積の最大値を求めよ。(図は省略)

考え方　辺の長さが正であることから，定義域に注意する。

解 答　直角をはさむ1辺の長さを x cm とすると，他の1辺は $(20-x)$ cm である。

2辺の長さはいずれも正であるから

$x>0,\ 20-x>0$　すなわち　$0<x<20$ …… ①

面積 $y\,\text{cm}^2$ は

$$y=\frac{1}{2}x(20-x)$$
$$=-\frac{1}{2}(x^2-20x)$$
$$=-\frac{1}{2}\{(x-10)^2-10^2\}$$
$$=-\frac{1}{2}(x-10)^2+50$$

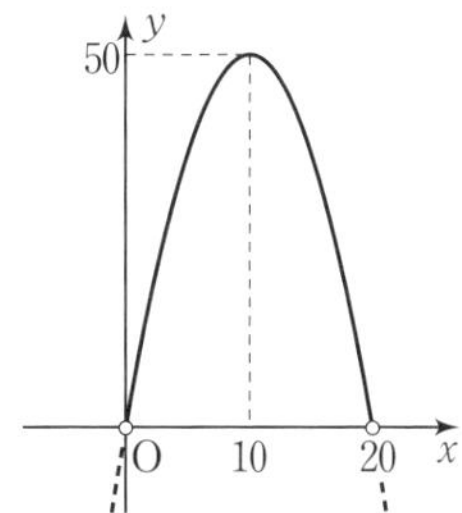

① におけるこの関数のグラフは，右の図の放物線の実線部分である。

したがって，$x=10$ のとき，y は最大値 50 をとる。　**答**　**最大値 50 cm²**

Challenge(チャレンジ)例題　定義域が変化するときの最大・最小　教 p.100

問1　$a>0$ のとき，2次関数 $y=-x^2+6x+1$ $(0\leqq x\leqq a)$ の最大値を求めよ。また，そのときの x の値を求めよ。

考え方　グラフの軸が，定義域に含まれるかどうかで場合分けをして考える。
下の解答では
　(i)　軸が定義域に含まれない場合
　(ii)　軸が定義域に含まれる場合
である。

解　答　与えられた2次関数は

$$y=-(x^2-6x)+1$$
$$=-\{(x-3)^2-3^2\}+1$$
$$=-(x-3)^2+10$$

と変形できるから，この関数のグラフは，軸が直線 $x=3$，頂点が点 $(3,\ 10)$ の上に凸の放物線である。

(i)　$0<a<3$ のとき
　$0\leqq x\leqq a$ におけるこの関数のグラフは，右の図の放物線の実線部分である。
　よって
　　$x=a$ のとき
　　最大値　$-a^2+6a+1$

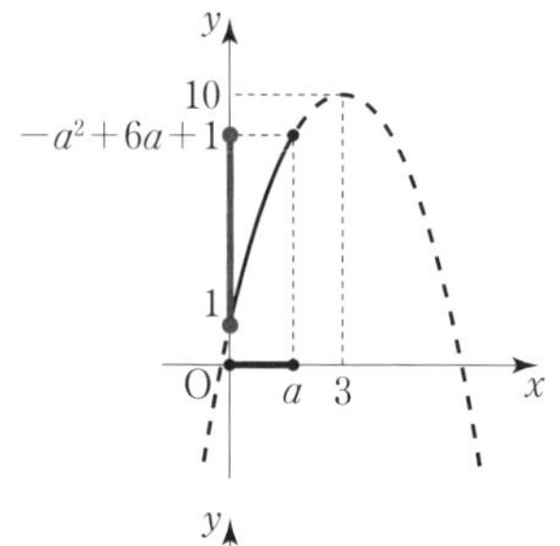

(ii)　$3\leqq a$ のとき
　$0\leqq x\leqq a$ におけるこの関数のグラフは，右の図の放物線の実線部分である。
　よって
　　$x=3$ のとき
　　最大値　10

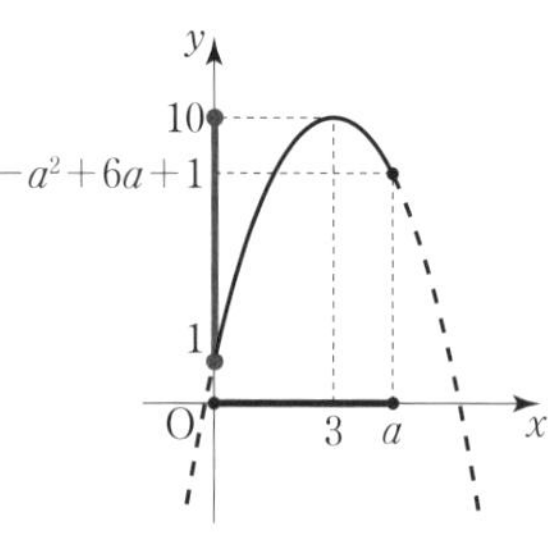

(i)，(ii) より

$$\begin{cases}0<a<3 \text{ のとき } & x=a \text{ で　最大値 } -a^2+6a+1\\ 3\leqq a \text{ のとき } & x=3 \text{ で　最大値 } 10\end{cases}$$

Challenge（チャレンジ）例題　軸の位置が変化するときの最大・最小　教 p.101

問1　2次関数 $y=-x^2+2ax-a^2+3\ (-1\leqq x\leqq 1)$ の最大値を求めよ。また，そのときの x の値を求めよ。

考え方　グラフの軸が，定義域に含まれるかどうかで場合分けをして考える。
下の解答では
　(i)，(iii)　軸が定義域に含まれない場合
　(ii)　軸が定義域に含まれる場合
である。

解　答　与えられた2次関数は

$$y=-(x-a)^2+3$$

と変形できる。

(i)　$a<-1$ のとき
　$-1\leqq x\leqq 1$ におけるこの関数のグラフは，右の図の放物線の実線部分である。
　よって
　　$x=-1$ のとき
　　最大値　$-a^2-2a+2$

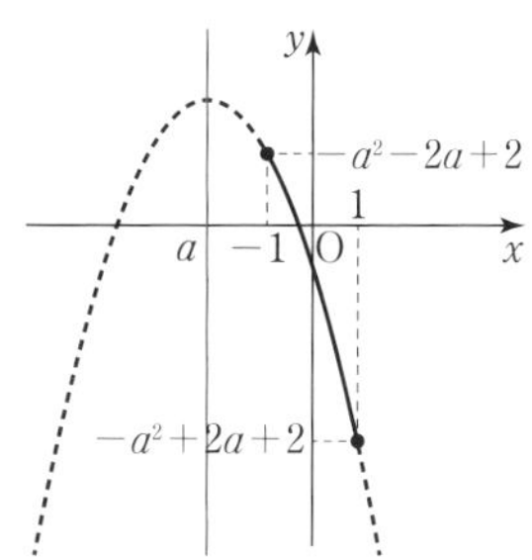

(ii)　$-1\leqq a\leqq 1$ のとき
　$-1\leqq x\leqq 1$ におけるこの関数のグラフは，右の図の放物線の実線部分である。
　よって
　　$x=a$ のとき　最大値　3

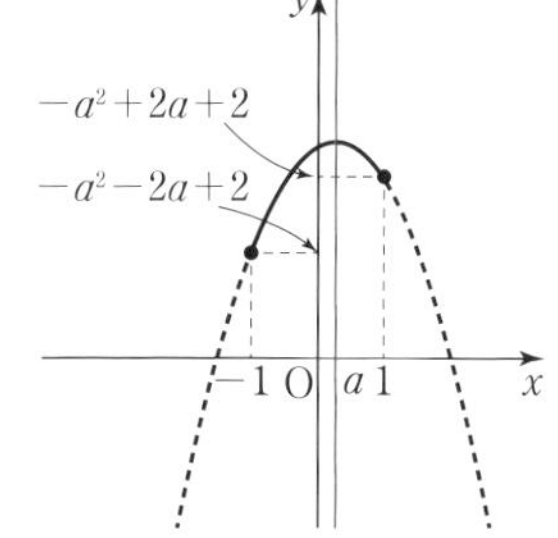

(iii)　$1<a$ のとき
　$-1\leqq x\leqq 1$ におけるこの関数のグラフは，右の図の放物線の実線部分である。
　よって
　　$x=1$ のとき
　　最大値　$-a^2+2a+2$

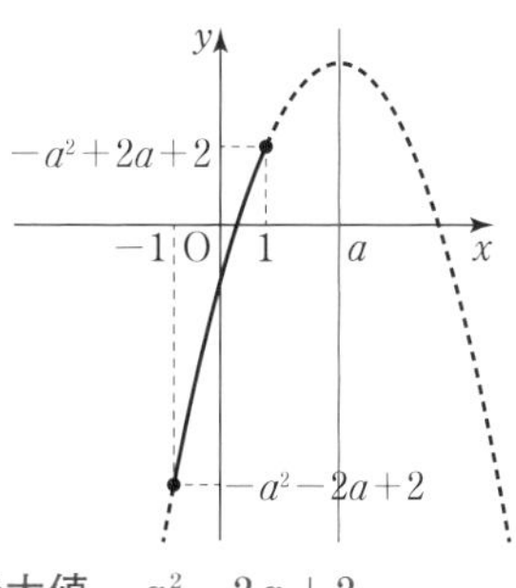

(i)，(ii)，(iii)より

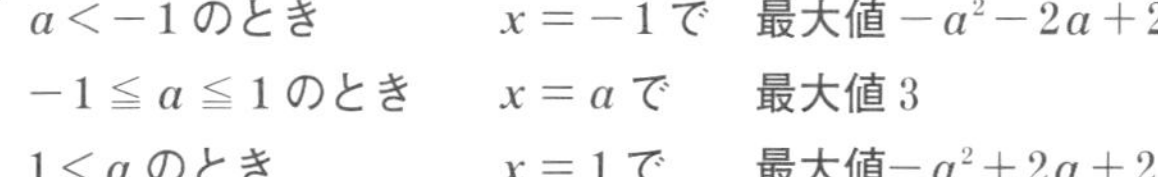

$$\begin{cases} a<-1 \text{ のとき} & x=-1 \text{ で} & \text{最大値 } -a^2-2a+2 \\ -1\leqq a\leqq 1 \text{ のとき} & x=a \text{ で} & \text{最大値 } 3 \\ 1<a \text{ のとき} & x=1 \text{ で} & \text{最大値 } -a^2+2a+2 \end{cases}$$

3 2 次関数の決定

用語のまとめ

- 3 文字についての 1 次方程式を連立したものを **連立 3 元 1 次方程式** という。

頂点に関する条件が与えられたとき …… **解き方のポイント**

グラフが点 $(p,\ q)$ を頂点とする放物線になるような 2 次関数は $y=a(x-p)^2+q$ と表し，他の 1 点の座標の値を代入して，a についての方程式をつくる。

教 p.103

問 16 グラフが点 $(-1,\ -5)$ を頂点とし，点 $(1,\ 11)$ を通る放物線になるような 2 次関数を求めよ。

解 答 頂点が $(-1,\ -5)$ であるから，

求める 2 次関数は

$$y=a(x+1)^2-5 \quad \cdots\cdots ①$$

と表される。

また，グラフが点 $(1,\ 11)$ を通るから，①の式において

$x=1$ のとき $y=11$

である。よって

$$11=a(1+1)^2-5$$

すなわち

$$11=4a-5$$

ゆえに

$$a=4$$

したがって，求める 2 次関数は

$$y=4(x+1)^2-5$$

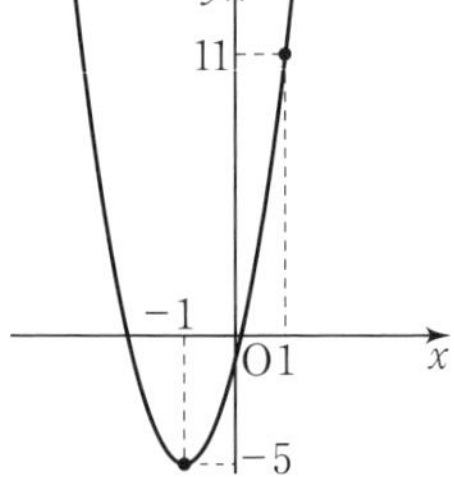

軸に関する条件が与えられたとき …… **解き方のポイント**

グラフの軸が直線 $x=p$ になるような 2 次関数は $y=a(x-p)^2+q$ と表し，グラフ上の 2 点の座標の値を代入し，a と q についての連立方程式をつくる。

教 p.104

問 17 グラフが次の条件を満たす放物線になるような2次関数を求めよ。

(1) 軸が直線 $x=-2$ で，2点 $(-3,\ 2)$，$(0,\ -1)$ を通る。

(2) 頂点の x 座標が3で，2点 $(-2,\ 13)$，$(6,\ -3)$ を通る。

解 答 (1) 軸が直線 $x=-2$ であるから，求める2次関数は

$$y=a(x+2)^2+q$$

と表される。グラフが点 $(-3,\ 2)$ を通るから

$$2=a(-3+2)^2+q$$

すなわち　$a+q=2$

また，グラフが点 $(0,\ -1)$ を通るから

$$-1=a(0+2)^2+q$$

すなわち　$4a+q=-1$

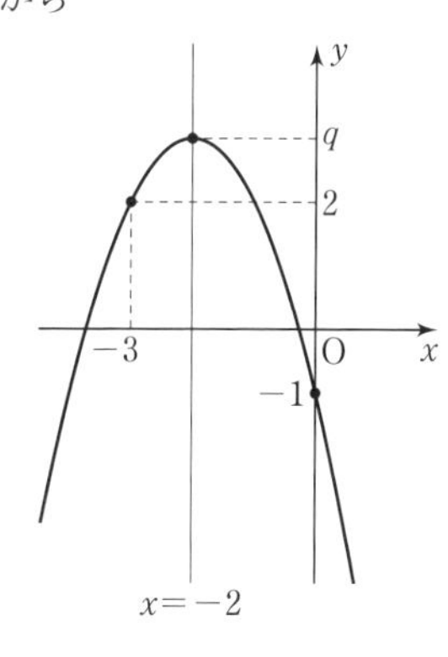

よって　$\begin{cases} a+q=2 & \cdots\cdots ① \\ 4a+q=-1 & \cdots\cdots ② \end{cases}$

② − ① より　$3a=-3$

すなわち　$a=-1$

① より　$q=2-a=2+1=3$

したがって，求める2次関数は

$$\boldsymbol{y=-(x+2)^2+3}$$

(2) 頂点の x 座標が3であるから，求める2次関数は

$$y=a(x-3)^2+q$$

と表される。グラフが点 $(-2,\ 13)$ を通るから

$$13=a(-2-3)^2+q$$

すなわち　$25a+q=13$

また，グラフが点 $(6,\ -3)$ を通るから

$$-3=a(6-3)^2+q$$

すなわち　$9a+q=-3$

よって　$\begin{cases} 25a+q=13 & \cdots\cdots ① \\ 9a+q=-3 & \cdots\cdots ② \end{cases}$

① − ② より　$16a=16$

すなわち　$a=1$

② より　$q=-3-9a=-3-9=-12$

したがって，求める2次関数は

$$\boldsymbol{y=(x-3)^2-12}$$

グラフ上の 3 点が与えられたとき …… **解き方のポイント**

求める 2 次関数を $y=ax^2+bx+c$ とおき，グラフ上の 3 点の座標の値をそれぞれ代入し，a，b，c についての連立 3 元 1 次方程式をつくる。連立 3 元 1 次方程式を解くには，1 つずつ文字を消去していけばよい。

教 p.105

問 18　グラフが次の条件を満たす放物線になるような 2 次関数を求めよ。

(1)　3 点 (0, 1)，(2, 1)，(3, 7) を通る。

(2)　3 点 (−2, 0)，(0, 2)，(1, −3) を通る。

解答　(1)　求める 2 次関数を $y=ax^2+bx+c$ とする。

グラフが点 (0, 1) を通るから

$$1=a\cdot 0^2+b\cdot 0+c$$

さらに，グラフが点 (2, 1)，(3, 7) を通ることから，同様な式をつくって整理すると

$$\begin{cases} c=1 & \cdots\cdots ① \\ 4a+2b+c=1 & \cdots\cdots ② \\ 9a+3b+c=7 & \cdots\cdots ③ \end{cases}$$

である。まず，②，③ の c を消去する。

①，② より　$4a+2b=0$　すなわち　$2a+b=0$　…… ④

①，③ より　$9a+3b=6$　すなわち　$3a+b=2$　…… ⑤

⑤−④ より　$a=2$

④ より　$b=-2a=-2\cdot 2=-4$

よって，求める 2 次関数は

$$y=2x^2-4x+1$$

(2)　求める 2 次関数を $y=ax^2+bx+c$ とする。

グラフが点 (−2, 0) を通るから

$$0=a\cdot(-2)^2+b\cdot(-2)+c$$

さらに，グラフが点 (0, 2)，(1, −3) を通ることから，同様な式をつくって整理すると

$$\begin{cases} 4a-2b+c=0 & \cdots\cdots ① \\ c=2 & \cdots\cdots ② \\ a+b+c=-3 & \cdots\cdots ③ \end{cases}$$

である。まず，①，③ の c を消去する。

①, ② より　$4a-2b=-2$

すなわち　$2a-b=-1$　……④

②, ③ より　$a+b=-5$　……⑤

④+⑤ より　$3a=-6$

すなわち　$a=-2$

⑤ より　$b=-5-a=-5-(-2)=-3$

よって，求める2次関数は

$y=-2x^2-3x+2$

参考 ▶ 連立3元1次方程式の解法　教 p.106

● 連立3元1次方程式の解法　解き方のポイント

連立3元1次方程式を解くには，まず，1つの文字を消去し，他の2つの文字についての連立方程式を解く。

教 p.106

問1　次の連立3元1次方程式を解け。

(1) $\begin{cases} x+y+2z=-3 \\ 4x-2y+z=-1 \\ 16x-4y+3z=17 \end{cases}$　(2) $\begin{cases} x+2y+3z=20 \\ 2x+7y-3z=13 \\ 3x+8y+2z=38 \end{cases}$

考え方　まず，1つの文字を消去する。3つの式を上から順に ①, ②, ③ として

(1)　①−②×2, ②×3−③ により，z を消去した式を2つつくる。

(2)　①+②, ①×2−③×3 により，z を消去した式を2つつくる。

解答

(1)　$\begin{cases} x+y+2z=-3 & \cdots\cdots ① \\ 4x-2y+z=-1 & \cdots\cdots ② \\ 16x-4y+3z=17 & \cdots\cdots ③ \end{cases}$

まず，文字 z を消去する。

①−②×2 より　$-7x+5y=-1$　……④

②×3−③ より　$-4x-2y=-20$

すなわち　$2x+y=10$　……⑤

次に，④, ⑤ を連立させて文字 y を消去する。

④−⑤×5 より　$-17x=-51$

よって　$x=3$　……⑥

⑥ を ⑤ に代入して y の値を求めると

$6+y=10$

$y=4$ …… ⑦

⑥, ⑦ を ① に代入して z の値を求めると

$3+4+2z=-3$

$z=-5$

したがって　$x=3,\ y=4,\ z=-5$

(2) $\begin{cases} x+2y+3z=20 & \cdots\cdots ① \\ 2x+7y-3z=13 & \cdots\cdots ② \\ 3x+8y+2z=38 & \cdots\cdots ③ \end{cases}$

まず，文字 z を消去する。

①+②より　$3x+9y=33$

すなわち　$x+3y=11$ ……④

①×2−③×3より　$-7x-20y=-74$ ……⑤

次に ④, ⑤ を連立させて文字 x を消去する。

④×7＋⑤ より　$y=3$ ……⑥

⑥ を ④ に代入して x の値を求めると

$x+9=11$

$x=2$ ……⑦

⑥, ⑦ を ① に代入して z の値を求めると

$2+6+3z=20$

$z=4$

したがって　$x=2,\ y=3,\ z=4$

教 p.106

問 2　グラフが 3 点 (1, 6), (−2, −9), (4, 3) を通る放物線になるような 2 次関数を求めよ。

考え方　求める 2 次関数を $y=ax^2+bx+c$ とおいて，3 点の座標の値を代入する。

解 答　求める 2 次関数を $y=ax^2+bx+c$ とする。

グラフが点 (1, 6) を通るから　$6=a\cdot1^2+b\cdot1+c$

さらに，グラフが点 (−2, −9), (4, 3) を通ることから同様な式をつくって整理すると

$\begin{cases} a+b+c=6 & \cdots\cdots ① \\ 4a-2b+c=-9 & \cdots\cdots ② \\ 16a+4b+c=3 & \cdots\cdots ③ \end{cases}$

まず，文字 c を消去する。

②−① より　$3a-3b=-15$

すなわち　$a-b=-5$　……④

③−① より　$15a+3b=-3$

すなわち　$5a+b=-1$　……⑤

次に④，⑤ を連立させて文字 b を消去する。

④+⑤ より　$6a=-6$

よって　$a=-1$　……⑥

⑥ を ⑤ に代入して b の値を求めると

$-5+b=-1$

$b=4$　……⑦

⑥，⑦ を ① に代入して c の値を求めると

$-1+4+c=6$

$c=3$

したがって　$y=-x^2+4x+3$

Training トレーニング 教 p.107

1 $f(x)=x^2-3x+4$ において，次の値を求めよ。

(1) $f(2)$　(2) $f(a)$　(3) $f(a-1)$　(4) $f(2-a)$

考え方 $x=2$，$x=a$，$x=a-1$，$x=2-a$ を，それぞれ $f(x)$ の式に代入する。

解答 (1) $f(2)=2^2-3\times2+4=2$

(2) $f(a)=a^2-3a+4$

(3) $f(a-1)=(a-1)^2-3(a-1)+4$
$=a^2-2a+1-3a+3+4$
$=a^2-5a+8$

(4) $f(2-a)=(2-a)^2-3(2-a)+4$
$=4-4a+a^2-6+3a+4$
$=a^2-a+2$

2 次の2次関数のグラフをかけ。

(1) $y=2x^2-12x+16$　(2) $y=-x^2+8x-15$

(3) $y=-\frac{1}{2}x^2-x+\frac{3}{2}$　(4) $y=(x+2)(x-4)$

考え方 まず，$y=a(x-p)^2+q$ の形に変形する。

解　答　(1)　与えられた2次関数は

$$y=2(x^2-6x)+16$$
$$=2\{(x-3)^2-3^2\}+16$$
$$=2(x-3)^2-2$$

と変形される。よって，そのグラフは

軸が　直線 $x=3$

頂点が　点 $(3,\ -2)$

の下に凸の放物線である。

また，y 軸と点 $(0,\ 16)$ で交わる。

よって，グラフは右の図のようになる。

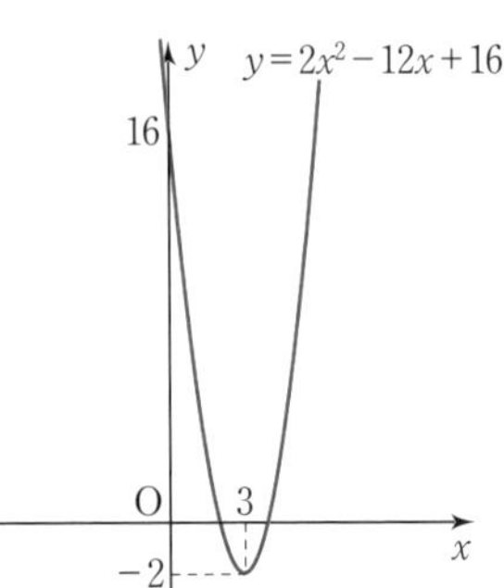

(2)　与えられた2次関数は

$$y=-(x^2-8x)-15$$
$$=-\{(x-4)^2-4^2\}-15$$
$$=-(x-4)^2+1$$

と変形される。よって，そのグラフは

軸が　直線 $x=4$

頂点が　点 $(4,\ 1)$

の上に凸の放物線である。

また，y 軸と点 $(0,\ -15)$ で交わる。

よって，グラフは右の図のようになる。

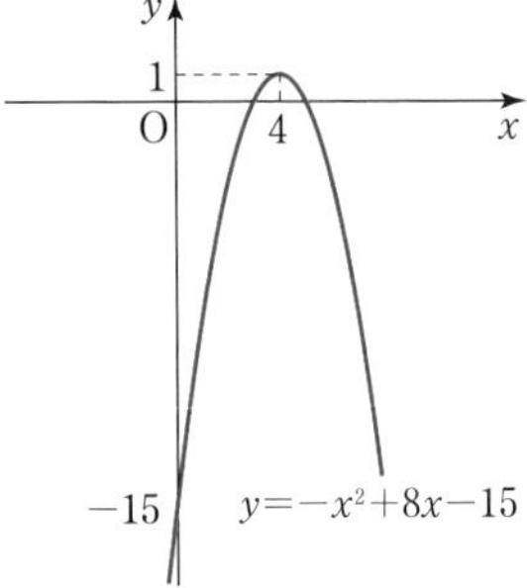

(3)　与えられた2次関数は

$$y=-\frac{1}{2}(x^2+2x)+\frac{3}{2}$$
$$=-\frac{1}{2}\{(x+1)^2-1^2\}+\frac{3}{2}$$
$$=-\frac{1}{2}(x+1)^2+2$$

と変形される。よって，そのグラフは

軸が　直線 $x=-1$

頂点が　点 $(-1,\ 2)$

の上に凸の放物線である。

また，y 軸と点 $\left(0,\ \dfrac{3}{2}\right)$ で交わる。

よって，グラフは右の図のようになる。

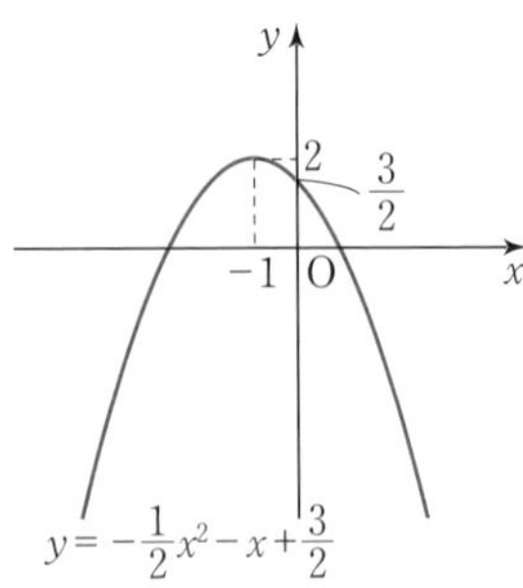

(4) 与えられた2次関数は

$$y = x^2 - 2x - 8$$
$$= (x-1)^2 - 1^2 - 8$$
$$= (x-1)^2 - 9$$

と変形される。よって，そのグラフは

軸が　直線 $x = 1$

頂点が　点 $(1,\ -9)$

の下に凸の放物線である。

また，y 軸と点 $(0,\ -8)$ で，x 軸と点 $(-2,\ 0)$，$(4,\ 0)$ で，それぞれ交わる。

よって，グラフは右の図のようになる。

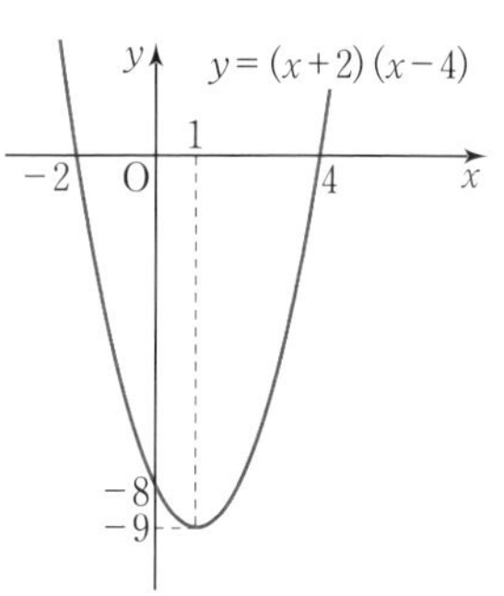

3 2次関数 $y = -2x^2 - 8x - 5$ のグラフをどのように平行移動すると，2次関数 $y = -2x^2 + 4x - 3$ のグラフに重なるか。

考え方 2つの2次関数のグラフの頂点が重なるように平行移動する。
2つの式を平方完成し，グラフの頂点の位置関係を調べる。

解答 2つの2次関数を

$y = -2x^2 - 8x - 5$ ……①

$y = -2x^2 + 4x - 3$ ……②

とおく。

①の2次関数は

$$y = -2(x^2 + 4x) - 5$$
$$= -2\{(x+2)^2 - 2^2\} - 5$$
$$= -2(x+2)^2 + 3$$

と変形できるから，グラフの頂点は点 $(-2,\ 3)$ である。

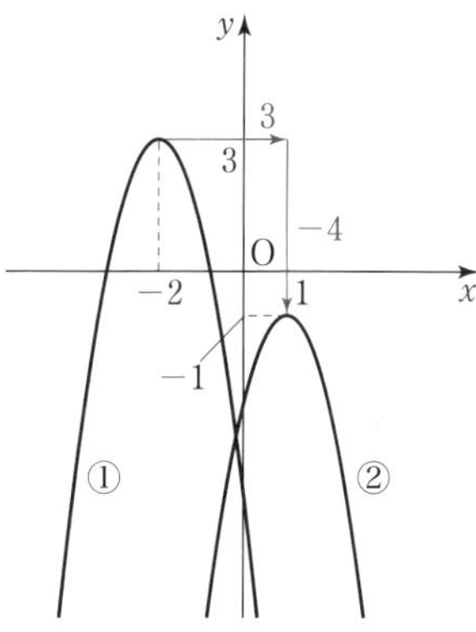

②の2次関数は

$$y = -2(x^2 - 2x) - 3$$
$$= -2\{(x-1)^2 - 1^2\} - 3$$
$$= -2(x-1)^2 - 1$$

と変形できるから，グラフの頂点は点 $(1,\ -1)$ である。

①と②の x^2 の係数は等しいから，①のグラフを

x 軸方向に 3，y 軸方向に −4

だけ平行移動すると②のグラフに重なる。

4 次の2次関数の最大値または最小値を求めよ。また，そのときの x の値を求めよ。

(1) $y=3x^2+6x+5$　　(2) $y=-x^2+2x+1$

考え方 与えられた2次関数を $y=a(x-p)^2+q$ の形に変形して考える。

解答 (1) 与えられた2次関数は

$$y=3(x^2+2x)+5$$
$$=3\{(x+1)^2-1^2\}+5$$
$$=3(x+1)^2+2$$

と変形される。したがって，この関数は

$x=-1$ のとき，最小値2をとる。

最大値はない。

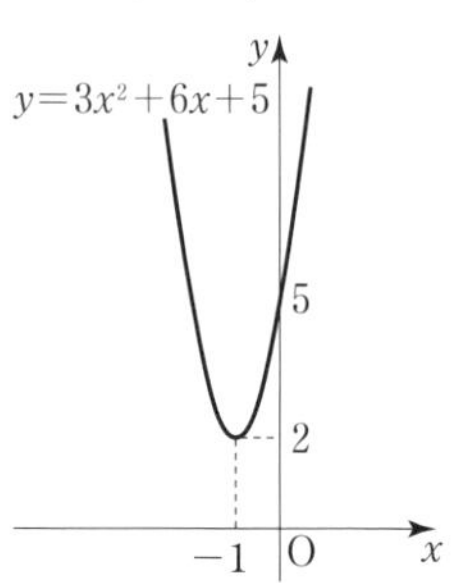

(2) 与えられた2次関数は

$$y=-(x^2-2x)+1$$
$$=-\{(x-1)^2-1^2\}+1$$
$$=-(x-1)^2+2$$

と変形される。したがって，この関数は

$x=1$ のとき，最大値2をとる。

最小値はない。

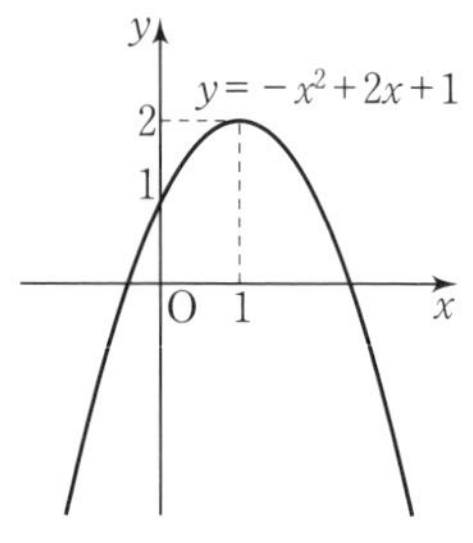

5 2次関数 $y=-x^2+2kx+7$ は $x=3$ のとき最大値をとる。このとき，定数 k の値を求めよ。また，この関数の最大値を求めよ。

考え方 与えられた2次関数 を $y=-(x-p)^2+q$ の形に変形する。この関数のグラフは上に凸の放物線であるから，$x=p$ のとき最大値 q をとる。

解答 与えられた2次関数は

$$y=-(x^2-2kx)+7$$
$$=-\{(x-k)^2-k^2\}+7$$
$$=-(x-k)^2+k^2+7$$

と変形される。

$x=k$ のとき，この関数は最大値 k^2+7 をとる。

したがって　　$k=3$

$k=3$ を k^2+7 に代入して，最大値を求めると

$$k^2+7=3^2+7=9+7=16$$

したがって

$k=3$，最大値は 16

別解 $x=3$ のとき，この2次関数が最大値 q をとると考えると

$y=-(x-3)^2+q$

と表される。これを整理して

$y=-x^2+6x-9+q$

この式が，$y=-x^2+2kx+7$ と一致するから，係数を比較して

$2k=6,\ 7=-9+q$

よって　$k=3,\ q=16$

したがって　$k=3$，最大値は　16

6 次の2次関数の最大値と最小値を求めよ。また，そのときの x の値を求めよ。

(1) $y=-2x^2-4x+1\quad(-2\leqq x\leqq 1)$

(2) $y=\dfrac{1}{2}x^2-4x+5\quad(6\leqq x\leqq 8)$

考え方 $y=a(x-p)^2+q$ の形に変形し，定義域におけるグラフを考える。

解答 (1) 与えられた2次関数は

$y=-2(x^2+2x)+1$

$=-2\{(x+1)^2-1^2\}+1$

$=-2(x+1)^2+3$

と変形される。

$-2\leqq x\leqq 1$ におけるこの関数のグラフは，右の図の放物線の実線部分である。

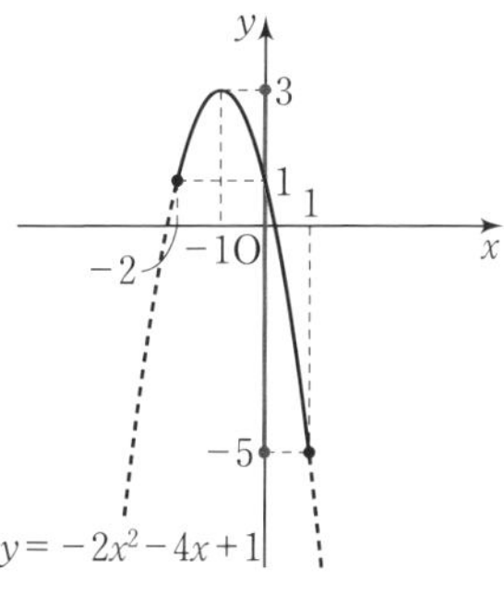

したがって

$x=-1$ のとき　最大値3

$x=1$ 　のとき　最小値 -5

(2) 与えられた2次関数は

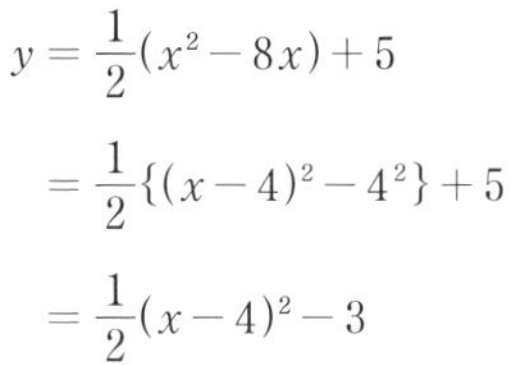

$y=\dfrac{1}{2}(x^2-8x)+5$

$=\dfrac{1}{2}\{(x-4)^2-4^2\}+5$

$=\dfrac{1}{2}(x-4)^2-3$

と変形される。

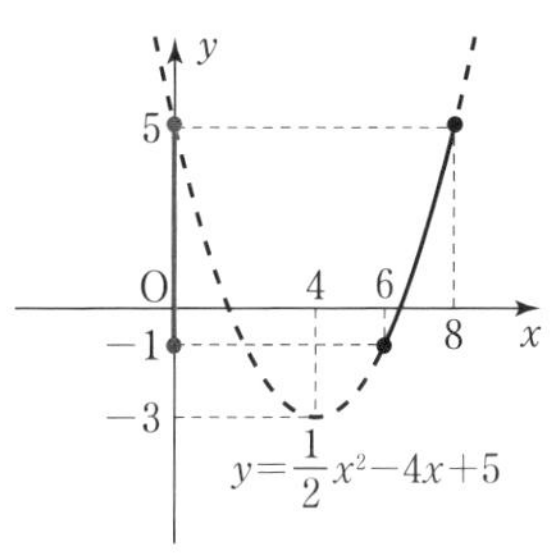

$6\leqq x\leqq 8$ におけるこの関数のグラフは，上の図の放物線の実線部分である。

したがって

$x=8$ のとき　最大値5

$x=6$ のとき　最小値 -1

7 グラフが次の条件を満たす放物線になるような 2 次関数を求めよ。

(1) 頂点が $(-2,\ 7)$ で，点 $(1,\ -2)$ を通る。

(2) $x=-1$ を軸とし，2 点 $(-2,\ -3)$，$(1,\ 3)$ を通る。

(3) 3 点 $(-1,\ -8)$，$(0,\ 1)$，$(2,\ 1)$ を通る。

(4) x 軸と点 $(-2,\ 0)$，$(3,\ 0)$ で交わり，y 軸と点 $(0,\ -3)$ で交わる。

考え方 (1) 頂点の座標から，求める 2 次関数を $y=a(x+2)^2+7$ とする。

(2) $x=-1$ が軸であるから，求める 2 次関数を $y=a(x+1)^2+q$ とする。

(3), (4) 求める 2 次関数を $y=ax^2+bx+c$ とする。

解 答 (1) 頂点が点 $(-2,\ 7)$ であるから，求める 2 次関数は

$y=a(x+2)^2+7$ ……①

と表される。

また，グラフが点 $(1,\ -2)$ を通るから，

①の式において

$x=1$ のとき $y=-2$

である。よって

$-2=a(1+2)^2+7$

すなわち　$-2=9a+7$

ゆえに　$a=-1$

したがって，求める 2 次関数は

$\boldsymbol{y=-(x+2)^2+7}$

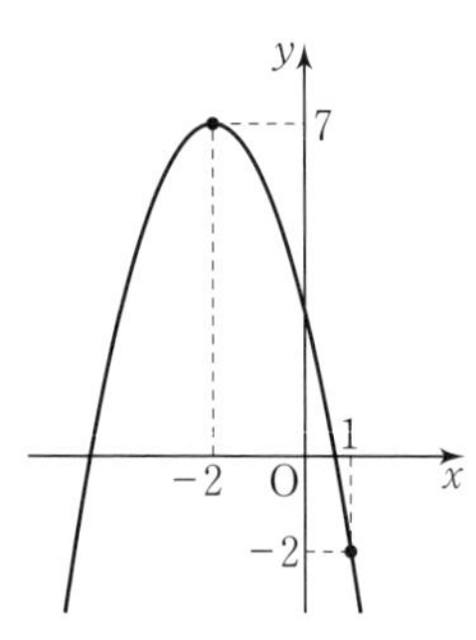

(2) 軸が直線 $x=-1$ であるから，求める 2 次関数は

$y=a(x+1)^2+q$

と表される。グラフが点 $(-2,\ -3)$ を通るから

$-3=a(-2+1)^2+q$

すなわち　$a+q=-3$

また，グラフが点 $(1,\ 3)$ を通るから

$3=a(1+1)^2+q$

すなわち　$4a+q=3$

よって $\begin{cases} a+q=-3 & \cdots\cdots ① \\ 4a+q=3 & \cdots\cdots ② \end{cases}$

②−① より　$3a=6$

すなわち　$a=2$

① より　$q=-3-a=-3-2=-5$

したがって，求める 2 次関数は

$\boldsymbol{y=2(x+1)^2-5}$

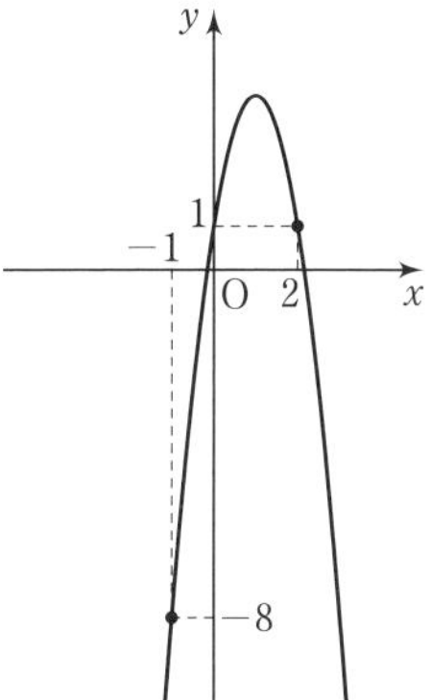

(3) 求める2次関数を $y = ax^2 + bx + c$ とする。
グラフが点 $(-1,\ -8)$ を通るから

$$-8 = a\cdot(-1)^2 + b\cdot(-1) + c$$

さらに，グラフが点 $(0,\ 1)$，$(2,\ 1)$ を通ることから，同様な式をつくって整理すると

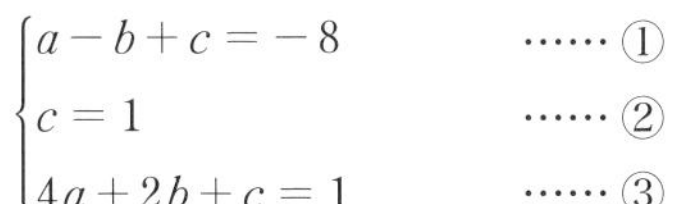

$$\begin{cases} a - b + c = -8 & \cdots\cdots ① \\ c = 1 & \cdots\cdots ② \\ 4a + 2b + c = 1 & \cdots\cdots ③ \end{cases}$$

である。まず，①，③ の c を消去する。

①，② より　　$a - b + 1 = -8$
すなわち　　$a - b = -9$ ……④
②，③ より　　$4a + 2b + 1 = 1$
すなわち　　$2a + b = 0$ ……⑤
④＋⑤より　　$3a = -9$　　すなわち　$a = -3$
⑤ より　　$b = -2a = -2\times(-3) = 6$
よって，求める2次関数は　　$\boldsymbol{y = -3x^2 + 6x + 1}$

(4) 求める2次関数を $y = ax^2 + bx + c$ とする。
点 $(-2,\ 0)$ を通るから

$$0 = a\cdot(-2)^2 + b\cdot(-2) + c$$

さらに，グラフが点 $(3,\ 0)$，$(0,\ -3)$ を通ることから，同様な式をつくって整理すると

$$\begin{cases} 4a - 2b + c = 0 & \cdots\cdots ① \\ 9a + 3b + c = 0 & \cdots\cdots ② \\ c = -3 & \cdots\cdots ③ \end{cases}$$

である。まず，①，② の c を消去する。

①，③ より　　$4a - 2b - 3 = 0$
すなわち　　$4a - 2b = 3$ ……④
②，③ より　　$9a + 3b - 3 = 0$
すなわち　　$3a + b = 1$ ……⑤
④＋⑤×2 より　$10a = 5$　すなわち　　$a = \dfrac{1}{2}$
⑤ より　　$b = 1 - 3a = 1 - \dfrac{3}{2} = -\dfrac{1}{2}$
よって，求める2次関数は　　$\boldsymbol{y = \dfrac{1}{2}x^2 - \dfrac{1}{2}x - 3}$

(4) 2次関数 $y=ax^2+bx+c$ のグラフと x 軸との共有点の x 座標は2次方程式 $ax^2+bx+c=0$ の実数解である。

x 軸と2点 $(-2,\ 0)$，$(3,\ 0)$ で交わるから

$$ax^2+bx+c=a(x+2)(x-3)$$

これより求める2次関数は $y=a(x+2)(x-3)$ と表される。

グラフが点 $(0,\ -3)$ を通るから

$-3=a\times2\times(-3)$ より　　$a=\dfrac{1}{2}$

したがって，求める2次関数は

$$y=\frac{1}{2}(x+2)(x-3)$$

すなわち　　$y=\dfrac{1}{2}x^2-\dfrac{1}{2}x-3$

8 2次関数 $y=ax^2+bx+c$ のグラフにおいて，a，b の値は変えずに c の値だけを変化させたとき，このグラフはどのように変化するか。次の(ア)，(イ)，(ウ)より正しいものを選べ。

(ア) x 軸方向に移動する。　　(イ) y 軸方向に移動する。

(ウ) 最初の位置から移動しない。

考え方 与えられた2次関数を $y=a(x-p)^2+q$ の形に変形して，c の値を変えるとき，何がどのように変化するか考える。

(ア)のように移動するときは，軸を表す式が変化するとき

(イ)のように移動するときは，頂点の y 座標が変化するとき

である。

解答 与えられた2次関数は

$$y=a\left(x+\frac{b}{2a}\right)^2-\frac{b^2-4ac}{4a}$$

と変形される。この2次関数の

頂点は　　点$\left(-\dfrac{b}{2a},\ -\dfrac{b^2-4ac}{4a}\right)$

軸は　　直線 $x=-\dfrac{b}{2a}$

となる。この座標の c の値だけを変化させると

頂点の x 座標は一定であり，y 座標だけが変化する。

軸を表す式に c は含まれないから

c の値を変化させても，軸は移動しない。

したがって，このグラフは，c の値だけを変化させたとき，y 軸方向にだけ移動する。すなわち，正しいものは　　(イ)

2節　2次方程式と2次不等式

1 2次関数のグラフと x 軸の共有点

用語のまとめ

2次方程式

- 式を整理することにより（2次式）$=0$ の形に変形できる方程式を **2次方程式** という。
- 実数の解のことを，単に **実数解** という。

教 p.109

問1　次の2次方程式を解け。

(1)　$x^2+6x+8=0$　　(2)　$x^2-5x+6=0$

考え方　左辺を因数分解して，$AB=0 \Longleftrightarrow A=0$ または $B=0$ を用いる。

$(x-\alpha)(x-\beta)=0$ のとき，解は　$x=\alpha,\ \beta$

解答　(1)　左辺を因数分解して

$(x+2)(x+4)=0$

よって　$x=-2,\ -4$

(2)　左辺を因数分解して

$(x-2)(x-3)=0$

よって　$x=2,\ 3$

教 p.109

問2　次の2次方程式を解け。

(1)　$2x^2-5x+2=0$　　(2)　$3x^2+2x-8=0$

考え方　因数分解の公式 $acx^2+(ad+bc)x+bd=(ax+b)(cx+d)$ を用いる。

解答　(1)　左辺を因数分解して

$(x-2)(2x-1)=0$

よって　$x=2,\ \dfrac{1}{2}$

1	-2	→	-4
2	-1	→	-1
			-5

(2)　左辺を因数分解して

$(x+2)(3x-4)=0$

よって　$x=-2,\ \dfrac{4}{3}$

1	2	→	6
3	-4	→	-4
			2

2次方程式の解の公式(1) 解き方のポイント

2次方程式 $ax^2+bx+c=0$ の解は

$b^2-4ac \geqq 0$ のとき　$x=\dfrac{-b\pm\sqrt{b^2-4ac}}{2a}$

注意　$b^2-4ac<0$ のときは，実数解をもたない。

教 p.110

問3　次の2次方程式を解け。

(1) $x^2+3x-2=0$　　(2) $3x^2-7x+1=0$

(3) $4x^2-8x-3=0$　　(4) $-2x^2-4x+1=0$

考え方　解の公式に a，b，c の値を代入する。

解答

(1) $x=\dfrac{-3\pm\sqrt{3^2-4\cdot1\cdot(-2)}}{2\cdot1}$　←— $a=1$，$b=3$，$c=-2$

$=\dfrac{-3\pm\sqrt{17}}{2}$

(2) $x=\dfrac{-(-7)\pm\sqrt{(-7)^2-4\cdot3\cdot1}}{2\cdot3}$　←— $a=3$，$b=-7$，$c=1$

$=\dfrac{7\pm\sqrt{37}}{6}$

(3) $x=\dfrac{-(-8)\pm\sqrt{(-8)^2-4\cdot4\cdot(-3)}}{2\cdot4}$　←— $a=4$，$b=-8$，$c=-3$

$=\dfrac{8\pm\sqrt{112}}{8}$

$=\dfrac{8\pm4\sqrt{7}}{8}$

$=\dfrac{2\pm\sqrt{7}}{2}$

$\dfrac{8\pm4\sqrt{7}}{8}=\dfrac{4(2\pm\sqrt{7})}{8}$

(4) $x=\dfrac{-(-4)\pm\sqrt{(-4)^2-4\cdot(-2)\cdot1}}{2\cdot(-2)}$　←— $a=-2$，$b=-4$，$c=1$

$=\dfrac{4\pm\sqrt{24}}{-4}$

$=\dfrac{-4\pm2\sqrt{6}}{4}$

$=\dfrac{-2\pm\sqrt{6}}{2}$

$\dfrac{-4\pm2\sqrt{6}}{4}=\dfrac{2(-2\pm\sqrt{6})}{4}$

参考 ▶ 2 次方程式の解の公式の別の表し方 教 p.110

● 2 次方程式の解の公式(2) 解き方のポイント

2 次方程式 $ax^2+2b'x+c=0$ の解は，$b'^2-ac \geqq 0$ のとき

$$x=\frac{-b'\pm\sqrt{b'^2-ac}}{a} \quad \cdots\cdots ①$$

教 p.110

問 1 次の 2 次方程式を解け。

(1) $x^2-4x+1=0$　　(2) $3x^2+8x+2=0$

考え方 x の係数が 2 の倍数のときは，公式 ① を利用する。

(1) $x^2+2\cdot(-2)\cdot x+1=0$ より　$b'=-2$

(2) $3x^2+2\cdot4\cdot x+2=0$ より　$b'=4$

解 答 (1) 公式 ① に $a=1$，$b'=-2$，$c=1$ を代入して

$$x=\frac{-(-2)\pm\sqrt{(-2)^2-1\cdot1}}{1}=2\pm\sqrt{3}$$

(2) 公式 ① に $a=3$，$b'=4$，$c=2$ を代入して

$$x=\frac{-4\pm\sqrt{4^2-3\cdot2}}{3}=\frac{-4\pm\sqrt{10}}{3}$$

問 3 (3)，(4)も，この公式を利用して解を求めることができる。

(3) 公式 ① に $a=4$，$b'=-4$，$c=-3$ を代入して

$$x=\frac{-(-4)\pm\sqrt{(-4)^2-4\cdot(-3)}}{4}=\frac{4\pm\sqrt{28}}{4}$$

$$=\frac{4\pm2\sqrt{7}}{4}=\frac{2\pm\sqrt{7}}{2}$$

(4) 公式 ① に $a=-2$，$b'=-2$，$c=1$ を代入して

$$x=\frac{-(-2)\pm\sqrt{(-2)^2-(-2)\cdot1}}{-2}=\frac{2\pm\sqrt{6}}{-2}$$

$$=\frac{-2\pm\sqrt{6}}{2}$$

● 2 次関数のグラフと x 軸の共有点 ……… 解き方のポイント

2 次関数

$$y = ax^2 + bx + c$$

のグラフと x 軸の共有点の x 座標は，
2 次方程式

$$ax^2 + bx + c = 0$$

の実数解である。

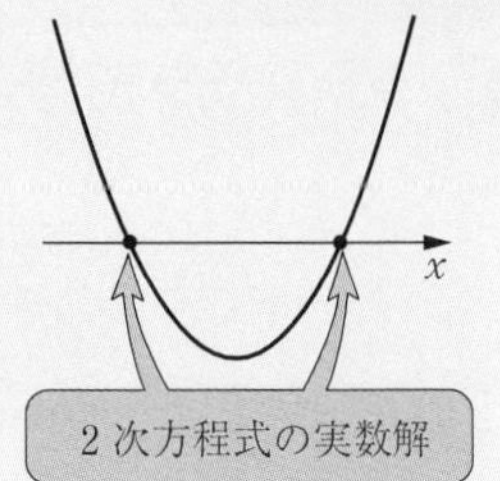

教 p.111

問 4　次の 2 次関数のグラフと x 軸の共有点の x 座標を求めよ。

(1)　$y = x^2 - 5x + 6$　　(2)　$y = 2x^2 - 3x - 1$

解 答　(1)　$y = x^2 - 5x + 6$ のグラフと x 軸の共有点の x 座標は，2 次方程式 $x^2 - 5x + 6 = 0$ の実数解である。

この方程式を解くと

$$(x-2)(x-3) = 0$$

$$x = 2,\ 3$$

したがって，2 次関数 $y = x^2 - 5x + 6$ のグラフと x 軸の共有点の x 座標は

$$2,\ 3$$

である。

(2)　$y = 2x^2 - 3x - 1$ のグラフと x 軸の共有点の x 座標は，2 次方程式 $2x^2 - 3x - 1 = 0$ の実数解である。

この方程式を解くと

$$x = \frac{-(-3) \pm \sqrt{(-3)^2 - 4 \cdot 2 \cdot (-1)}}{2 \cdot 2} = \frac{3 \pm \sqrt{17}}{4}$$

したがって，2 次関数 $y = 2x^2 - 3x - 1$ のグラフと x 軸の共有点の x 座標は

$$\frac{3 + \sqrt{17}}{4},\ \frac{3 - \sqrt{17}}{4}$$

である。

2 2次関数のグラフと x 軸の共有点の個数

Set Up 教 p.113

問　上の①，②の2次関数のグラフと x 軸の共有点の x 座標をそれぞれ求めよ。

解答　①のグラフと x 軸の共有点の x 座標は，2次方程式 $x^2-6x+7=0$ の実数解である。

この方程式を解くと

$$x=-(-3)\pm\sqrt{(-3)^2-1\cdot 7}=3\pm\sqrt{2}$$

したがって，①のグラフと x 軸の共有点の x 座標は

$$3+\sqrt{2},\ 3-\sqrt{2}$$

である。

②のグラフと x 軸の共有点の x 座標は，2次方程式 $x^2-6x+9=0$ の実数解である。

この方程式を解くと

$$(x-3)^2=0$$

$$x=3$$

したがって，②のグラフと x 軸の共有点の x 座標は3である。

用語のまとめ

判別式

- b^2-4ac を2次方程式 $ax^2+bx+c=0$ の **判別式** といい，記号 D で表す。

$$D=b^2-4ac$$

$D=0$ のときの実数解は，2つの実数解が重なったものと考え，**重解** という。

接する

- 2次関数のグラフが x 軸とただ1点を共有するとき，このグラフは x 軸に **接する** といい，その共有点を **接点** という。

2次方程式の実数解の個数　解き方のポイント

2次方程式の判別式 D と実数解の個数について，次のことが成り立つ。

(1) $D>0 \iff$ **異なる2つの実数解** をもつ

(2) $D=0 \iff$ **1つの実数解（重解）** をもつ

(3) $D<0 \iff$ **実数解をもたない**

3章　2次関数

教 p.115

問 5　次の 2 次方程式の実数解の個数を求めよ。

(1)　$3x^2+4x-1=0$　　(2)　$9x^2-12x+4=0$

(3)　$x^2+x+1-0$

考え方　判別式 D の値が，$D>0$，$D=0$，$D<0$ のどれにあてはまるか調べる。

解答　それぞれの 2 次方程式の判別式を D とする。

(1)　$$D=4^2-4\cdot3\cdot(-1)=28>0$$

であるから，この 2 次方程式は**異なる 2 つの実数解をもつ**。

(2)　$$D=(-12)^2-4\cdot9\cdot4=0$$

であるから，この 2 次方程式は **1 つの実数解をもつ**。

(3)　$$D=1^2-4\cdot1\cdot1=-3<0$$

であるから，この 2 次方程式は**実数解をもたない**。

教 p.115

問 6　次の 2 次関数のグラフと x 軸の共有点の個数を求めよ。

(1)　$y=x^2+6x+9$　　(2)　$y=-x^2-4x-3$

(3)　$y=2x^2-2x+1$　　(4)　$y=3x^2-5x+4$

考え方　$y=ax^2+bx+c$ について，$D=b^2-4ac$ を求め，その符号で判断する。

解答　(1)　2 次方程式 $x^2+6x+9=0$ の判別式を D とすると

$$D=6^2-4\cdot1\cdot9=0$$

であるから，この方程式は 1 つの実数解をもつ。

よって，この関数のグラフと x 軸の共有点は **1 個** ある。

(2)　2 次方程式 $-x^2-4x-3=0$ の判別式を D とすると

$$D=(-4)^2-4\cdot(-1)\cdot(-3)=4>0$$

であるから，この方程式は異なる 2 つの実数解をもつ。

よって，この関数のグラフと x 軸の共有点は **2 個** ある。

(3)　2 次方程式 $2x^2-2x+1=0$ の判別式を D とすると

$$D=(-2)^2-4\cdot2\cdot1=-4<0$$

であるから，この方程式は実数解をもたない。

よって，この関数のグラフと x 軸の共有点は **ない** 。(0 個)

(4)　2 次方程式 $3x^2-5x+4=0$ の判別式を D とすると

$$D=(-5)^2-4\cdot3\cdot4=-23<0$$

であるから，この方程式は実数解をもたない。

よって，この関数のグラフと x 軸の共有点は **ない** 。(0 個)

プラス＋ $ax^2+2b'x+c=0$（x の係数が 2 の倍数）のときは，
$\dfrac{D}{4}=b'^2-ac$ を求めてもよい。

● 2 次関数のグラフと x 軸の共有点の個数　解き方のポイント

2 次関数 $y=ax^2+bx+c$ のグラフと x 軸の共有点の個数は，2 次方程式 $ax^2+bx+c=0$ の判別式を D とすると，次の表のようにまとめられる。

D の符号	$D>0$	$D=0$	$D<0$
グラフと x 軸の共有点の個数	2 個	1 個	0 個

教 p.116

問 7　例題 2 のグラフが x 軸に接するような定数 k の値を求めよ。

考え方　2 次関数 $y=ax^2+bx+c$ のグラフが x 軸に接する，すなわち，x 軸とただ 1 点を共有するときであるから，$D=b^2-4ac=0$ となる。

解答　例題 2 より，2 次方程式 $x^2-4x+k=0$ の判別式 D は

$D=16-4k$

である。この 2 次関数のグラフが x 軸に接するから

$D=0$

よって　　$16-4k=0$

したがって，求める k の値は

$k=4$

教 p.116

問 8　2 次関数 $y=-x^2-6x+k$ のグラフが x 軸と共有点をもたないような定数 k の値の範囲を求めよ。

考え方　2 次関数 $y=ax^2+bx+c$ のグラフと x 軸が共有点をもたない，すなわち，x 軸との共有点の個数が 0 個のときであるから，$D=b^2-4ac<0$ となる。

解答　2 次方程式 $-x^2-6x+k=0$ の判別式を D とすると

$D=(-6)^2-4\cdot(-1)\cdot k=36+4k$

である。

この 2 次関数のグラフが x 軸と共有点をもたないから

$D<0$

よって　　$36+4k<0$

したがって，求める k の値の範囲は

$k<-9$

発展 ▶ 放物線と直線の共有点 教 p.117

● 放物線と直線の共有点　解き方のポイント

放物線と直線の共有点の座標は，放物線と直線の方程式を連立させて解くことにより求めることができる。

教 p.117

問 1　(1)　放物線 $y=2x^2-x$ と直線 $y=4x+3$ の共有点の座標を求めよ。

(2)　放物線 $y=-3x^2+4$ と直線 $y=12x+16$ の共有点の座標を求めよ。

解　答　(1)　$\begin{cases} y=2x^2-x & \cdots\cdots ① \\ y=4x+3 & \cdots\cdots ② \end{cases}$

とおく。

①，② より，y を消去して

$2x^2-x=4x+3$

すなわち　$2x^2-5x-3=0$

左辺を因数分解して　$(2x+1)(x-3)=0$

よって　$x=-\dfrac{1}{2}$，3

② に代入して

$x=-\dfrac{1}{2}$ のとき　$y=1$

$x=3$ のとき　$y=15$

したがって，共有点の座標は

$\left(-\dfrac{1}{2},\ 1\right)$，$(3,\ 15)$

(2)　$\begin{cases} y=-3x^2+4 & \cdots\cdots ① \\ y=12x+16 & \cdots\cdots ② \end{cases}$

とおく。

①，② より，y を消去して

$-3x^2+4=12x+16$

すなわち　$3x^2+12x+12=0$

両辺を 3 で割って　$x^2+4x+4=0$

左辺を因数分解して　$(x+2)^2=0$

よって　$x=-2$

② に代入して　$y=-8$

したがって，共有点の座標は

$(-2,\ -8)$

3 2次不等式

Set Up 教 p.118

2次式を含む不等式 $x^2-6x+8\geqq 0$ ……① の解はどのようになるだろうか。

解答 真さん： $x=2$ のとき (左辺)$=2^2-6\cdot 2+8=0$

となり，不等式は成り立つ。

$x=3$ のとき (左辺)$=3^2-6\cdot 3+8=-1$

となり，不等式は成り立たない。

悠さん：$y=x^2-6x+8$ のグラフの $y\geqq 0$ となる x の値の範囲であるから，グラフと x 軸との共有点と，グラフの x 軸の上側の部分である。

用語のまとめ

2次不等式

- 式を整理することにより，左辺が x の2次式，右辺が0の形に変形できる不等式を x の **2次不等式** という。

2次不等式の解（$D>0$ のとき） 解き方のポイント

2次方程式 $ax^2+bx+c=0$ が異なる2つの実数解 α，β をもつとき，$a>0$，$\alpha<\beta$ ならば

$ax^2+bx+c>0$ の解は　$x<\alpha$，$\beta<x$

$ax^2+bx+c<0$ の解は　$\alpha<x<\beta$

注意 **$ax^2+bx+c\geqq 0$ の解は　$x\leqq\alpha$，$\beta\leqq x$**

$ax^2+bx+c\leqq 0$ の解は　$\alpha\leqq x\leqq\beta$

教 p.119

問9 次の2次不等式を解け。

(1) $x^2+7x+12\leqq 0$　(2) $3x^2+x-2>0$

(3) $x^2-4x<0$　(4) $x^2\geqq 9$

(5) $x^2-3x+1\geqq 0$　(6) $2x^2+4x-1<0$

考え方 $ax^2+bx+c=0$ を解いて，$y=ax^2+bx+c$ のグラフと x 軸の共有点の x 座標を求め，この関数のグラフをかいて考える。

(1)〜(3) 左辺を因数分解する。

(4) 移項して右辺を0にして解く。

(5)，(6) 2次方程式 $ax^2+bx+c=0$ を解の公式を用いて解く。

解答 (1) 2次方程式 $x^2+7x+12=0$ を解くと

$$(x+4)(x+3)=0$$

よって　$x=-4,\ -3$

右の図より，求める解は

$$-4 \leqq x \leqq -3$$

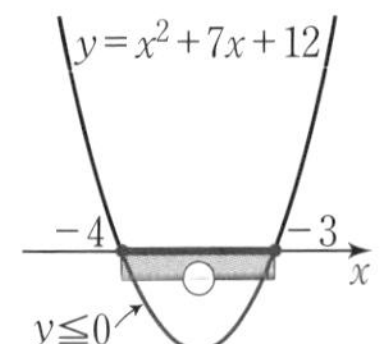

(2) 2次方程式 $3x^2+x-2=0$ を解くと

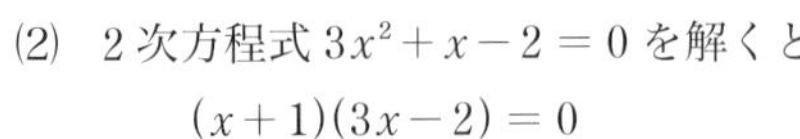

$$(x+1)(3x-2)=0$$

よって　$x=-1,\ \dfrac{2}{3}$

右の図より，求める解は

$$x<-1,\ \frac{2}{3}<x$$

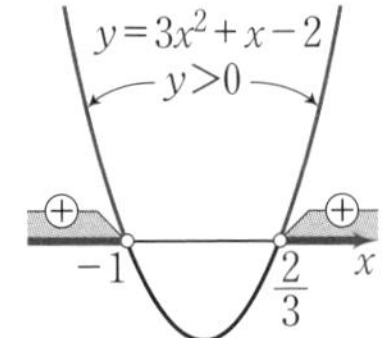

(3) 2次方程式 $x^2-4x=0$ を解くと

$$x(x-4)=0$$

よって　$x=0,\ 4$

右の図より，求める解は

$$0<x<4$$

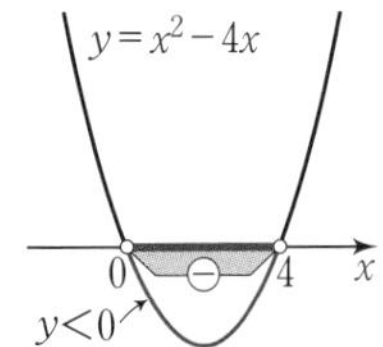

(4) $x^2 \geqq 9$ より　$x^2-9 \geqq 0$

2次方程式 $x^2-9=0$ を解くと

$$(x+3)(x-3)=0$$

よって　$x=-3,\ 3$

右の図より，求める解は

$$x \leqq -3,\ 3 \leqq x$$

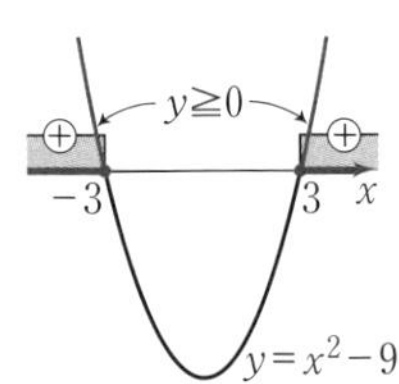

(5) 2次方程式 $x^2-3x+1=0$ を解くと

$$x=\frac{-(-3)\pm\sqrt{(-3)^2-4\cdot1\cdot1}}{2\cdot1}$$

$$=\frac{3\pm\sqrt{5}}{2}$$

右の図より，求める解は

$$x \leqq \frac{3-\sqrt{5}}{2},\ \frac{3+\sqrt{5}}{2} \leqq x$$

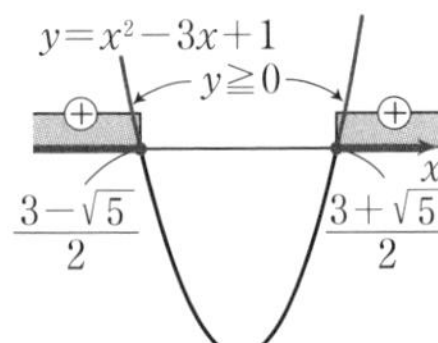

(6) 2次方程式 $2x^2+4x-1=0$ を解くと

$$x=\frac{-4\pm\sqrt{4^2-4\cdot2\cdot(-1)}}{2\cdot2}$$

$$=\frac{-4\pm2\sqrt{6}}{4}$$

$$=\frac{-2\pm\sqrt{6}}{2}$$

右の図より，求める解は

$$\frac{-2-\sqrt{6}}{2}<x<\frac{-2+\sqrt{6}}{2}$$

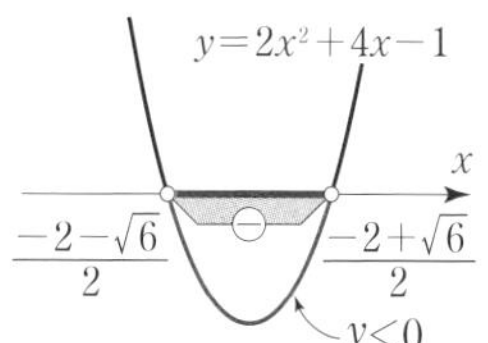

教 p.121

問10 次の2次不等式を解け。

(1) $-x^2+x+3<0$　　(2) $-2x^2-x+2\geqq0$

考え方 2次不等式の x^2 の係数が負の場合は，不等式の両辺に -1 を掛けることにより，x^2 の係数が正の場合と同じように解くことができる。このとき，不等号の向きが変わることに注意する。

解答 (1) 不等式の両辺に -1 を掛けて

$x^2-x-3>0$ ⟵ 不等号の向きが変わる

ここで，2次方程式 $x^2-x-3=0$ を解くと

$$x=\frac{-(-1)\pm\sqrt{(-1)^2-4\cdot1\cdot(-3)}}{2\cdot1}$$

$$=\frac{1\pm\sqrt{13}}{2}$$

右の図より，求める解は

$$x<\frac{1-\sqrt{13}}{2},\quad \frac{1+\sqrt{13}}{2}<x$$

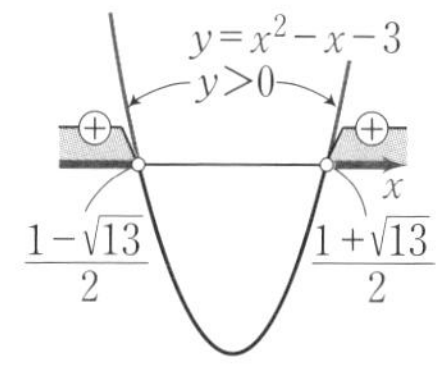

(2) 不等式の両辺に -1 を掛けて

$2x^2+x-2\leqq0$ ⟵ 不等号の向きが変わる

ここで，2次方程式 $2x^2+x-2=0$ を解くと

$$x=\frac{-1\pm\sqrt{1^2-4\cdot2\cdot(-2)}}{2\cdot2}$$

$$=\frac{-1\pm\sqrt{17}}{4}$$

右の図より，求める解は

$$\frac{-1-\sqrt{17}}{4}\leqq x\leqq\frac{-1+\sqrt{17}}{4}$$

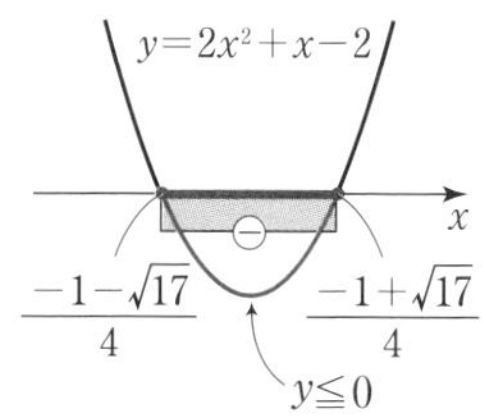

教 p.122

問 11　次の 2 次不等式を解け。

(1)　$x^2+4x+4>0$　　(2)　$x^2-2x+1<0$

(3)　$4x^2+12x+9\geqq 0$　　(4)　$9x^2-6x+1\leqq 0$

解答　(1)　2 次方程式 $x^2+4x+4=0$ を解くと

$(x+2)^2=0$

したがって　　$x=-2$

右の図より，求める解は

-2 以外のすべての実数

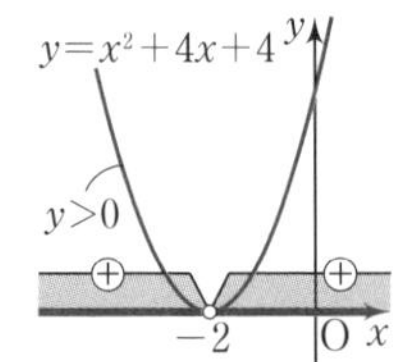

(2)　2 次方程式 $x^2-2x+1=0$ を解くと

$(x-1)^2=0$

したがって　　$x=1$

右の図より，求める解は

なし

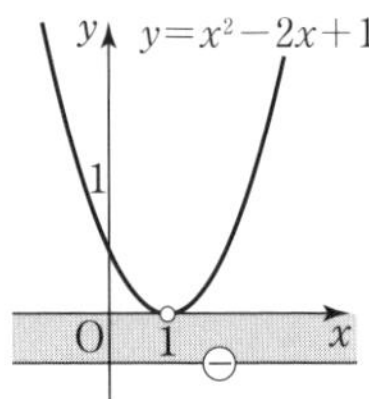

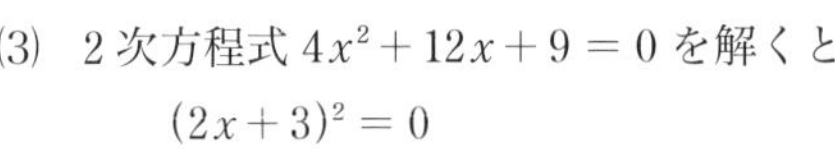

(3)　2 次方程式 $4x^2+12x+9=0$ を解くと

$(2x+3)^2=0$

したがって　　$x=-\dfrac{3}{2}$

右の図より，求める解は

すべての実数

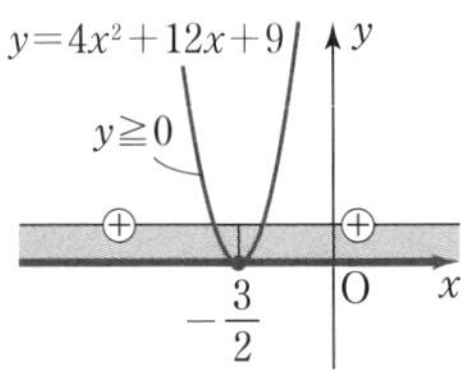

(4)　2 次方程式 $9x^2-6x+1=0$ を解くと

$(3x-1)^2=0$

したがって　　$x=\dfrac{1}{3}$

右の図より，求める解は

$x=\dfrac{1}{3}$

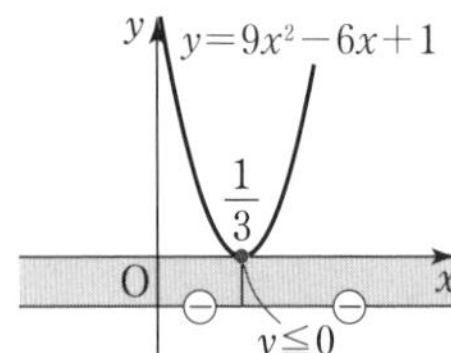

2 次不等式の解（$D=0$ のとき）　　解き方のポイント

$a>0$ かつ $D=0$ のとき，2 次方程式 $ax^2+bx+c=0$ の重解を α とすると

$ax^2+bx+c>0$ の解は　　α 以外のすべての実数

$ax^2+bx+c\geqq 0$ の解は　　すべての実数

$ax^2+bx+c<0$ の解は　　なし

$ax^2+bx+c\leqq 0$ の解は　　$x=\alpha$

教 p.122

問 12　次の 2 次不等式を解け。

(1)　$x^2 - 4x + 5 > 0$　　(2)　$x^2 - x + 1 < 0$

(3)　$x^2 + 2x + 4 \geqq 0$　　(4)　$-2x^2 + 2x - 1 \geqq 0$

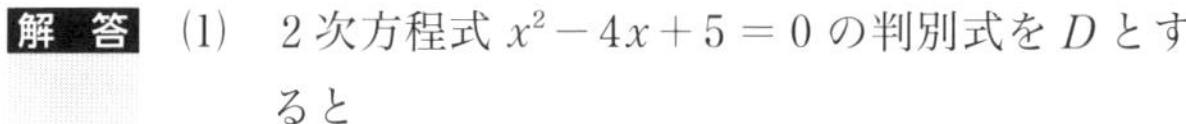

解答　(1)　2 次方程式 $x^2 - 4x + 5 = 0$ の判別式を D とすると

$$D = (-4)^2 - 4 \cdot 1 \cdot 5 = -4 < 0$$

右の図より，求める解は

すべての実数

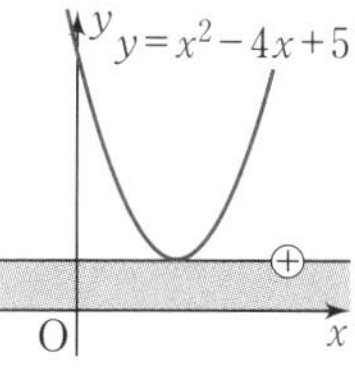

(2)　2 次方程式 $x^2 - x + 1 = 0$ の判別式を D とすると

$$D = (-1)^2 - 4 \cdot 1 \cdot 1 = -3 < 0$$

右の図より，求める解は

なし

(3)　2 次方程式 $x^2 + 2x + 4 = 0$ の判別式を D とすると

$$D = 2^2 - 4 \cdot 1 \cdot 4 = -12 < 0$$

右の図より，求める解は

すべての実数

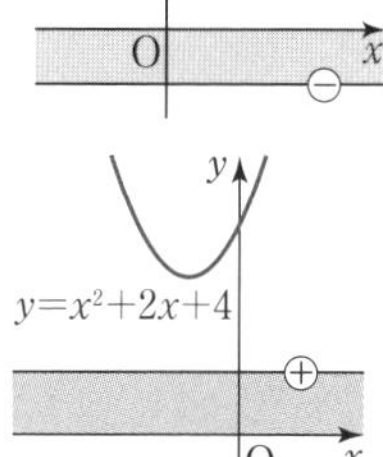

(4)　不等式の両辺に -1 を掛けて

$$2x^2 - 2x + 1 \leqq 0$$

2 次方程式 $2x^2 - 2x + 1 = 0$ の判別式を D とすると

$$D = (-2)^2 - 4 \cdot 2 \cdot 1 = -4 < 0$$

右の図より，求める解は

なし

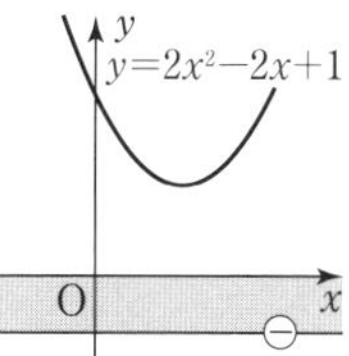

● 2 次不等式の解（$D < 0$ のとき）　……　**解き方のポイント**

$a > 0$ かつ $D < 0$ のとき

$ax^2 + bx + c > 0$ の解は　すべての実数

$ax^2 + bx + c \geqq 0$ の解は　すべての実数

$ax^2 + bx + c < 0$ の解は　なし

$ax^2 + bx + c \leqq 0$ の解は　なし

3章　2次関数

教 p.123

問 13 2 次不等式 $x^2+3x+k>0$ の解がすべての実数であるような定数 k の値の範囲を求めよ。

考え方 2 次関数 $y=x^2+3x+k$ のグラフが x 軸と共有点をもたないような，k の値の範囲を求める。

解 答 2 次関数 $y=x^2+3x+k$ のグラフは下に凸の放物線である。

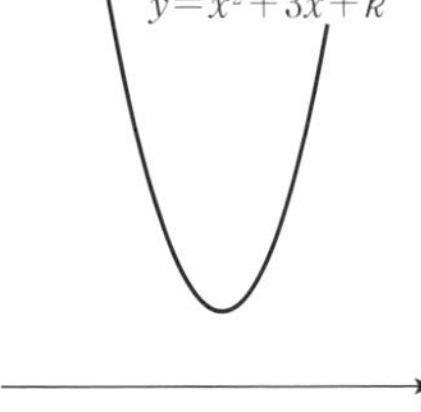

よって，2 次不等式 $x^2+3x+k>0$ の解がすべての実数となるのは，このグラフが x 軸と共有点をもたないときである。

よって，2 次方程式 $x^2+3x+k=0$ の判別式を D とすると

$$D<0$$

$D=3^2-4\cdot1\cdot k=9-4k$ より

$$9-4k<0$$

したがって，求める k の値の範囲は

$$k>\frac{9}{4}$$

● 2 次不等式の解と 2 次関数のグラフ …… 解き方のポイント

x^2 の係数が正のときの 2 次不等式の解は，$ax^2+bx+c=0$ の判別式を D とすると，次のようにまとめられる。

2 次不等式の解（$a>0$ のとき）

$D=b^2-4ac$ の符号	$D>0$	$D=0$	$D<0$
2 次方程式 $ax^2+bx+c=0$ の解	異なる 2 つの実数解 α，β（$\alpha<\beta$）	1 つの実数解 α（重解）	実数解なし
2 次関数 $y=ax^2+bx+c$ のグラフ			
$ax^2+bx+c>0$ の解	$x<\alpha$，$\beta<x$	α 以外のすべての実数	すべての実数
$ax^2+bx+c<0$ の解	$\alpha<x<\beta$	なし	なし
$ax^2+bx+c\geqq 0$ の解	$x\leqq\alpha$，$\beta\leqq x$	すべての実数	すべての実数
$ax^2+bx+c\leqq 0$ の解	$\alpha\leqq x\leqq\beta$	$x=\alpha$	なし

教 p.124

問 14 次の連立不等式を解け。

(1) $\begin{cases} x^2-5x+4\geqq 0 \\ 2x-4\leqq 0 \end{cases}$　　(2) $\begin{cases} x^2+5x\leqq 0 \\ x^2+8x+12<0 \end{cases}$

考え方 2 次不等式を含む連立不等式を解くには，連立 1 次不等式の場合と同様に，それぞれの不等式を解き，それらの解の共通の範囲を求める。

解 答 上の式を ①，下の式を ② とする。

(1) 不等式 ① を解くと，$(x-1)(x-4)\geqq 0$ より

$x\leqq 1$，$4\leqq x$ …… ③

不等式 ② を解くと　$x\leqq 2$ …… ④

求める解は，③ と ④ の共通の範囲であるから

$x\leqq 1$

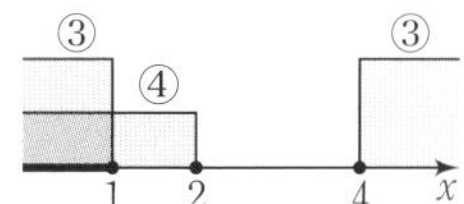

(2) 不等式 ① を解くと，$x(x+5) \leqq 0$ より

$-5 \leqq x \leqq 0$ …… ③

不等式 ② を解くと，$(x+2)(x+6) < 0$ より

$-6 < x < -2$ …… ④

求める解は，③ と ④ の共通の範囲であるから

$-5 \leqq x < -2$

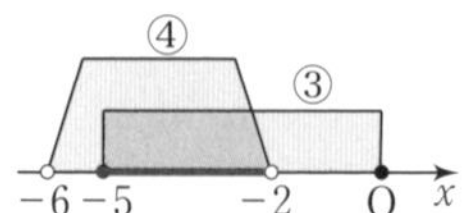

教 p.125

問 15 周の長さが 36 cm で，面積が 65 cm² 以上の長方形を作りたい。横の長さを縦の長さの 2 倍以上にするとき，縦の長さをどのような範囲にすればよいか。

考え方 縦の長さを x cm とすると，横の長さは $(18-x)$ cm である。これを用いて問題の条件に合うように不等式をつくる。

解 答 長方形の縦の長さを x cm とすれば，横の長さは $(18-x)$ cm である。

辺の長さは正であり，横の長さは縦の長さの 2 倍以上であるから

$0 < 2x \leqq 18-x$ …… ①

一方，面積は 65 cm² 以上であるから

$x(18-x) \geqq 65$ …… ②

不等式 ① より

$0 < 2x$ かつ $2x \leqq 18-x$

であるから

$0 < x \leqq 6$ …… ③

また，不等式 ② を整理すると

$x^2-18x+65 \leqq 0$

左辺を因数分解して

$(x-5)(x-13) \leqq 0$

よって

$5 \leqq x \leqq 13$ …… ④

③，④ を同時に満たす x の値の範囲は

$5 \leqq x \leqq 6$

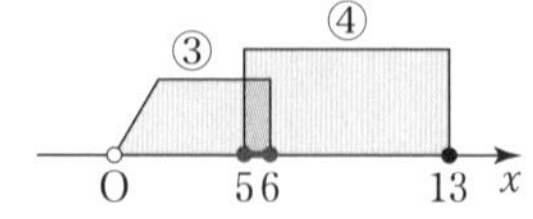

したがって

縦の長さを **5 cm 以上 6 cm 以下** にすればよい。

Challenge例題　2次方程式の解の符号　教 p.126

問1　2次方程式 $x^2-kx+k+3=0$ が異なる2つの負の解をもつような定数 k の値の範囲を求めよ。

解答　この方程式が異なる2つの負の解をもつのは，2次関数 $y=x^2-kx+k+3$ のグラフが x 軸の負の部分と異なる2点で交わるときである。

このグラフは下に凸の放物線であるから

[1] x 軸と異なる2点で交わる

[2] 軸が $x<0$ の部分にある

[3] y 軸との交点の y 座標が正

の3つの条件を同時に満たすときである。すなわち

[1] 2次方程式 $x^2-kx+k+3=0$ の判別式を D とすると

$D>0$ となるから

$$k^2-4(k+3)>0$$
$$k^2-4k-12>0$$
$$(k+2)(k-6)>0$$

よって　$k<-2,\ 6<k$　……①

[2] 軸は直線 $x=\dfrac{k}{2}$ で，負となるから

$$\frac{k}{2}<0$$

よって　$k<0$　……②

[3] y 軸との交点の y 座標 $k+3$ が正であるから

$$k+3>0$$

よって　$k>-3$　……③

①，②，③ を同時に満たす k の値の範囲を求めると

$$-3<k<-2$$

2次方程式 $ax^2+bx+c=0$ $(a>0)$ の解の符号とその条件

(1)　異なる2つの正の解をもつ

$D>0$，軸が $x>0$ の部分にある，$c>0$

(2)　異なる2つの負の解をもつ

$D>0$，軸が $x<0$ の部分にある，$c>0$

(3)　正と負の2つの解をもつ

$c<0$

Training トレーニング 教 p.127

9 次の2次方程式を解け。

(1) $3x^2-20x+12=0$ (2) $4x^2-16x+11=0$

(3) $5x^2-8x=-4x^2+4x-4$ (4) $3x^2-8=2\sqrt{3}x$

考え方 $ax^2+bx+c=0$ の形に整理してから，2次方程式を解く。

解答 (1) 左辺を因数分解して

$$(x-6)(3x-2)=0$$

よって $x=6,\ \dfrac{2}{3}$

$$\begin{array}{ccccc} 1 & \diagdown\!\!\!\diagup & -6 & \to & -18 \\ 3 & & -2 & \to & -2 \\ \hline & & & & -20 \end{array}$$

(2) 解の公式に $a=4$，$b=-16$，$c=11$ を代入して

$$x=\frac{-(-16)\pm\sqrt{(-16)^2-4\cdot4\cdot11}}{2\cdot4}=\frac{16\pm4\sqrt{5}}{8}=\frac{4\pm\sqrt{5}}{2}$$

(3) 整理して $9x^2-12x+4=0$

左辺を因数分解して $(3x-2)^2=0$

よって $x=\dfrac{2}{3}$

(4) 整理して $3x^2-2\sqrt{3}x-8=0$

解の公式に $a=3$，$b=-2\sqrt{3}$，$c=-8$ を代入して

$$x=\frac{-(-2\sqrt{3})\pm\sqrt{(-2\sqrt{3})^2-4\cdot3\cdot(-8)}}{2\cdot3}=\frac{2\sqrt{3}\pm6\sqrt{3}}{6}$$

したがって

$$x=\frac{4\sqrt{3}}{3},\ -\frac{2\sqrt{3}}{3}$$

別解 (2), (4) 教科書 p.110 の公式 ① を利用してもよい。

10 2次方程式 $2x^2-8x+3k-1=0$ について，次の問に答えよ。

(1) 重解をもつような定数 k の値を求めよ。

(2) 実数解をもたないような定数 k の値の範囲を求めよ。

考え方 2次方程式 $ax^2+bx+c=0$ の判別式を D とすると，重解をもつのは $D=0$ のとき，実数解をもたないのは $D<0$ のときである。

解答 2次方程式 $2x^2-8x+3k-1=0$ ……①

とおく。この2次方程式の判別式を D とすると

$$D=(-8)^2-4\cdot2\cdot(3k-1)=72-24k$$

である。

(1) 方程式①が重解をもつのは，$D=0$ のときであるから

$$72-24k=0$$

したがって，求める k の値は　$\boldsymbol{k=3}$

(2) 方程式①が実数解をもたないのは，$D<0$ のときであるから

$$72-24k<0$$

したがって，求める k の値の範囲は　$\boldsymbol{k>3}$

11 2次関数 $y=x^2+kx+5$ のグラフが x 軸と点 $(1,\ 0)$ で交わるとき，定数 k の値を求めよ。また，そのとき，他の x 軸との交点の座標を求めよ。

考え方 2次関数のグラフが点 $(1,\ 0)$ を通ることから，$x=1$，$y=0$ を式に代入して k の値を求める。

解　答 2次関数 $y=x^2+kx+5$ のグラフが点 $(1,\ 0)$ を通ることから，$x=1$，$y=0$ を代入すると

$$0=1^2+k\cdot1+5$$

よって　　$\boldsymbol{k=-6}$

したがって，与えられた2次関数は

$$y=x^2-6x+5$$

となるから，2次方程式 $x^2-6x+5=0$ の左辺を因数分解して

$$(x-5)(x-1)=0$$

よって　$x=1,\ 5$

したがって，他の交点の座標は

点 $(5,\ 0)$

12 2次関数 $y=2x^2+3x+k$ のグラフが x 軸と異なる2点で交わるような定数 k の値の範囲を求めよ。

考え方 2次関数 $y=ax^2+bx+c$ のグラフが x 軸と異なる2点で交わるのは，2次方程式 $ax^2+bx+c=0$ の判別式 D が

$$D=b^2-4ac>0$$

のときである。

解　答 2次方程式 $2x^2+3x+k=0$ の判別式を D とすると

$$D=3^2-4\cdot2\cdot k=9-8k$$

である。この2次関数のグラフが x 軸と異なる2点で交わるから

$$D>0$$

よって　　$9-8k>0$

したがって，求める k の値の範囲は

$$\boldsymbol{k<\frac{9}{8}}$$

3章 2次関数

13 次の2次不等式を解け。

(1) $x^2-9x+20 \geqq 0$　　(2) $x^2-6x+3<0$

(3) $-x^2-2x+6<0$　　(4) $-2x^2 \geqq 5x-3$

(5) $4x^2-4x+1 \leqq 0$　　(6) $-9x^2+12x<4$

(7) $2x^2-2x+1 \leqq 0$　　(8) $-x^2+6x-10 \leqq 0$

考え方 (4), (6)　移項して，右辺を0にする。

(3), (4), (6), (8)　両辺に -1 を掛けて，x^2 の係数を正にしてから解く。

(5)～(8)　$y=$(左辺)のグラフが x 軸と接するか，共有点をもたないときである。

解　答 (1)　2次方程式 $x^2-9x+20=0$ を解くと

$$(x-4)(x-5)=0$$

よって　　$x=4,\ 5$

右の図より，求める解は

$$x \leqq 4,\ 5 \leqq x$$

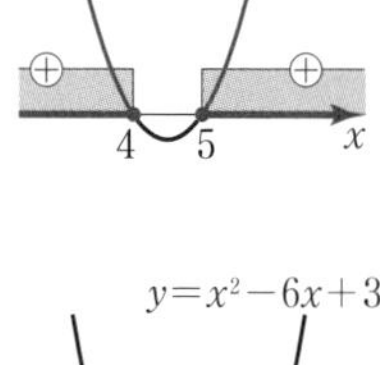

(2)　2次方程式 $x^2-6x+3=0$ を解くと

$$x=\frac{-(-6)\pm\sqrt{(-6)^2-4\cdot1\cdot3}}{2\cdot1}$$

$$=\frac{6\pm\sqrt{24}}{2}$$

$$=\frac{6\pm2\sqrt{6}}{2}$$

$$=3\pm\sqrt{6}$$

右の図より，求める解は

$$3-\sqrt{6}<x<3+\sqrt{6}$$

(3)　両辺に -1 を掛けて　$x^2+2x-6>0$

2次方程式 $x^2+2x-6=0$ を解くと

$$x=\frac{-2\pm\sqrt{2^2-4\cdot1\cdot(-6)}}{2\cdot1}$$

$$=\frac{-2\pm\sqrt{28}}{2}$$

$$=\frac{-2\pm2\sqrt{7}}{2}$$

$$=-1\pm\sqrt{7}$$

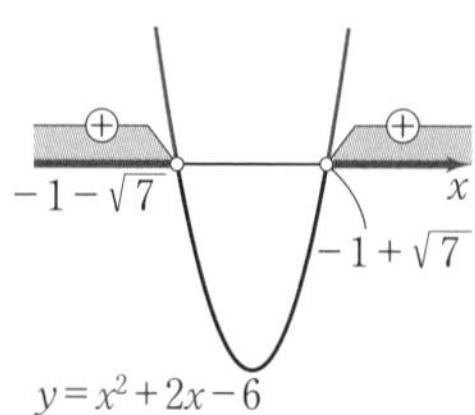

右の図より，求める解は

$$x<-1-\sqrt{7},\ -1+\sqrt{7}<x$$

(4) $-2x^2 \geqq 5x-3$ より　　$-2x^2-5x+3 \geqq 0$

両辺に -1 を掛けて　　$2x^2+5x-3 \leqq 0$

2 次方程式 $2x^2+5x-3=0$ を解くと

$(x+3)(2x-1)=0$ より　　$x=-3,\ \dfrac{1}{2}$

右の図より，求める解は

$$-3 \leqq x \leqq \frac{1}{2}$$

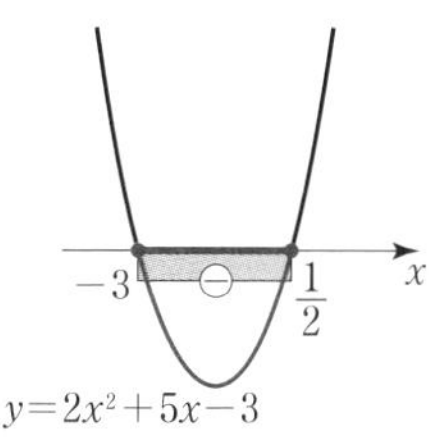

(5) 2 次方程式 $4x^2-4x+1=0$ を解くと

$$(2x-1)^2=0$$

したがって　　$x=\dfrac{1}{2}$

右の図より，求める解は

$$x=\frac{1}{2}$$

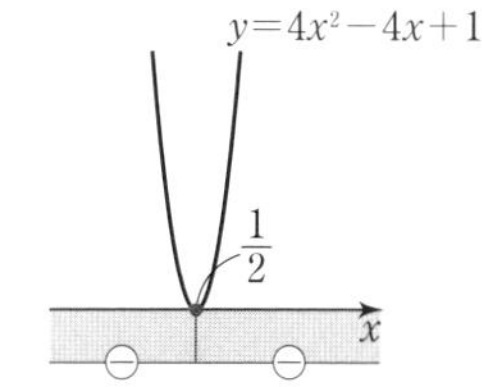

(6) $-9x^2+12x<4$ より $-9x^2+12x-4<0$

両辺に -1 を掛けて　　$9x^2-12x+4>0$

2 次方程式 $9x^2-12x+4=0$ を解くと

$$(3x-2)^2=0$$

したがって　　$x=\dfrac{2}{3}$

右の図より，求める解は

$\dfrac{2}{3}$ **以外のすべての実数**

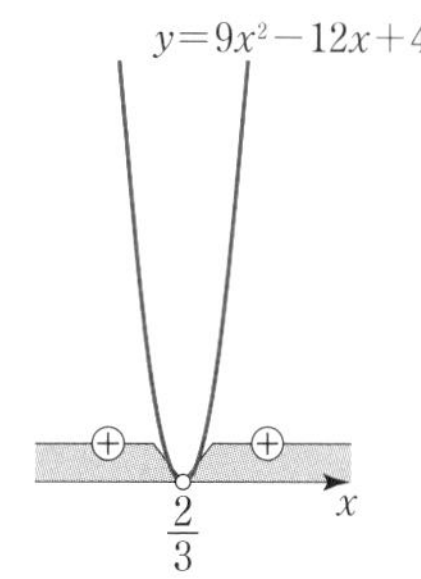

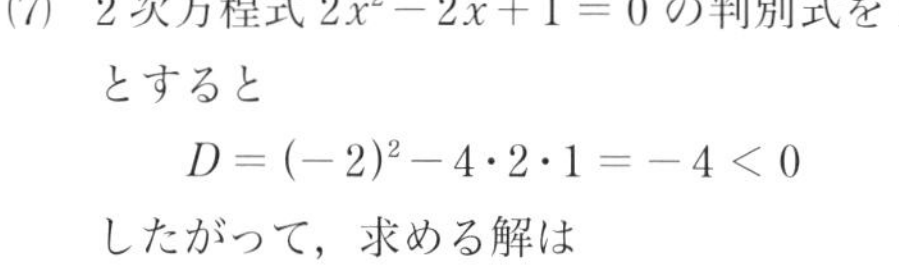

(7) 2 次方程式 $2x^2-2x+1=0$ の判別式を D とすると

$$D=(-2)^2-4\cdot2\cdot1=-4<0$$

したがって，求める解は

なし

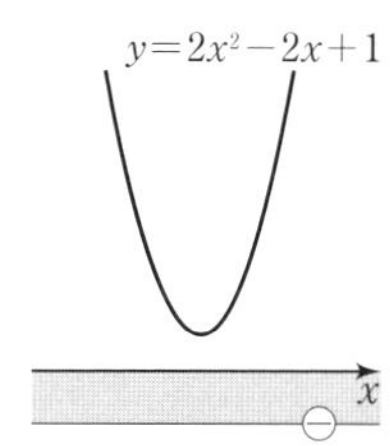

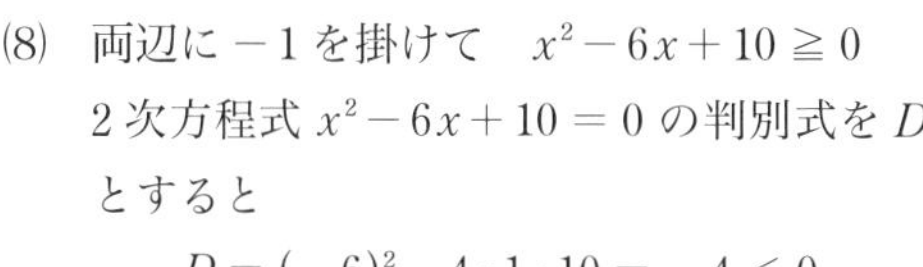

(8) 両辺に -1 を掛けて　$x^2-6x+10 \geqq 0$

2 次方程式 $x^2-6x+10=0$ の判別式を D とすると

$$D=(-6)^2-4\cdot1\cdot10=-4<0$$

したがって，求める解は

すべての実数

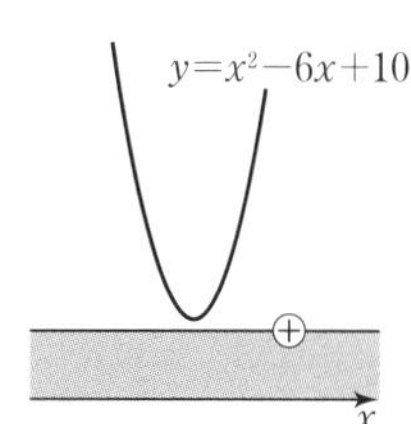

14 2次不等式 $x^2+6x+k>0$ の解がすべての実数であるような定数 k の値の範囲を求めよ。

考え方 2次関数 $y=x^2+6x+k$ のグラフが x 軸と共有点をもたないような，定数 k の値の範囲を求める。

解 答 2次関数 $y=x^2+6x+k$ のグラフは下に凸の放物線である。

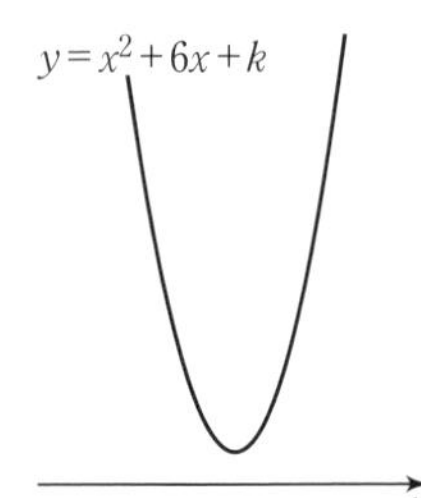

よって，2次不等式 $x^2+6x+k>0$ の解がすべての実数となるのは，このグラフが x 軸と共有点をもたないときである。

よって，2次方程式 $x^2+6x+k=0$ の判別式を

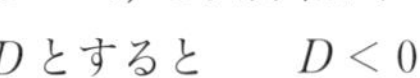

D とすると　$D<0$

$D=6^2-4\cdot1\cdot k=36-4k$ より

$36-4k<0$

したがって，求める k の値の範囲は

$\boldsymbol{k>9}$

15 次の不等式を解け。

(1) $\begin{cases} x^2-2x-8<0 \\ 3x-6\geqq0 \end{cases}$　　(2) $\begin{cases} x^2-x-12<0 \\ x^2-4\geqq0 \end{cases}$

(3) $7x-10<x^2<2x+3$

考え方 それぞれの不等式を解き，解の共通の範囲を求める。

解 答 (1) $\begin{cases} x^2-2x-8<0 & \cdots ① \\ 3x-6\geqq0 & \cdots ② \end{cases}$

とおく。

不等式①を解くと

$(x+2)(x-4)<0$ より

$-2<x<4$　　$\cdots$ ③

不等式②を解くと

$3x\geqq6$ より　　$x\geqq2$　$\cdots$ ④

したがって，求める解は③と④の共通の範囲であるから

$\boldsymbol{2\leqq x<4}$

(2) $\begin{cases} x^2-x-12<0 & \cdots ① \\ x^2-4 \geqq 0 & \cdots ② \end{cases}$

とおく。

不等式 ① を解くと

$(x-4)(x+3)<0$ より

$-3<x<4$ $\cdots ③$

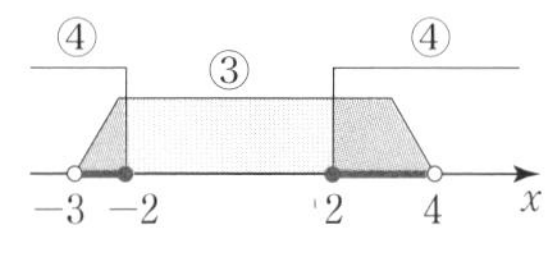

不等式 ② を解くと

$(x+2)(x-2) \geqq 0$ より

$x \leqq -2,\ 2 \leqq x$ $\cdots ④$

したがって，求める解は，③ と ④ の共通の範囲であるから

$-3<x \leqq -2,\ 2 \leqq x<4$

(3) $\begin{cases} 7x-10<x^2 & \cdots ① \\ x^2<2x+3 & \cdots ② \end{cases}$

とおく。

不等式 ① を解くと

$(x-2)(x-5)>0$ より

$x<2,\ 5<x$ $\cdots ③$

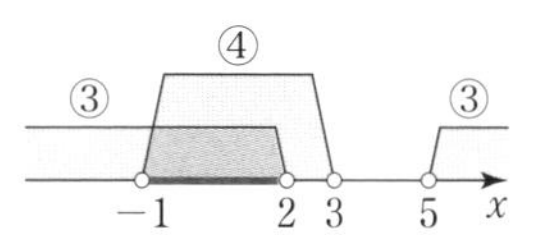

不等式 ② を解くと

$(x+1)(x-3)<0$ より

$-1<x<3$ $\cdots ④$

したがって，求める解は，③ と ④ の共通の範囲であるから

$-1<x<2$

16 $a>0$，$b^2-4ac<0$ ならば，2 次不等式 $ax^2+bx+c>0$ の解はすべての実数となる。その理由を説明せよ。

考え方 $a>0$，$b^2-4ac<0$ であることから，グラフについてどのようなことが分かるか考える。

解 答 $a>0$ であるから，2 次関数 $y=ax^2+bx+c$ のグラフは下に凸の放物線である。

また，$D=b^2-4ac<0$ であるから，2 次関数 $y=ax^2+bx+c$ のグラフと x 軸の共有点はない。

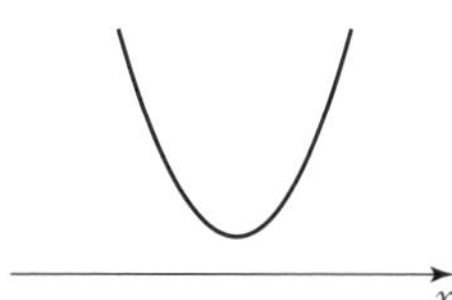

したがって，2 次関数 $y=ax^2+bx+c$ のグラフは右の図のようになるから，2 次不等式 $ax^2+bx+c>0$ の解はすべての実数となる。

Level Up レベルアップ

教 p.128-129

1 2 次関数 $y=2x^2-4x+1$ について，次の問に答えよ。

(1) この関数のグラフの頂点の座標を求めよ。

(2) この関数のグラフを x 軸方向に 2，y 軸方向に -3 だけ平行移動した放物線をグラフとする 2 次関数を求めよ。

考え方 (1) $y=2(x-p)^2+q$ の形に変形すると，頂点の座標は $(p,\ q)$

(2) (1) で求めた頂点 $(p,\ q)$ を x 軸方向に 2，y 軸方向に -3 だけ平行移動すると，その座標は $(p+2,\ q-3)$ となる。

解　答 (1) 与えられた 2 次関数は

$$y=2(x^2-2x)+1$$
$$=2\{(x-1)^2-1^2\}+1$$
$$=2(x-1)^2-1$$

と変形される。

よって，グラフの頂点の座標は　　$(1,\ -1)$

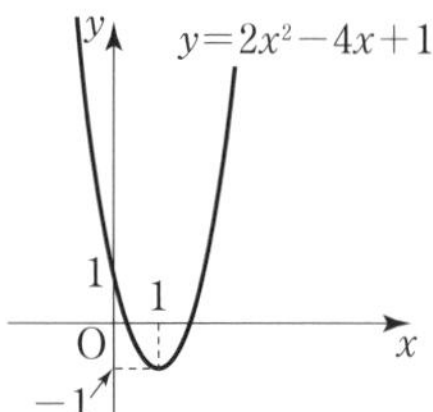

(2) (1)より，このグラフの頂点は $(1,\ -1)$ であるから，この点を x 軸方向に 2，y 軸方向に -3 だけ平行移動した点の座標は　　$(1+2,\ -1-3)$

すなわち　　$(3,\ -4)$

したがって，求める 2 次関数は，x^2 の係数は 2 であるから

$$y=2(x-3)^2-4$$

2 2 次関数 $y=x^2-2ax$ $(1\leqq x\leqq 2)$ の最小値を求めよ。また，そのときの x の値を求めよ。

考え方 グラフの軸が定義域に含まれるかどうかで場合分けをして考える。

下の解答において，(i)～(iii) は次のような場合である。

(i)，(iii)　軸が定義域に含まれない場合

(ii)　　　軸が定義域に含まれる場合

解　答 与えられた 2 次関数は

$$y=(x-a)^2-a^2$$

と変形されるから，グラフは，軸が直線 $x=a$，頂点が点 $(a,\ -a^2)$ の下に凸の放物線である。

(i) $a<1$ のとき　⟵ 軸が定義域より左

$1\leqq x\leqq 2$ におけるこの関数のグラフは，右の図の放物線の実線部分である。

したがって

$x=1$ のとき　　最小値　$-2a+1$

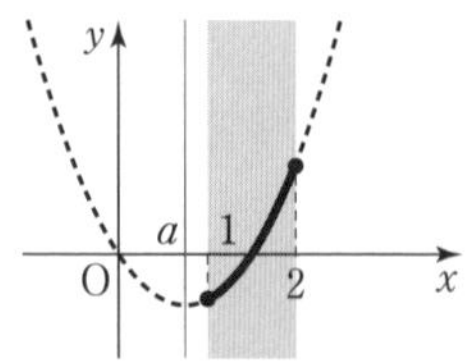

(ii) $1 \leqq a \leqq 2$ のとき

$1 \leqq x \leqq 2$ におけるこの関数のグラフは，右の図の放物線の実線部分である。

したがって

$x = a$ のとき　　最小値　$-a^2$

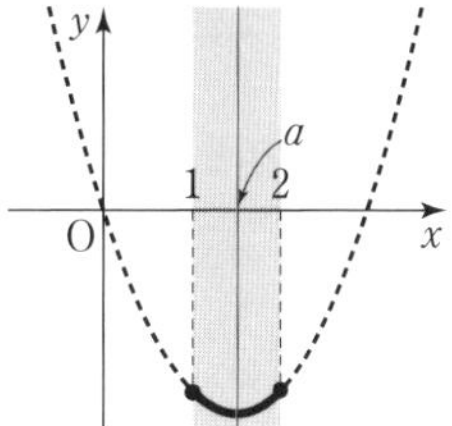

(iii) $2 < a$ のとき　⟵ 軸が定義域より右

$1 \leqq x \leqq 2$ におけるこの関数のグラフは，右の図の放物線の実線部分である。

したがって

$x = 2$ のとき　　最小値　$-4a+4$

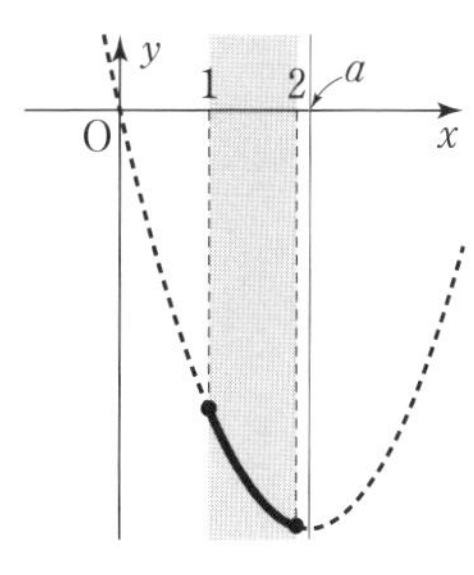

(i), (ii), (iii)より

$$\begin{cases} a<1 \text{ のとき} & x=1 \text{ で最小値 } -2a+1 \\ 1 \leqq a \leqq 2 \text{ のとき} & x=a \text{ で最小値 } -a^2 \\ 2<a \text{ のとき} & x=2 \text{ で最小値 } -4a+4 \end{cases}$$

3　2次関数 $y=-x^2-2x+3$ $(a \leqq x \leqq a+1)$ の最大値を，次のそれぞれの場合について求めよ。

(1)　$a<-2$ の場合　　　　(2)　$-2 \leqq a \leqq -1$ の場合

(3)　$-1<a$ の場合

考え方　グラフの軸が定義域に含まれるかどうかで場合分けをして考える。

解　答　与えられた2次関数は　$y=-(x+1)^2+4$

と変形されるから，グラフは，軸が直線 $x=-1$，頂点が点 $(-1,\ 4)$ の上に凸の放物線である。

(1)　$a<-2$ のとき　⟵ 軸が定義域より右

$a+1<-1$ であるから，定義域に軸の直線 $x=-1$ は含まれない。

$a \leqq x \leqq a+1$ におけるこの関数のグラフは，右の図の放物線の実線部分である。

したがって

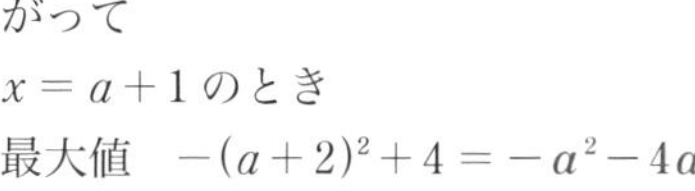

$x=a+1$ のとき

最大値　$-(a+2)^2+4=-a^2-4a$

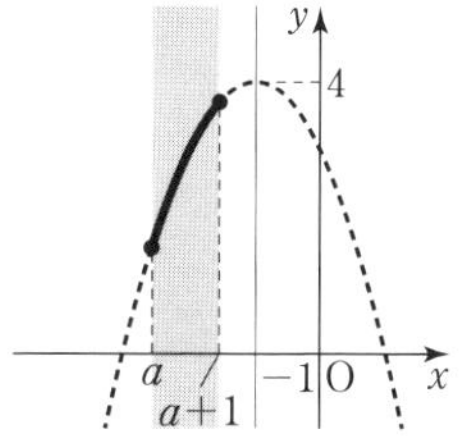

(2)　$-2 \leqq a \leqq -1$ のとき

$a \leqq -1$，$-1 \leqq a+1$ であるから，定義域に軸の直線 $x=-1$ は含まれる。

$a \leqq x \leqq a+1$ におけるこの関数のグラフは，右の図の放物線の実線部分である。

したがって

$x=-1$ のとき　最大値　4

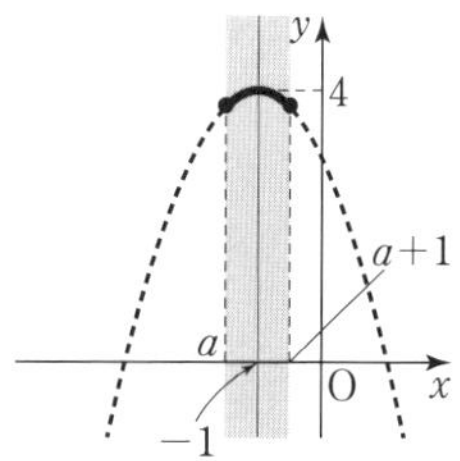

(3) $-1 < a$ のとき ⟵ 軸が定義域より左

$a > -1$ であるから，定義域に軸の直線 $x = -1$ は含まれない。

$a \leqq x \leqq a+1$ におけるこの関数のグラフは，右の図の放物線の実線部分である。

したがって

$x = a$ のとき　最大値 $-a^2 - 2a + 3$

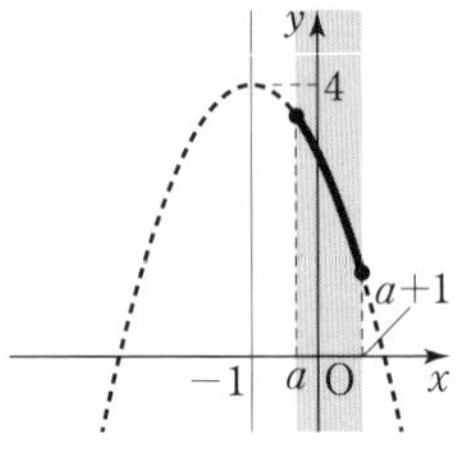

4 次の条件を満たす 2 次関数を求めよ。

(1) $x = 1$ のとき最大値 7 をとり，x^2 の係数が -3 である。

(2) $x = -2$ のとき最小値 1 をとり，$x = 1$ のとき $y = 19$ である。

考え方 最大値または最小値の条件から，求める 2 次関数を $y = a(x-p)^2 + q$ の形に表す。

解答 (1) $x = 1$ のとき最大値 7 であるから，グラフの頂点は点 $(1,\ 7)$ である。

これより，求める 2 次関数は，$y = a(x-1)^2 + 7$ $(a < 0)$

と表される。

ここで，x^2 の係数が -3 であるから，$a = -3$ を代入して

$$y = -3(x-1)^2 + 7$$

(2) $x = -2$ のとき最小値 1 であるから，グラフの頂点は点 $(-2,\ 1)$ である。これより，求める 2 次関数は，$y = a(x+2)^2 + 1$ $(a > 0)$

と表される。この 2 次関数は $x = 1$ のとき $y = 19$ であるから

$19 = a(1+2)^2 + 1$ より　$19 = 9a + 1$

すなわち　$a = 2$

これは $a > 0$ を満たす。

したがって，求める 2 次関数は

$$y = 2(x+2)^2 + 1$$

5 $a > 0$ である 2 次関数 $y = ax^2 + 4ax + b$ の定義域が $-3 \leqq x \leqq 4$ であるとき，その値域は $-1 \leqq y \leqq 5$ であるという。このとき，定数 a，b の値を求めよ。

考え方 2 次関数 $y = ax^2 + 4ax + b$ の定義域におけるグラフをかき，最大値，最小値をとるときの x の値を調べる。

解答 2 次関数 $y = ax^2 + 4ax + b = a(x+2)^2 - 4a + b$ $(a > 0)$

と変形されるから，グラフは軸が直線 $x = -2$ である。また，$a > 0$ よりこの 2 次関数のグラフは下に凸の放物線である。

$-3 \leqq x \leqq 4$ では，次ページの図の放物線の実線部分になる。したがって

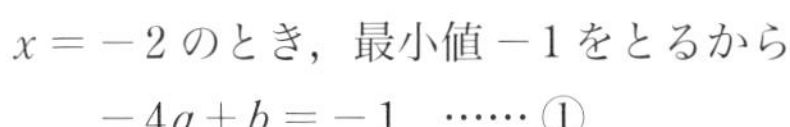

$x=-2$ のとき，最小値 -1 をとるから

$$-4a+b=-1 \quad \cdots\cdots ①$$

$x=4$ のとき，最大値 5 をとるから

$$32a+b=5 \quad \cdots\cdots ②$$

② − ① より　$36a=6$

$$a=\frac{1}{6}$$

これは $a>0$ を満たす。

① より　$b=-1+4a=-1+4\cdot\frac{1}{6}=-\frac{1}{3}$

よって　　$a=\frac{1}{6},\ b=-\frac{1}{3}$

注意 定義域の端点 $x=-3$ のとき，最小値とはならないことに注意する。

6 2 次関数 $y=ax^2+bx+c$ のグラフが右の図のようになるとき，次の値は正，0，負のいずれであるかを答えよ。

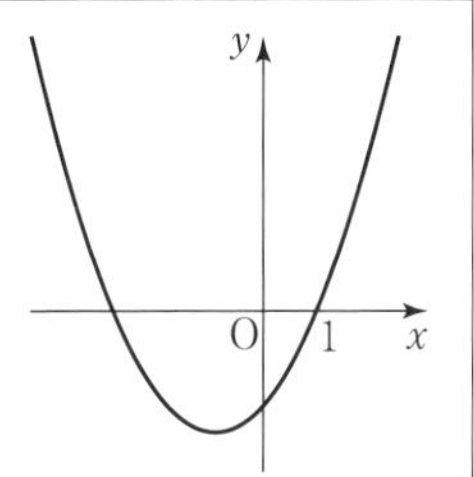

(1) a　　(2) b

(3) c　　(4) b^2-4ac

(5) $a+b+c$　　(6) $a-b+c$

考え方 それぞれの値が，グラフではどのようなことを表すか考える。

解答

$$y=ax^2+bx+c=a\left(x+\frac{b}{2a}\right)^2-\frac{b^2-4ac}{4a}$$

と変形される。

(1) グラフは下に凸であるから　　$a>0$

(2) 軸は直線 $x=-\frac{b}{2a}$ で，軸は $x<0$ の部分にあるから

$$-\frac{b}{2a}<0 \quad すなわち \quad \frac{b}{2a}>0$$

(1)より $a>0$ であるから　　$b>0$

(3) グラフと y 軸との交点の y 座標は負であるから　　$c<0$

(4) グラフは，x 軸と異なる 2 点で交わっているから，2 次方程式 $ax^2+bx+c=0$ の判別式を D とすると　$D>0$

したがって　　$b^2-4ac>0$

(5) グラフから，$x=1$ のとき　$y=0$ であるから

$x=1,\ y=0$ を代入して　　$a+b+c=0$

(6) 放物線は軸に関して対称であるから，グラフと x 軸とのもう一方の交点の x 座標は，-1 より小さくなる。
2つの交点ではさまれた区間では $y<0$ であるから，$x=-1$ のときの y 座標は負となる。
したがって　　$a-b+c<0$

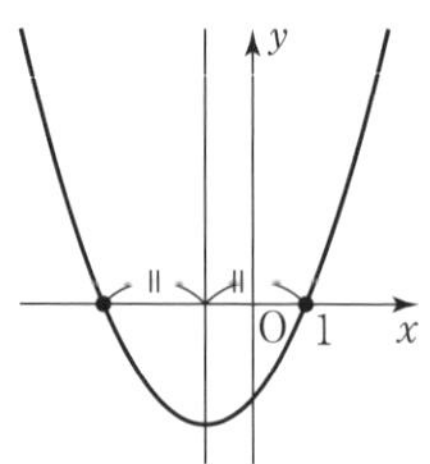

別解 (4) 頂点の y 座標 $-\dfrac{b^2-4ac}{4a}$ が負であることから求めることもできる。

---

7 2次方程式 $x^2+(k+1)x+(2k-1)=0$ の実数解の個数は，定数 k の値によってどのように変わるか。

考え方 2次方程式の判別式を D とすると，実数解の個数は $D>0$ のとき2個，$D=0$ のとき1個，$D<0$ のとき0個になる。

解答 2次方程式 $x^2+(k+1)x+(2k-1)=0$ の判別式を D とすると

$$D=(k+1)^2-4\cdot1\cdot(2k-1)=k^2-6k+5=(k-1)(k-5)$$

$D>0$ となるのは　$(k-1)(k-5)>0$ より　$k<1,\ 5<k$

$D=0$ となるのは　$(k-1)(k-5)=0$ より　$k=1,\ 5$

$D<0$ となるのは　$(k-1)(k-5)<0$ より　$1<k<5$

したがって，実数解の個数は

$$\begin{cases} k<1,\ 5<k \text{ のとき } 2\text{ 個} \\ k=1,\ 5 \text{ のとき } 1\text{ 個} \\ 1<k<5 \text{ のとき } 0\text{ 個} \end{cases}$$

---

8 2次不等式 $2x^2+ax+b<0$ の解が $\dfrac{1}{2}<x<2$ であるとき，定数 a，b の値を求めよ。

解答 2次方程式 $2x^2+ax+b=0$ の解が $x=\dfrac{1}{2}$，2 となるから

$x=\dfrac{1}{2}$，2 をそれぞれ $2x^2+ax+b=0$ に代入すると

$$2\cdot\left(\frac{1}{2}\right)^2+a\cdot\frac{1}{2}+b=0$$

すなわち　$\dfrac{1}{2}+\dfrac{1}{2}a+b=0$　……①

$$2\cdot2^2+a\cdot2+b=0$$

すなわち　$8+2a+b=0$　……②

②－① より　$\frac{15}{2}+\frac{3}{2}a=0$　すなわち　$a=-5$

$a=-5$ を ② に代入すると　$b=2$

したがって　$a=-5,\ b=2$

別解 2 次不等式 $2x^2+ax+b<0$ の解が $\frac{1}{2}<x<2$ であることから，この 2 次不等式の 1 つは

$$2\left(x-\frac{1}{2}\right)(x-2)<0$$

となる。この不等式の左辺を展開し，係数を比べることによって，a，b の値を求めることもできる。

---

9 2 次不等式 $x^2-ax<0$ を，次のそれぞれの場合について解け。

(1) $a>0$ の場合　　(2) $a=0$ の場合　　(3) $a<0$ の場合

考え方 2 次方程式 $x^2-ax=0$ の解は $x=0$，a である。これらの大小により解が変わる。

解答 不等式の左辺を因数分解すると　$x(x-a)<0$

(1) $a>0$ の場合

右の図より，求める解は

$0<x<a$

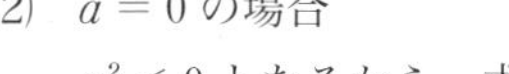

(2) $a=0$ の場合

$x^2<0$ となるから，求める解は　なし

(3) $a<0$ の場合

右の図より，求める解は

$a<x<0$

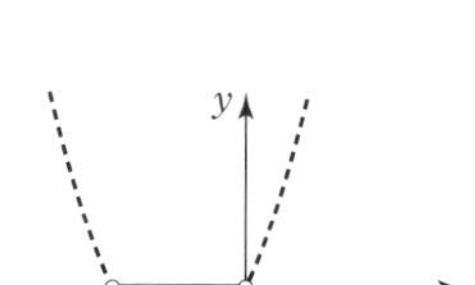

---

10 2 つの 2 次方程式

$$2x^2+(k-1)x+2=0,\qquad x^2-kx+k^2-3=0$$

がともに実数解をもたないような定数 k の値の範囲を求めよ。

考え方 実数解をもたないから，2 つの 2 次方程式の判別式がともに負となる k の値の範囲を求める。

解答 2 つの 2 次方程式を

$2x^2+(k-1)x+2=0$　…… ①

$x^2-kx+k^2-3=0$　…… ②

とする。

① の判別式が負であるから

$$(k-1)^2-4\cdot2\cdot2=k^2-2k-15=(k+3)(k-5)<0$$

よって　$-3 < k < 5$　…… ③

② の判別式が負であるから

$$(-k)^2-4\cdot1\cdot(k^2-3)=-3k^2+12=-3(k+2)(k-2)<0$$

よって

$$(k+2)(k-2)>0$$

したがって

$k<-2,\ 2<k$　…… ④

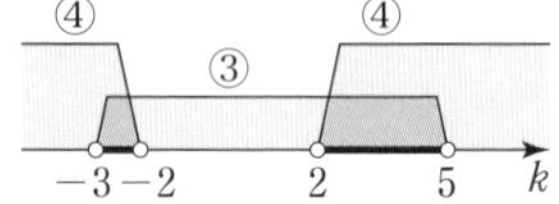

③，④ より

$-3<\boldsymbol{k}<-2,\ 2<\boldsymbol{k}<5$

11 縦と横の長さの和が 9 cm である長方形の面積を，18 cm^2 以上 20 cm^2 以下にしたい。長方形の横の長さを縦の長さ以上とするとき，縦の長さをどのような範囲にすればよいか。

考え方 縦の長さを x cm とすると，横の長さは $(9-x)$ cm である。これを用いて問題の条件に合うように不等式をつくる。

解　答 長方形の縦の長さを x cm とすれば，横の長さは $(9-x)$ cm である。
辺の長さは正であり，横の長さは縦の長さ以上であるから

$0<x\leqq 9-x$　…… ①

一方，面積は 18 cm^2 以上 20 cm^2 以下であるから

$18\leqq x(9-x)\leqq 20$　…… ②

不等式 ① より　$0<x\leqq\dfrac{9}{2}$　…… ③

また，不等式 ② より，次の連立不等式を解けばよい。

$$\begin{cases}x^2-9x+18\leqq 0 & \cdots\cdots ④\\ x^2-9x+20\geqq 0 & \cdots\cdots ⑤\end{cases}$$

不等式 ④ を解くと

$$(x-3)(x-6)\leqq 0$$

より　$3\leqq x\leqq 6$　…… ⑥

不等式 ⑤ を解くと

$$(x-4)(x-5)\geqq 0$$

より　$x\leqq 4,\ 5\leqq x$　…… ⑦

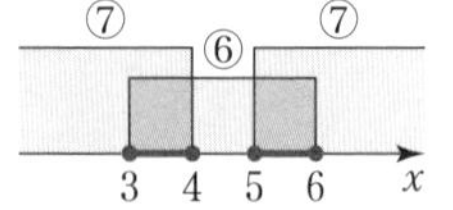

不等式 ② の解は，⑥ と ⑦ の共通の範囲であるから

$3\leqq x\leqq 4$　または　$5\leqq x\leqq 6$　…… ⑧

③，⑧ を同時に満たす x の値の範囲は

$3\leqq x\leqq 4$

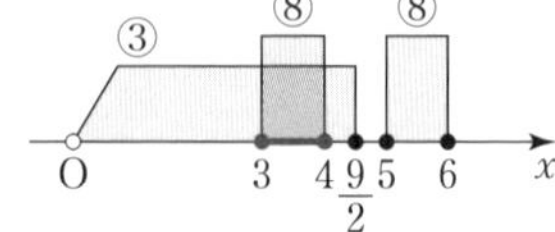

したがって

縦の長さを **3 cm 以上 4 cm 以下** にすればよい。

Investigation

教 p.130-131

スリップ痕は語る

Q 走行速度と制動距離はどのような関係になっているだろうか。路面が乾いている場合について考えてみよう。

1 悠さんがどのように考えているかを推測し，悠さんの考えをもとにして，路面が乾いている場合の走行速度と制動距離の関係を求めてみよう。

2 真さんは，悠さんの考えを見て，$\dfrac{y}{x}$ の代わりに，$\sqrt{y}$ でも同じように考えられるのではないかと考えた。この考え方で路面が乾いている場合の走行速度と制動距離の関係を求めてみよう。

解答 **1** 点 $\left(x,\ \dfrac{y}{x}\right)$ に対応する点をとると，右の図のようになり，ほぼ一直線上に並んでいるから，x と $\dfrac{y}{x}$ が1次関数の関係にあると見なすことができる。

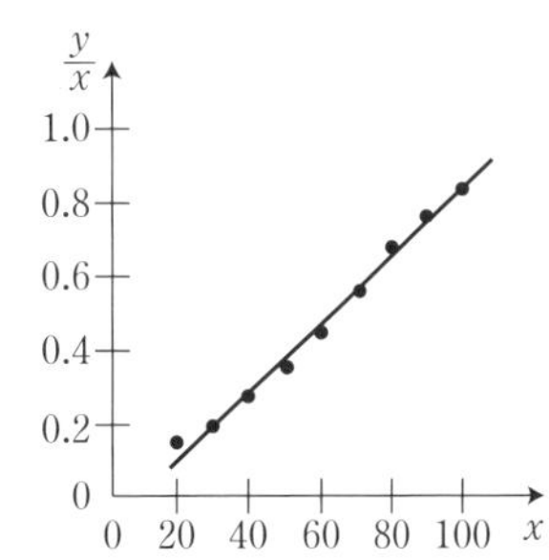

ほぼ真ん中を通るように引いた直線は

点 (30, 0.20), (100, 0.84)

を通るから，直線の式は

$$\frac{y}{x}-0.20=\frac{0.84-0.20}{100-30}(x-30)$$

$$\frac{y}{x}=0.009x-0.07$$

両辺に x を掛けて

$$y=0.009x^2-0.07x$$

したがって，路面が乾いている場合の走行速度と制動距離の関係は

$$\boldsymbol{y=0.009x^2-0.07x}$$

となる。

2 x，y，$\sqrt{y}$ の値を表にまとめると，下のようになる。

x	20	30	40	50	60	70	80	90	100
y	3	6	11	18	27	39	54	68	84
$\sqrt{y}$	1.73	2.45	3.32	4.24	5.20	6.24	7.35	8.25	9.17

点 $(x,\ \sqrt{y})$ に対応する点をとると，下の図のようになり，ほぼ一直線上に並んでいるから，x と $\sqrt{y}$ も 1 次関数の関係にあると見なすことができる。

ほぼ真ん中を通るように引いた直線は

点 (30，2.45)，(100，9.17)

を通るから，直線の式は

$$\sqrt{y}-2.45=\frac{9.17-2.45}{100-30}(x-30)$$

$$\sqrt{y}=0.096x-0.43$$

両辺を 2 乗して

$$y=0.009216x^2-0.08256x+0.1849$$

したがって，路面が乾いている場合の走行速度と制動距離の関係は

$$\boldsymbol{y=0.009x^2-0.083x+0.185}$$

となる。

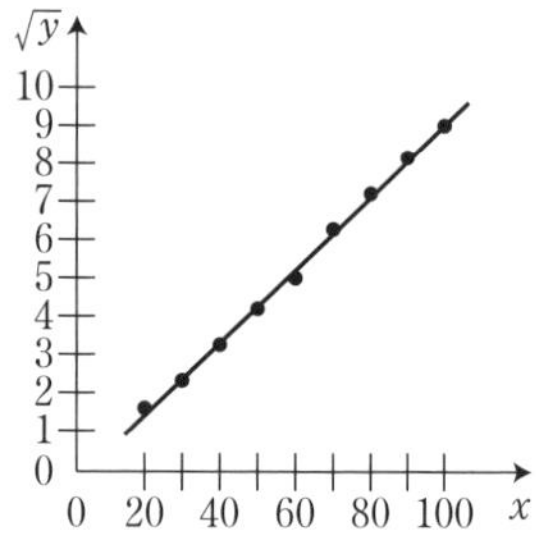

4章　図形と計量

1節　鋭角の三角比
2節　三角比の拡張
3節　三角形への応用

関連する既習内容

三角形の相似条件

- 3組の辺の比がすべて等しい。
- 2組の辺の比とその間の角がそれぞれ等しい。
- 2組の角がそれぞれ等しい。

三平方の定理とその逆

- $\angle C = 90^\circ$ ならば
  $a^2 + b^2 = c^2$
- $a^2 + b^2 = c^2$ ならば
  $\angle C = 90^\circ$

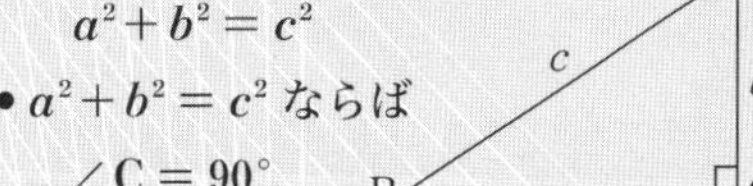

立体の体積

- 角柱，円柱の体積 V
  $V = Sh$

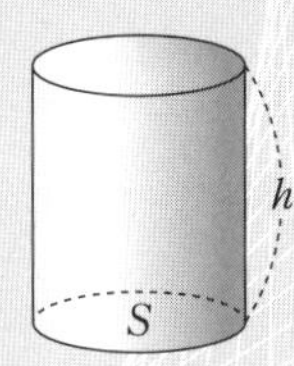

- 角錐，円錐の体積 V
  $V = \frac{1}{3}Sh$

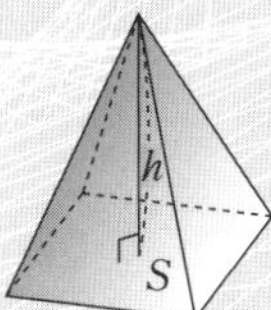

- 球の体積 V，表面積 S
  $V = \frac{4}{3}\pi r^3$
  $S = 4\pi r^2$

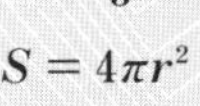

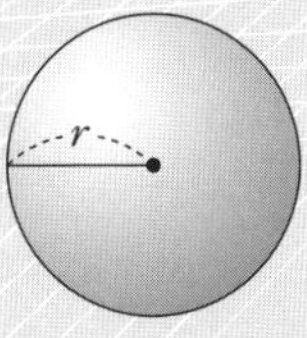

特別な直角三角形の辺の比

- 直角二等辺三角形

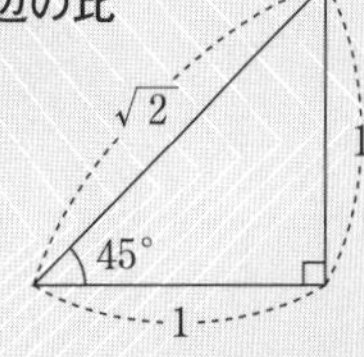

- 1つの角が60°の直角三角形

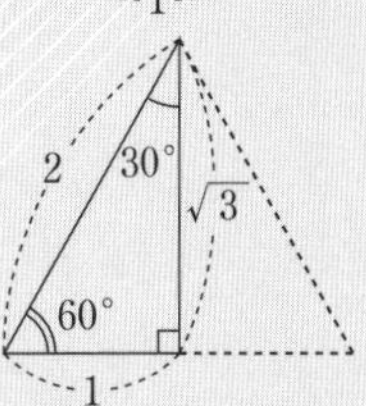

円周角の定理

$\angle APB = \angle AQB$

$\angle APB = \frac{1}{2}\angle AOB$

Introduction

教 p.132-133

最も急な階段はどれ？

Q [1]～[4]の4つの階段の傾斜を比べる方法を考えてみよう。

1 [1]～[4]の階段の水平距離と高さから直角三角形をかいて傾斜を比べてみよう。

2 図をかかずに，計算で傾斜を比べられないか考えてみよう。

考え方 **2** 悠さん，真さんのどちらの考え方でも，値が大きいほど傾斜が急であるといえる。

解答 **1** 右の図のように1つの辺が重なるように，[1]～[4]の直角三角形の縮小した図をかけば，傾斜を比較することができる。

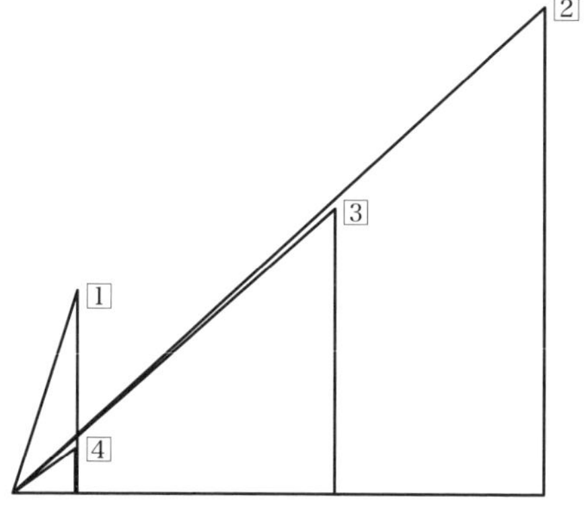

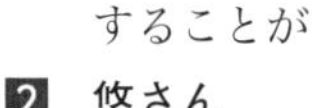

2 **悠さん**

水平距離の長さを[3]の20にそろえる。

[1] $12 \times \frac{20}{4} = 60$

[2] $29 \times \frac{20}{33} \fallingdotseq 17.6$

[3] 17

[4] $2.7 \times \frac{20}{3.9} \fallingdotseq 13.8$

真さん

水平距離の長さと高さの比の値を考える。

[1] $\frac{12}{4} = 3$

[2] $\frac{29}{33} \fallingdotseq 0.88$

[3] $\frac{17}{20} = 0.85$

[4] $\frac{2.7}{3.9} \fallingdotseq 0.69$

以上から，傾斜が急な順に，[1]，[2]，[3]，[4]となっていることが分かる。

1節 鋭角の三角比

1 直角三角形と三角比

用語のまとめ

タンジェント

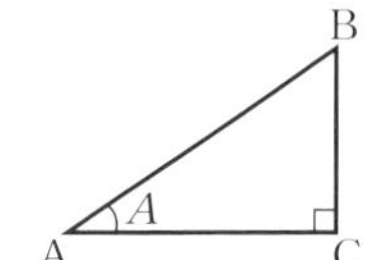

- $\dfrac{BC}{AC}$ を A の **タンジェント** または **正接** といい，$\tan A$ で表す。

サイン・コサイン

- $\dfrac{BC}{AB}$ を A の **サイン** または **正弦** といい，$\sin A$ で表す。
- $\dfrac{AC}{AB}$ を A の **コサイン** または **余弦** といい，$\cos A$ で表す。

三角比

- サイン，コサイン，タンジェントをまとめて **三角比** という。

30°，45°，60° の三角比

- 下の図の直角三角形を用いて，30°，45°，60° の三角比の値を求めることができる。これらの角の三角比の値をまとめると，右の表のようになる。

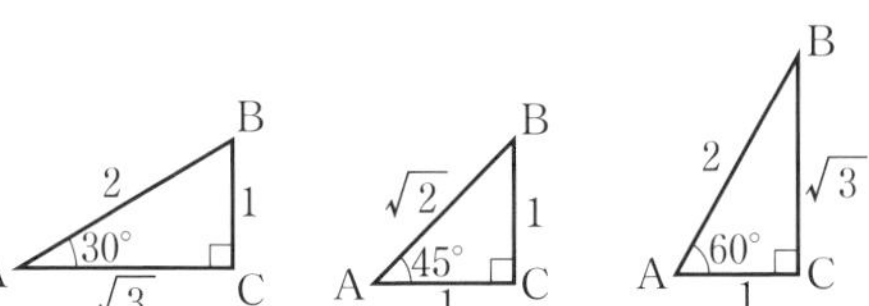

A	正弦 (sin)	余弦 (cos)	正接 (tan)
30°	$\dfrac{1}{2}$	$\dfrac{\sqrt{3}}{2}$	$\dfrac{1}{\sqrt{3}}$
45°	$\dfrac{1}{\sqrt{2}}$	$\dfrac{1}{\sqrt{2}}$	1
60°	$\dfrac{\sqrt{3}}{2}$	$\dfrac{1}{2}$	$\sqrt{3}$

教 p.136

問 1　$C=90^\circ$ の直角三角形 ABC において，$AC=2$，$A=35^\circ$ のとき，BC を求めよ。

考え方　△ABC をかくと，右の図のようになる。

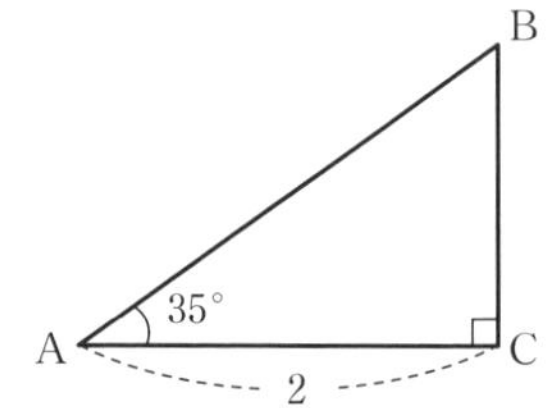

解答　$\tan A=\dfrac{BC}{AC}$ より　　$AC\tan A=BC$

よって

$$\begin{aligned}BC&=AC\tan A\\&=2\tan 35^\circ\\&=2\times 0.7002\\&=1.4004\end{aligned}$$

教 p.136

問 2　教科書 134 ページの Set Up で，傾斜角が 34°の観客席について，座席 1 段分の奥行きが 80 cm のときの 10 段分の高さを求めよ。また，傾斜角が 20°，30°の観客席 10 段分の高さとはどれだけ違うか比べよ。

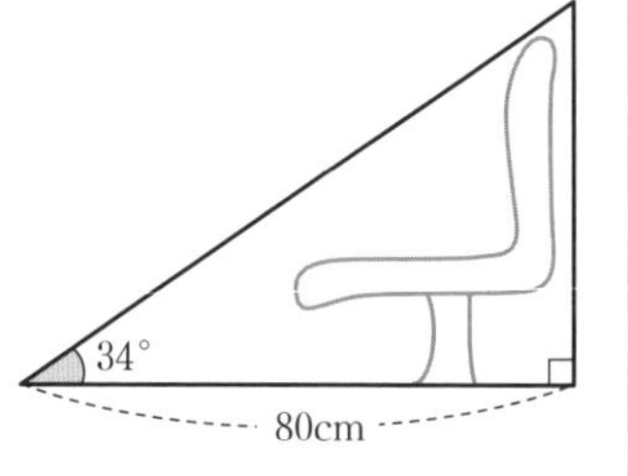

考え方　傾斜角 A のときの観客席 1 段分の高さは，次のようになる。

$$80\tan A \text{ cm}$$

解答　傾斜角 34°の観客席 1 段分の高さは

$$80\tan 34^\circ=80\times 0.6745=53.96\ (\text{cm})$$

10 段分では **約 540 cm** となる。

傾斜角 20°の観客席 10 段分の高さは

$$80\tan 20^\circ\times 10=80\times 0.3640\times 10\fallingdotseq 291\ (\text{cm})$$

より，傾斜角 34°の観客席 10 段分の高さとの違いは

$$540-291=249$$

したがって　　**約 249 cm**

傾斜角 30°の観客席 10 段分の高さは

$$80\tan 30^\circ\times 10=80\times 0.5774\times 10\fallingdotseq 462\ (\text{cm})$$

より，傾斜角 34°の観客席 10 段分の高さとの違いは

$$540-462=78$$

したがって　　**約 78 cm**

● 三角比　　解き方のポイント

右の図の直角三角形 ABC において

$$\sin A = \frac{a}{c},\ \cos A = \frac{b}{c},\ \tan A = \frac{a}{b}$$

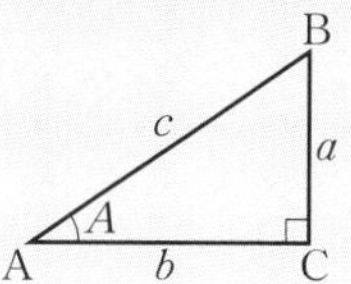

教 p.137

問 3　次の図で，$\sin A$，$\cos A$，$\tan A$ の値を求めよ。

(1)

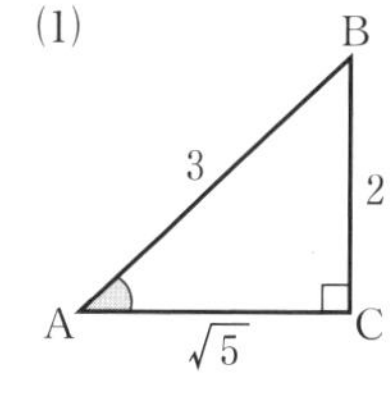

(2)

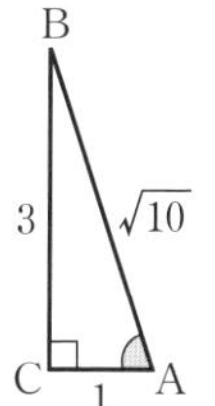

(3)

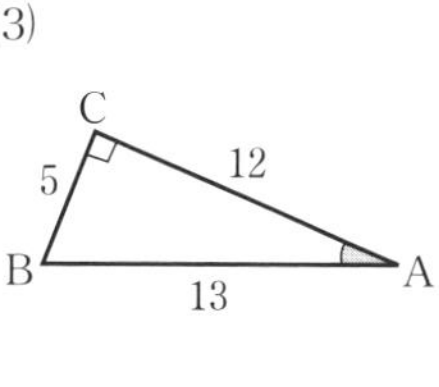

考え方　$\sin A = \dfrac{\mathrm{BC}}{\mathrm{AB}}$，$\cos A = \dfrac{\mathrm{AC}}{\mathrm{AB}}$，

$\tan A = \dfrac{\mathrm{BC}}{\mathrm{AC}}$ より求める。

(2)，(3) は A が左下，直角の頂点 C が右下になるようにかき直すとよい。

解　答　(1)　$\sin A = \dfrac{\mathrm{BC}}{\mathrm{AB}} = \dfrac{2}{3}$

$\cos A = \dfrac{\mathrm{AC}}{\mathrm{AB}} = \dfrac{\sqrt{5}}{3}$

$\tan A = \dfrac{\mathrm{BC}}{\mathrm{AC}} = \dfrac{2}{\sqrt{5}} = \dfrac{2\sqrt{5}}{5}$

(2)　$\sin A = \dfrac{\mathrm{BC}}{\mathrm{AB}} = \dfrac{3}{\sqrt{10}} = \dfrac{3\sqrt{10}}{10}$

$\cos A = \dfrac{\mathrm{AC}}{\mathrm{AB}} = \dfrac{1}{\sqrt{10}} = \dfrac{\sqrt{10}}{10}$

$\tan A = \dfrac{\mathrm{BC}}{\mathrm{AC}} = \dfrac{3}{1} = 3$

(3)　$\sin A = \dfrac{\mathrm{BC}}{\mathrm{AB}} = \dfrac{5}{13}$

$\cos A = \dfrac{\mathrm{AC}}{\mathrm{AB}} = \dfrac{12}{13}$

$\tan A = \dfrac{\mathrm{BC}}{\mathrm{AC}} = \dfrac{5}{12}$

教 p.137

問 4 次の図で，$\sin A$，$\cos A$，$\tan A$ の値を求めよ。

(1)
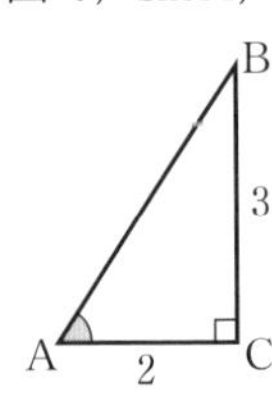

(2)
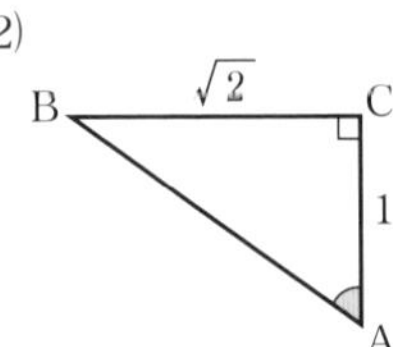

(3)
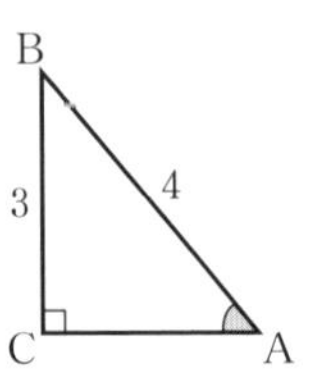

考え方 まず，長さが分からない辺の長さを三平方の定理を使って求める。
(2), (3) は A が左下，直角の頂点 C が右下になるようにかき直すとよい。

解 答 (1) 三平方の定理により　$AB^2 = 2^2 + 3^2 = 13$

$AB > 0$ より　　$AB = \sqrt{13}$

であるから

$$\sin A = \frac{BC}{AB} = \frac{3}{\sqrt{13}} = \frac{3\sqrt{13}}{13}$$

$$\cos A = \frac{AC}{AB} = \frac{2}{\sqrt{13}} = \frac{2\sqrt{13}}{13}$$

$$\tan A = \frac{BC}{AC} = \frac{3}{2}$$

(2) 三平方の定理により　$AB^2 = 1^2 + (\sqrt{2})^2 = 3$

$AB > 0$ より　　$AB = \sqrt{3}$

であるから

$$\sin A = \frac{BC}{AB} = \frac{\sqrt{2}}{\sqrt{3}} = \frac{\sqrt{6}}{3}$$

$$\cos A = \frac{AC}{AB} = \frac{1}{\sqrt{3}} = \frac{\sqrt{3}}{3}$$

$$\tan A = \frac{BC}{AC} = \frac{\sqrt{2}}{1} = \sqrt{2}$$

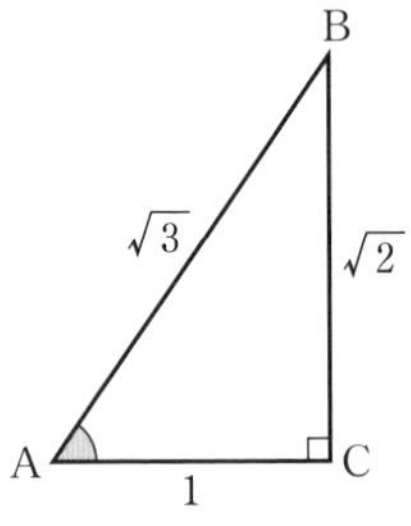

(3) 三平方の定理により　$AC^2 = 4^2 - 3^2 = 7$

$AC > 0$ より　　$AC = \sqrt{7}$

であるから

$$\sin A = \frac{BC}{AB} = \frac{3}{4}$$

$$\cos A = \frac{AC}{AB} = \frac{\sqrt{7}}{4}$$

$$\tan A = \frac{BC}{AC} = \frac{3}{\sqrt{7}} = \frac{3\sqrt{7}}{7}$$

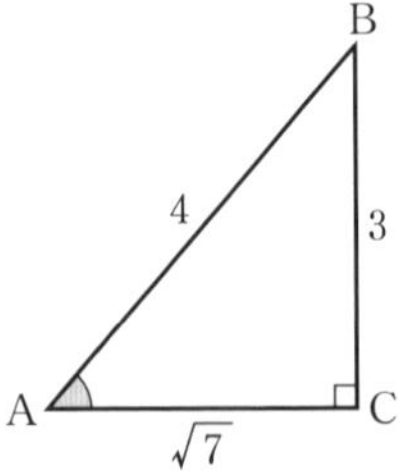

教 p.138

問5　上の表を用いて，$\sin 69^\circ$，$\tan 69^\circ$ の値をそれぞれ求めよ。

解答　$\sin 69^\circ = 0.9336$

$\tan 69^\circ = 2.6051$

教 p.138

問6　教科書 223 ページの三角比の表や電卓などを用いて，次の値を求めよ。

(1)　$\sin 40^\circ$　　(2)　$\cos 58^\circ$　　(3)　$\tan 25^\circ$

解答　(1)　$\sin 40^\circ = 0.6428$　　(2)　$\cos 58^\circ = 0.5299$　　(3)　$\tan 25^\circ = 0.4663$

教 p.138

問7　教科書 223 ページの三角比の表を用いて，次の式を満たす A を求めよ。

(1)　$\sin A = 0.9659$　　(2)　$\cos A = 0.9205$　　(3)　$\tan A = 0.1763$

考え方　三角比の表の値から角の大きさを読み取る。

解答　(1)　$A = 75^\circ$　　(2)　$A = 23^\circ$　　(3)　$A = 10^\circ$

教 p.138

問8　教科書 223 ページの三角比の表を用いて，次の A を求めよ。

(1)

(2)

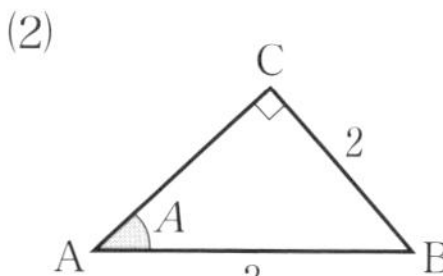

考え方　与えられた辺の長さから求めることができる三角比は何かを考え，求めた値に最も近い値を三角比の表から見つける。

それぞれ次の三角比を求めることができる。

(1)　$\tan A = \dfrac{BC}{AC}$　　(2)　$\sin A = \dfrac{BC}{AB}$

解答　(1)　$\tan A = \dfrac{BC}{AC} = \dfrac{8}{5} = 1.6$

三角比の表より，$\tan 57^\circ = 1.5399$，$\tan 58^\circ = 1.6003$ であるから

$A \fallingdotseq 58^\circ$

(2)　$\sin A = \dfrac{BC}{AB} = \dfrac{2}{3} = 0.6666\cdots$

三角比の表より，$\sin 41^\circ = 0.6561$，$\sin 42^\circ = 0.6691$ であるから

$A \fallingdotseq 42^\circ$

直角三角形の辺と角 ……… 解き方のポイント

右の図の直角三角形 ABC において，次の式が成り立つ。

$a = c\sin A$

$b = c\cos A$

$a = b\tan A$

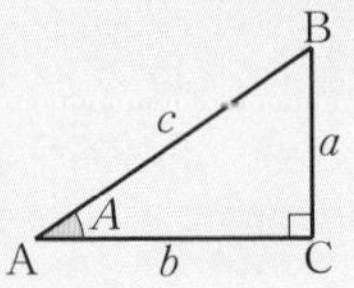

教 p.139

問 9　$A = 30^\circ$，$C = 90^\circ$，$\mathrm{AB} = 8$ の直角三角形 ABC において，AC，BC を求めよ。

考え方　△ABC をかくと，右の図のようになる。

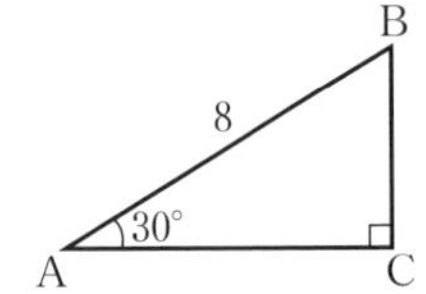

解　答　$\mathrm{AC} = \mathrm{AB}\cos A = 8\cos 30^\circ \quad \longleftarrow \cos A = \dfrac{\mathrm{AC}}{\mathrm{AB}}$

$= 8 \times \dfrac{\sqrt{3}}{2} = 4\sqrt{3}$

$\mathrm{BC} = \mathrm{AB}\sin A = 8\sin 30^\circ \quad \longleftarrow \sin A = \dfrac{\mathrm{BC}}{\mathrm{AB}}$

$= 8 \times \dfrac{1}{2} = 4$

教 p.140

問 10　$C = 90^\circ$ の直角三角形 ABC において，$\mathrm{AB} = 5$，$A = 50^\circ$ のとき，教科書 223 ページの三角比の表や電卓などを用いて，AC，BC を求めよ。

考え方　△ABC をかくと，右の図のようになる。

解　答　三角比の表を用いると

$\mathrm{AC} = \mathrm{AB}\cos 50^\circ = 5 \times 0.6428 = 3.214$

$\mathrm{BC} = \mathrm{AB}\sin 50^\circ = 5 \times 0.7660 = 3.83$

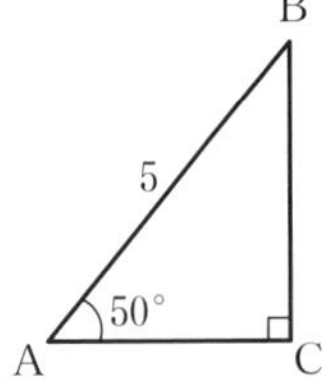

教 p.140

問 11　例題 1 において，リフトの水平方向の距離は何 m か。小数第 1 位を四捨五入して答えよ。

考え方　リフトの水平方向の距離は右の図の AC であるから，AC = AB cos A を用いる。

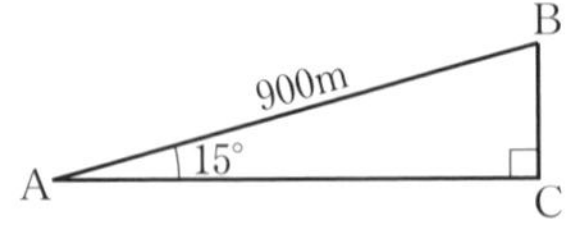

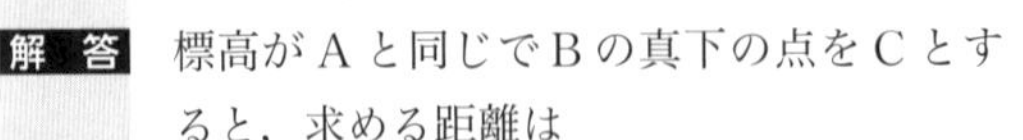

解　答　標高が A と同じで B の真下の点を C とすると，求める距離は

$\mathrm{AC} = \mathrm{AB}\cos 15^\circ = 900 \times 0.9659$

$= 869.31 \fallingdotseq 869$ (m)

2 三角比の相互関係

● $90° - A$ の三角比　解き方のポイント

$$\sin(90° - A) = \cos A$$
$$\cos(90° - A) = \sin A$$
$$\tan(90° - A) = \frac{1}{\tan A}$$

教 p.142

問 12　次の三角比を 45° 以下の角の三角比で表せ。

(1)　$\sin 87°$　　(2)　$\cos 56°$　　(3)　$\tan 72°$

解 答　(1)　$\sin 87° = \sin(90° - 3°) = \cos 3°$

(2)　$\cos 56° = \cos(90° - 34°) = \sin 34°$

(3)　$\tan 72° = \tan(90° - 18°) = \dfrac{1}{\tan 18°}$

● 三角比の相互関係(1)　解き方のポイント

$$\sin^2 A + \cos^2 A = 1, \qquad \tan A = \frac{\sin A}{\cos A}$$

教 p.144

問 13　A が鋭角で，$\cos A = \dfrac{1}{3}$ であるとき，$\sin A$，$\tan A$ の値を求めよ。

考え方　まず，$\sin A$ の値を，$\sin^2 A + \cos^2 A = 1$ の関係を用いて求め，次に，$\tan A$ の値を，$\tan A = \dfrac{\sin A}{\cos A}$ の関係を用いて求める。

A が鋭角であるから，$\sin A > 0$ である。

解 答　$\sin^2 A + \cos^2 A = 1$ であるから

$$\sin^2 A = 1 - \cos^2 A = 1 - \left(\frac{1}{3}\right)^2 = 1 - \frac{1}{9} = \frac{8}{9}$$

$\sin A > 0$ であるから

$$\sin A = \sqrt{\frac{8}{9}} = \frac{2\sqrt{2}}{3}$$

また，$\tan A = \dfrac{\sin A}{\cos A} = \sin A \div \cos A$ より

$$\tan A = \frac{2\sqrt{2}}{3} \div \frac{1}{3} = \frac{2\sqrt{2}}{3} \times 3 = 2\sqrt{2}$$

別解 直角三角形を利用して，次のように解いてもよい。

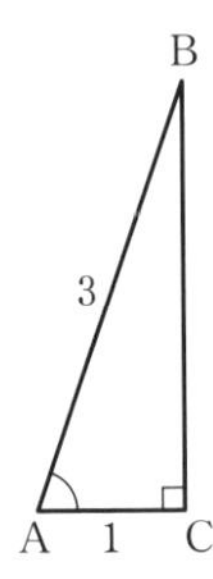

$\cos A=\dfrac{1}{3}$ であるから，A は右の図の直角三角形 ABC の∠A の大きさである。

三平方の定理により　$BC^2=3^2-1^2=8$

$BC>0$ より　$BC=\sqrt{8}=2\sqrt{2}$

よって

$$\sin A=\frac{BC}{AB}=\frac{2\sqrt{2}}{3}$$

$$\tan A=\frac{BC}{AC}=2\sqrt{2}$$

● 三角比の相互関係(2) ……… 解き方のポイント

$$\mathbf{1+\tan^2 A=\frac{1}{\cos^2 A}}$$

教 p.145

問 14　A が鋭角で，$\tan A=3$ であるとき，$\cos A$，$\sin A$ の値を求めよ。

考え方　$1+\tan^2 A=\dfrac{1}{\cos^2 A}$ と $\tan A=\dfrac{\sin A}{\cos A}$ を用いる。

解　答　$1+\tan^2 A=\dfrac{1}{\cos^2 A}$ より

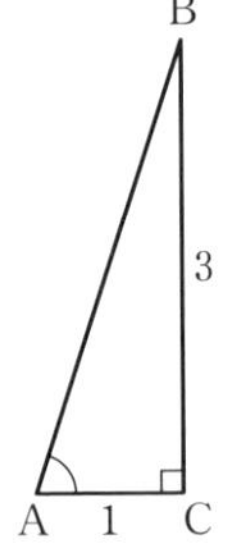

$$\frac{1}{\cos^2 A}=1+\tan^2 A=1+3^2=10$$

よって　$\cos^2 A=\dfrac{1}{10}$

$\cos A>0$ であるから

$$\cos A=\sqrt{\frac{1}{10}}=\frac{\sqrt{10}}{10}$$

また，$\tan A=\dfrac{\sin A}{\cos A}$ より

$$\sin A=\tan A\cdot\cos A=3\times\frac{\sqrt{10}}{10}=\frac{3\sqrt{10}}{10}$$

Training トレーニング 教 p.146

1 次の図で，$\sin A$，$\cos A$，$\tan A$ の値を求めよ。

(1)

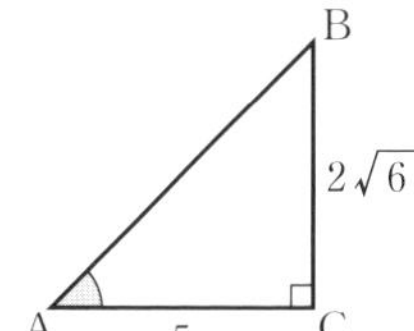

(2)

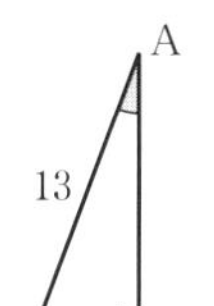

(3)

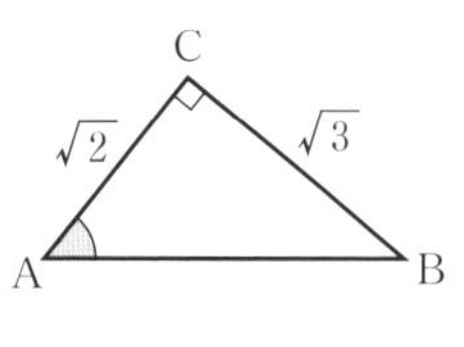

考え方 まず，長さの分からない辺の長さを，三平方の定理を使って求める。

解　答 (1) 三平方の定理により　$AB^2=(2\sqrt{6})^2+5^2=49$

$AB>0$ より　$AB=7$

したがって

$$\sin A=\frac{BC}{AB}=\frac{2\sqrt{6}}{7}$$

$$\cos A=\frac{AC}{AB}=\frac{5}{7}$$

$$\tan A=\frac{BC}{AC}=\frac{2\sqrt{6}}{5}$$

(2) 三平方の定理により　$AC^2=13^2-5^2=144$

$AC>0$ より　$AC=12$

したがって

$$\sin A=\frac{BC}{AB}=\frac{5}{13}$$

$$\cos A=\frac{AC}{AB}=\frac{12}{13}$$

$$\tan A=\frac{BC}{AC}=\frac{5}{12}$$

(3) 三平方の定理により　$AB^2=(\sqrt{2})^2+(\sqrt{3})^2=5$

$AB>0$ より　$AB=\sqrt{5}$

したがって

$$\sin A=\frac{BC}{AB}=\frac{\sqrt{3}}{\sqrt{5}}=\frac{\sqrt{15}}{5}$$

$$\cos A=\frac{AC}{AB}=\frac{\sqrt{2}}{\sqrt{5}}=\frac{\sqrt{10}}{5}$$

$$\tan A=\frac{BC}{AC}=\frac{\sqrt{3}}{\sqrt{2}}=\frac{\sqrt{6}}{2}$$

2 △ABC において，次の値を求めよ。

(1) AB = 5，$A = 45°$，$C = 90°$ のとき，AC，BC

(2) AB = 4，$A = 90°$，$B = 60°$ のとき，AC，BC

考え方 30°，45°，60° の三角比を用いる。

解答 (1) $\mathrm{AC} = \mathrm{AB}\cos A$

$= 5\cos 45°$

$= 5 \times \dfrac{1}{\sqrt{2}}$

$= \dfrac{5\sqrt{2}}{2}$

$\mathrm{BC} = \mathrm{AB}\sin A$

$= 5\sin 45°$

$= 5 \times \dfrac{1}{\sqrt{2}}$

$= \dfrac{5\sqrt{2}}{2}$

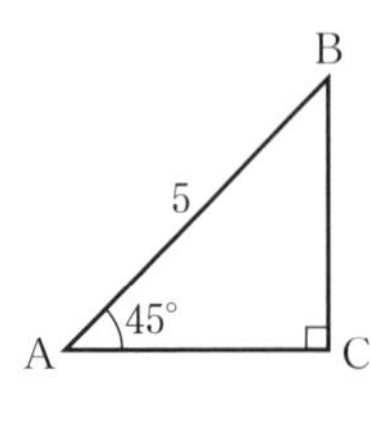

(2) $\mathrm{AC} = \mathrm{AB}\tan B$

$= 4\tan 60°$

$= 4 \times \sqrt{3}$

$= 4\sqrt{3}$

$\dfrac{\mathrm{AB}}{\mathrm{BC}} = \cos B$

$\mathrm{BC} = \dfrac{\mathrm{AB}}{\cos 60°}$

$= \mathrm{AB} \div \cos 60°$

$= 4 \div \dfrac{1}{2}$

$= 8$

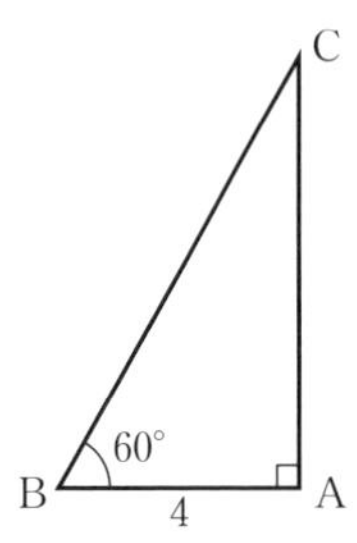

3 平地に立っている木の根元から 5 m 離れた地点に立って，木の上端を見上げるときの**仰角**，すなわち，右の図の ∠QAP は 32° であった。目の高さを 1.6 m とすると，木の高さは何 m か。四捨五入して小数第 1 位まで求めよ。ただし，$\tan 32° = 0.625$ とする。

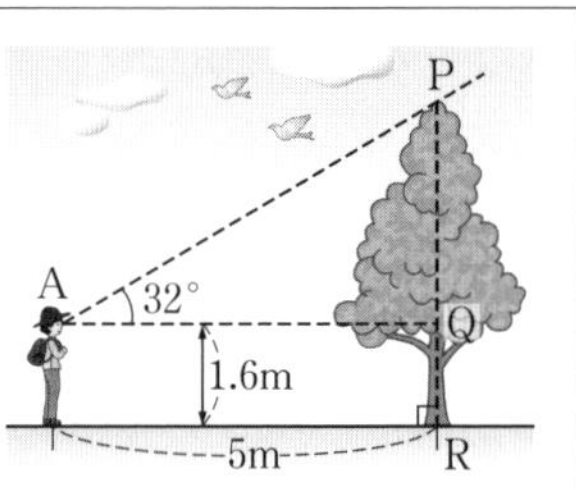

考え方 条件から，直角をはさむ 2 辺のうち 1 辺が 5 m，1 つの角が 32° の直角三角形を考える。目の高さを加えることを忘れないようにする。

解答 右の図のような直角三角形 APQ を考える。

$\mathrm{PQ} = \mathrm{AQ}\tan 32°$ であるから

$\mathrm{PQ} = 5\tan 32° = 5 \times 0.625$

$\fallingdotseq 3.1$ (m)

したがって，木の高さは　$3.1 + 1.6 = 4.7$ (m)

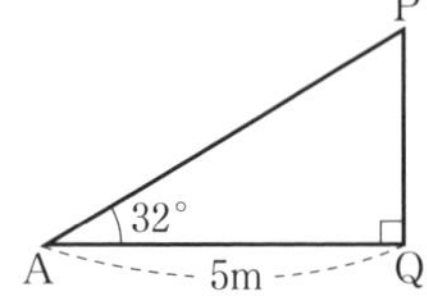

4 次の三角比を 45° 以下の角の三角比で表せ。

(1) $\sin 62°$　(2) $\cos 78°$　(3) $\tan 80°$

考え方 $90^\circ - A$ の三角比の公式を用いる。

解答 (1) $\sin 62^\circ = \sin(90^\circ - 28^\circ) = \cos 28^\circ$

(2) $\cos 78^\circ = \cos(90^\circ - 12^\circ) = \sin 12^\circ$

(3) $\tan 80^\circ = \tan(90^\circ - 10^\circ) = \dfrac{1}{\tan 10^\circ}$

5 A が鋭角で，$\sin A = \dfrac{\sqrt{10}}{10}$ であるとき，$\cos A$，$\tan A$ の値を求めよ。

考え方 $\cos A$ の値は，$\sin^2 A + \cos^2 A = 1$ を利用して求める。

$\tan A$ の値は，$\tan A = \dfrac{\sin A}{\cos A}$ を利用して求める。

解答 $\sin^2 A + \cos^2 A = 1$ であるから

$$\cos^2 A = 1 - \sin^2 A = 1 - \left(\frac{\sqrt{10}}{10}\right)^2 = \frac{9}{10}$$

$\cos A > 0$ であるから

$$\cos A = \sqrt{\frac{9}{10}} = \frac{3}{\sqrt{10}} = \frac{3\sqrt{10}}{10}$$

また，$\tan A = \dfrac{\sin A}{\cos A} = \sin A \div \cos A$ より

$$\tan A = \frac{\sqrt{10}}{10} \div \frac{3\sqrt{10}}{10} = \frac{\sqrt{10}}{10} \times \frac{10}{3\sqrt{10}} = \frac{1}{3}$$

6 A が鋭角で，$\cos A = \dfrac{3}{8}$ であるとき，$\sin A$，$\tan A$ の値を求めよ。

考え方 $\sin A$ の値は，$\sin^2 A + \cos^2 A = 1$ を利用して求める。

$\tan A$ の値は，$\tan A = \dfrac{\sin A}{\cos A}$ を利用して求める。

解答 $\sin^2 A + \cos^2 A = 1$ であるから

$$\sin^2 A = 1 - \cos^2 A = 1 - \left(\frac{3}{8}\right)^2 = \frac{55}{64}$$

$\sin A > 0$ であるから

$$\sin A = \sqrt{\frac{55}{64}} = \frac{\sqrt{55}}{8}$$

また，$\tan A = \dfrac{\sin A}{\cos A} = \sin A \div \cos A$ より

$$\tan A = \frac{\sqrt{55}}{8} \div \frac{3}{8} = \frac{\sqrt{55}}{8} \times \frac{8}{3} = \frac{\sqrt{55}}{3}$$

7 A が鋭角で，$\tan A = \dfrac{\sqrt{2}}{2}$ であるとき，$\cos A$，$\sin A$ の値を求めよ。

考え方 $\cos A$ の値は，$1 + \tan^2 A = \dfrac{1}{\cos^2 A}$ を利用して求める。

$\sin A$ の値は，$\tan A = \dfrac{\sin A}{\cos A}$ を利用して求める。

解答 $1 + \tan^2 A = \dfrac{1}{\cos^2 A}$ より

$$\frac{1}{\cos^2 A} = 1 + \tan^2 A = 1 + \left(\frac{\sqrt{2}}{2}\right)^2 = \frac{3}{2}$$

よって　$\cos^2 A = \dfrac{2}{3}$

$\cos A > 0$ であるから

$$\cos A = \sqrt{\frac{2}{3}} = \frac{\sqrt{2}}{\sqrt{3}} = \frac{\sqrt{6}}{3}$$

また，$\tan A = \dfrac{\sin A}{\cos A}$ より

$$\sin A = \tan A \cdot \cos A = \frac{\sqrt{2}}{2} \times \frac{\sqrt{6}}{3} = \frac{2\sqrt{3}}{6} = \frac{\sqrt{3}}{3}$$

8 三角比の相互関係 $\sin^2 A + \cos^2 A = 1$ が，$AB = 5$，$AC = 3$，$BC = 4$ の△ABC において成り立つことを説明せよ。

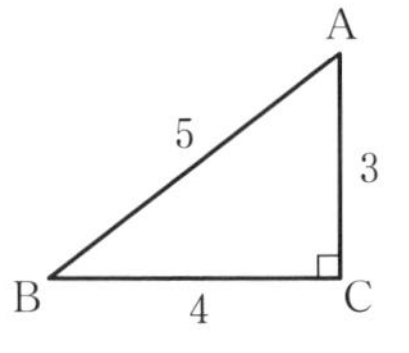

解答 △ABC において，$BC^2 + AC^2 = AB^2$ が成り立つ。

したがって，△ABC は $C = 90°$ の直角三角形であるから

$$\sin A = \frac{4}{5},\quad \cos A = \frac{3}{5}$$

$\sin^2 A + \cos^2 A = 1$ の左辺にこれらを代入すると

$$\begin{aligned}\sin^2 A + \cos^2 A &= \left(\frac{4}{5}\right)^2 + \left(\frac{3}{5}\right)^2 \\ &= \frac{16}{25} + \frac{9}{25} \\ &= \frac{25}{25} \\ &= 1\end{aligned}$$

したがって，$\sin^2 A + \cos^2 A = 1$ が成り立つ。

2節 三角比の拡張

1 三角比と座標

● 拡張した三角比 　　解き方のポイント

右の図のように，原点 O を中心とする半径 r の半円の周上に点 $\mathrm{P}(x,\ y)$ をとり

$\angle \mathrm{AOP} = \theta$

とする。このとき，$0^\circ \leqq \theta \leqq 180^\circ$ の範囲にある角 θ の三角比を次のように定義する。

$$\sin\theta = \frac{y}{r},\quad \cos\theta = \frac{x}{r},\quad \tan\theta = \frac{y}{x}$$

θ が鋭角のときは $x > 0$，$y > 0$，θ が鈍角のときは $x < 0$，$y > 0$ であるから，三角比の符号は，右の表のようになる。

θ	鋭角	鈍角
$\sin\theta$	$+$	$+$
$\cos\theta$	$+$	$-$
$\tan\theta$	$+$	$-$

注 意　$\theta = 90^\circ$ のときは $x = 0$ であるから，$\tan\theta$ は定義されない。

教 p.148

問 1　次の図を用いて，次の角の三角比の値を求めよ。

(1)　135°　　　　(2)　150°

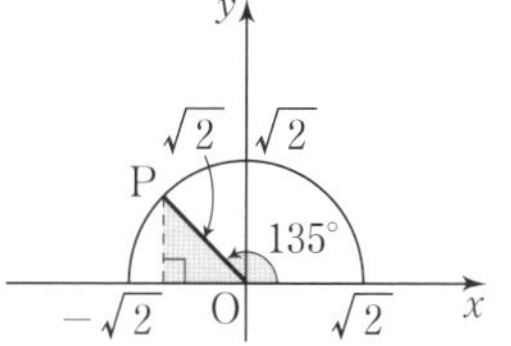

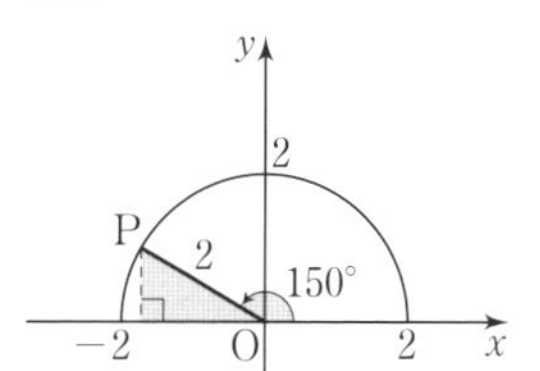

考え方　(1)　$r = \sqrt{2}$，$\theta = 135^\circ$ とすると，点 P の座標は $(-1,\ 1)$ である。

(2)　$r = 2$，$\theta = 150^\circ$ とすると，点 P の座標は $(-\sqrt{3},\ 1)$ である。

解 答　(1)　半径 $\sqrt{2}$ の円において，$\theta = 135^\circ$ とすると右の図より，点 P の座標は $(-1,\ 1)$ であるから

$$\sin 135^\circ = \frac{1}{\sqrt{2}}$$

$$\cos 135^\circ = \frac{-1}{\sqrt{2}} = -\frac{1}{\sqrt{2}}$$

$$\tan 135^\circ = \frac{1}{-1} = -1$$

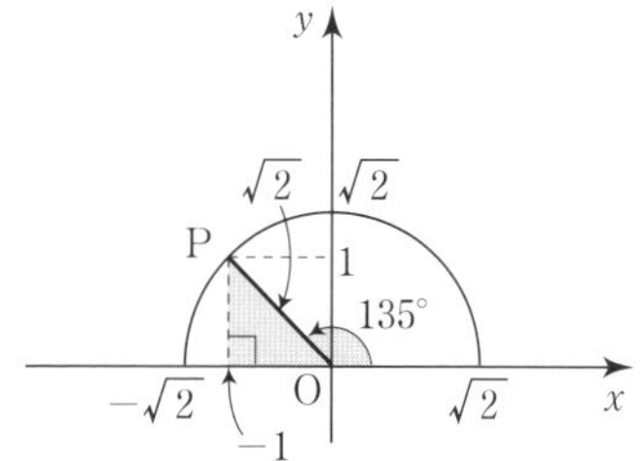

(2) 半径 2 の円において，$\theta = 150°$ とすると右の図より，点 P の座標は $(-\sqrt{3},\ 1)$ であるから

$$\sin 150° = \frac{1}{2}$$

$$\cos 150° = \frac{-\sqrt{3}}{2} = -\frac{\sqrt{3}}{2}$$

$$\tan 150° = \frac{1}{-\sqrt{3}} = -\frac{1}{\sqrt{3}}$$

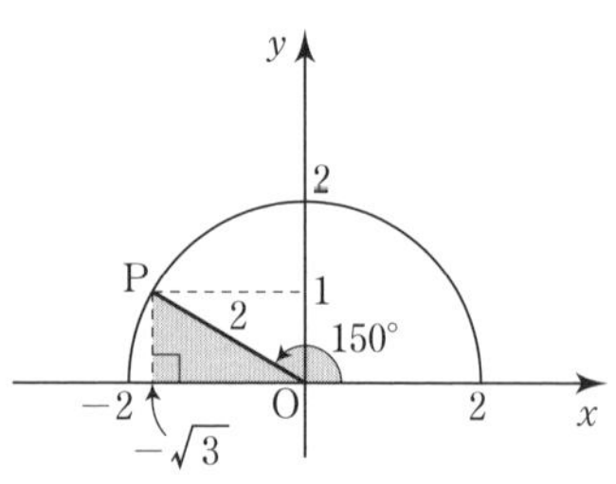

三角比と単位円　解き方のポイント

原点 O を中心とする半径 1 の円を 単位円 という。
単位円の周上で，角 θ によって定まる点 P の座標を $(x,\ y)$ とすると，三角比の定義から

$$\sin\theta = y$$

$$\cos\theta = x$$

$$\tan\theta = \frac{y}{x}$$

である。

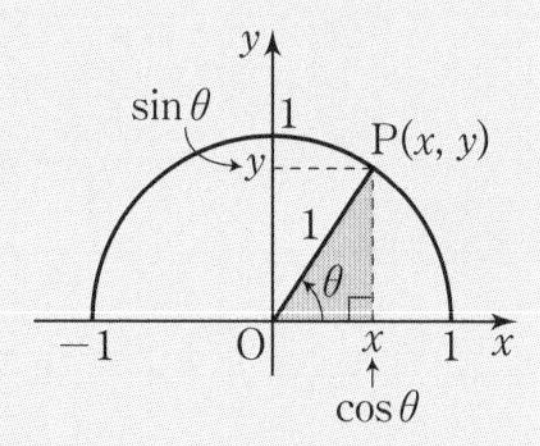

$0° \leqq \theta \leqq 180°$ のとき

$$0 \leqq \sin\theta \leqq 1,\quad -1 \leqq \cos\theta \leqq 1$$

いろいろな角の三角比　解き方のポイント

いろいろな角の三角比の値をまとめると，次の表のようになる。

θ	$0°$	$30°$	$45°$	$60°$	$90°$	$120°$	$135°$	$150°$	$180°$
$\sin\theta$	0	$\frac{1}{2}$	$\frac{1}{\sqrt{2}}$	$\frac{\sqrt{3}}{2}$	1	$\frac{\sqrt{3}}{2}$	$\frac{1}{\sqrt{2}}$	$\frac{1}{2}$	0
$\cos\theta$	1	$\frac{\sqrt{3}}{2}$	$\frac{1}{\sqrt{2}}$	$\frac{1}{2}$	0	$-\frac{1}{2}$	$-\frac{1}{\sqrt{2}}$	$-\frac{\sqrt{3}}{2}$	-1
$\tan\theta$	0	$\frac{1}{\sqrt{3}}$	1	$\sqrt{3}$	／	$-\sqrt{3}$	-1	$-\frac{1}{\sqrt{3}}$	0

サイン・コサインの値から角を求める　解き方のポイント

$\sin\theta = a$ …単位円の周上で，y 座標が a となる点をとり，そのときの θ の値を求める。

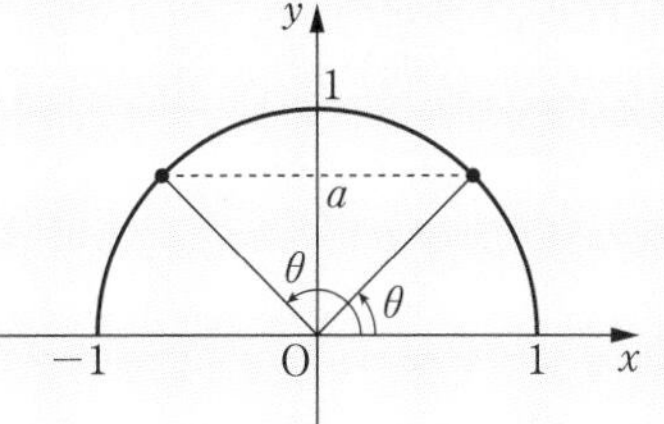

$\cos\theta = b$ …単位円の周上で，x 座標が b となる点をとり，そのときの θ の値を求める。

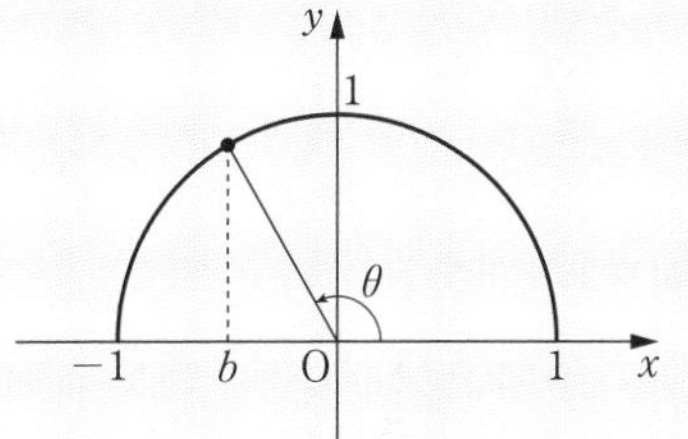

教 p.150

問2　$0° \leqq \theta \leqq 180°$ のとき，次の等式を満たす角 θ を求めよ。

(1)　$\sin\theta = \dfrac{\sqrt{3}}{2}$　　(2)　$\sin\theta = 1$

(3)　$\cos\theta = \dfrac{1}{2}$　　(4)　$\cos\theta = -\dfrac{\sqrt{3}}{2}$

解答　(1)　単位円の周上で，y 座標が $\dfrac{\sqrt{3}}{2}$ となる点は，右の図の 2 点 P と P′ である。
求める角は ∠AOP，∠AOP′ であるから
$\theta = 60°,\ 120°$

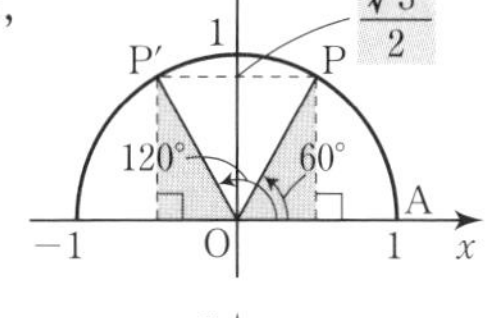

(2)　単位円の周上で，y 座標が 1 となる点は，右の図の点 P である。
求める角は ∠AOP であるから
$\theta = 90°$

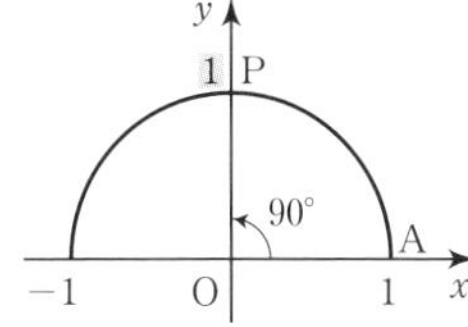

(3) 単位円の周上で，x 座標が $\dfrac{1}{2}$ となる点は，

右の図の点 P である。

求める角は ∠AOP であるから

$\theta = 60°$

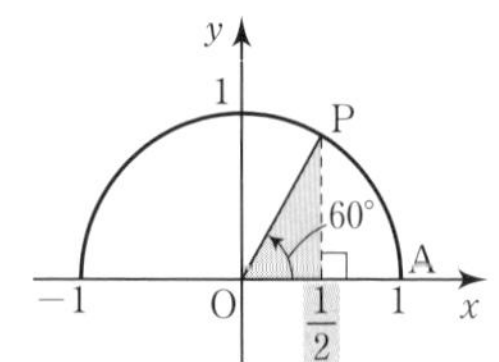

(4) 単位円の周上で，x 座標が $-\dfrac{\sqrt{3}}{2}$ となる点は，

右の図の点 P である。

求める角は ∠AOP であるから

$\theta = 150°$

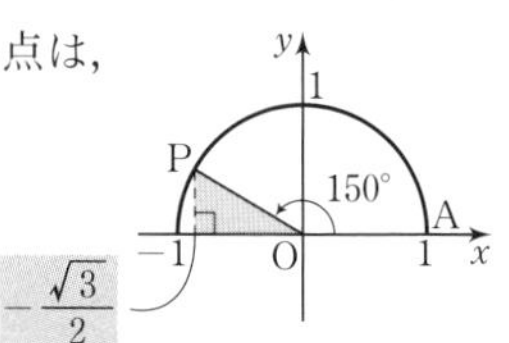

● **タンジェントの値から角を求める** **解き方のポイント**

$\tan\theta = c$…**直線 $x = 1$ 上に点 T (1, c) をとり，直線 OT と単位円の交点を P とする。このとき，∠AOP が求める θ である。**

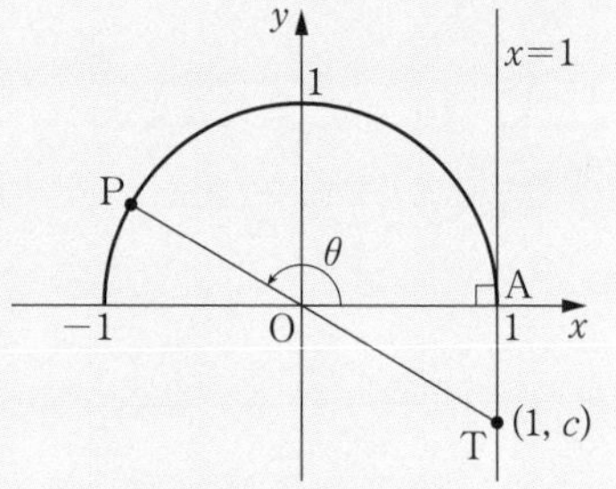

教 p.151

問 3 $0° \leqq \theta \leqq 180°$ のとき，次の等式を満たす角 θ を求めよ。

(1) $\tan\theta = 1$　　(2) $\tan\theta = -\dfrac{1}{\sqrt{3}}$

解 答 (1) 直線 $x = 1$ 上に点 T(1, 1) をとり，

直線 OT と単位円の交点 P を右の図のようにとると

$\theta = \angle\text{AOP}$

よって　$\theta = 45°$

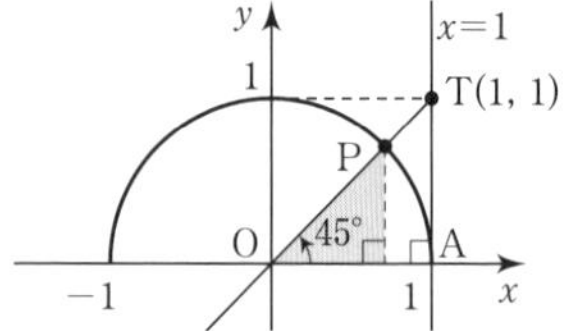

(2) 直線 $x = 1$ 上に点 $\text{T}\left(1,\ -\dfrac{1}{\sqrt{3}}\right)$ をとり，

直線 OT と単位円の交点 P を右の図のようにとると

$\theta = \angle\text{AOP}$

よって　$\theta = 150°$

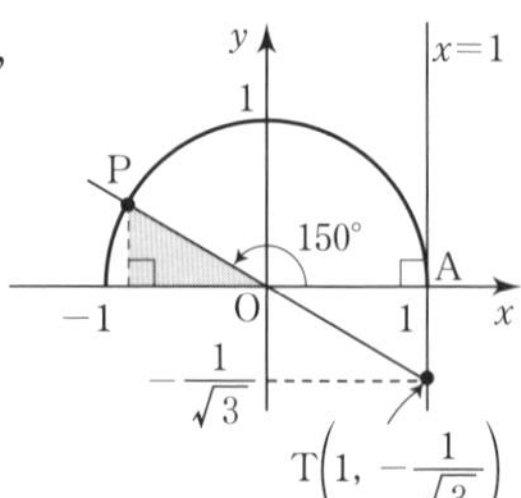

2 三角比の性質

● 三角比の相互関係(1) 解き方のポイント

$0° \leqq \theta \leqq 180°$ のときも次の公式が成り立つ。

$$\sin^2\theta + \cos^2\theta = 1, \qquad \tan\theta = \frac{\sin\theta}{\cos\theta}$$

教 p.153

問 4 $90° \leqq \theta \leqq 180°$ のとき，次の三角比の値を求めよ。

(1) $\sin\theta = \dfrac{2}{3}$ のとき，$\cos\theta$，$\tan\theta$

(2) $\cos\theta = -\dfrac{4}{5}$ のとき，$\sin\theta$，$\tan\theta$

考え方 $90° \leqq \theta \leqq 180°$ であることから，$\sin\theta$，$\cos\theta$，$\tan\theta$ の符号を考える。

解　答 (1) $\sin^2\theta + \cos^2\theta = 1$ より

$$\cos^2\theta = 1 - \sin^2\theta = 1 - \left(\frac{2}{3}\right)^2 = \frac{5}{9}$$

$90° \leqq \theta \leqq 180°$ のとき，$\cos\theta \leqq 0$ であるから

$$\cos\theta = -\frac{\sqrt{5}}{3}$$

また，$\tan\theta = \dfrac{\sin\theta}{\cos\theta}$ より

$$\tan\theta = \frac{2}{3} \div \left(-\frac{\sqrt{5}}{3}\right) = -\frac{2}{\sqrt{5}} = -\frac{2\sqrt{5}}{5}$$

したがって　　$\boldsymbol{\cos\theta = -\dfrac{\sqrt{5}}{3}}$，$\boldsymbol{\tan\theta = -\dfrac{2\sqrt{5}}{5}}$

(2) $\sin^2\theta + \cos^2\theta = 1$ より

$$\sin^2\theta = 1 - \cos^2\theta = 1 - \left(-\frac{4}{5}\right)^2 = \frac{9}{25}$$

$90° \leqq \theta \leqq 180°$ のとき，$\sin\theta \geqq 0$ であるから

$$\sin\theta = \frac{3}{5}$$

また，$\tan\theta = \dfrac{\sin\theta}{\cos\theta}$ より

$$\tan\theta = \frac{3}{5} \div \left(-\frac{4}{5}\right) = -\frac{3}{4}$$

したがって　　$\boldsymbol{\sin\theta = \dfrac{3}{5}}$，$\boldsymbol{\tan\theta = -\dfrac{3}{4}}$

三角比の相互関係(2)　解き方のポイント

$0^\circ \leqq \theta \leqq 180^\circ$ のときも次の公式が成り立つ。

$$1+\tan^2\theta=\frac{1}{\cos^2\theta}$$

教 p.153

問5　$0^\circ \leqq \theta \leqq 180^\circ$ で，$\tan\theta=-\frac{1}{3}$ のとき，$\cos\theta$，$\sin\theta$ の値を求めよ。

解答　$1+\tan^2\theta=\frac{1}{\cos^2\theta}$ より

$$\frac{1}{\cos^2\theta}=1+\tan^2\theta=1+\left(-\frac{1}{3}\right)^2=\frac{10}{9}$$

よって　$\cos^2\theta=\frac{9}{10}$

$\tan\theta<0$ より，θ は鈍角であるから $\cos\theta<0$ である。

よって

$$\cos\theta=-\sqrt{\frac{9}{10}}=-\frac{3}{\sqrt{10}}=-\frac{3\sqrt{10}}{10}$$

また，$\tan\theta=\frac{\sin\theta}{\cos\theta}$ より

$$\sin\theta=\tan\theta\cdot\cos\theta=\left(-\frac{1}{3}\right)\times\left(-\frac{3\sqrt{10}}{10}\right)=\frac{\sqrt{10}}{10}$$

したがって　　$\cos\theta=-\frac{3\sqrt{10}}{10}$，$\sin\theta=\frac{\sqrt{10}}{10}$

$180^\circ-\theta$ の三角比　解き方のポイント

$$\sin(180^\circ-\theta)=\sin\theta$$
$$\cos(180^\circ-\theta)=-\cos\theta$$
$$\tan(180^\circ-\theta)=-\tan\theta$$

教 p.155

問6　教科書 223 ページの三角比の表を用いて，次の値を求めよ。

(1)　$\sin 100^\circ$　　(2)　$\cos 125^\circ$　　(3)　$\tan 162^\circ$

解答　(1)　$\sin 100^\circ=\sin(180^\circ-80^\circ)=\sin 80^\circ=0.9848$

(2)　$\cos 125^\circ=\cos(180^\circ-55^\circ)=-\cos 55^\circ=-0.5736$

(3)　$\tan 162^\circ=\tan(180^\circ-18^\circ)=-\tan 18^\circ=-0.3249$

参考 ▶ 直線の傾きとタンジェント　教 p.155

● 直線の傾きとタンジェント　解き方のポイント

直線 $y=mx$ が x 軸の正の向きとなす角を θ とすると，点 P$(1,\ m)$ は直線 $y=mx$ 上の点であるから

$\tan\theta = m$

となる。

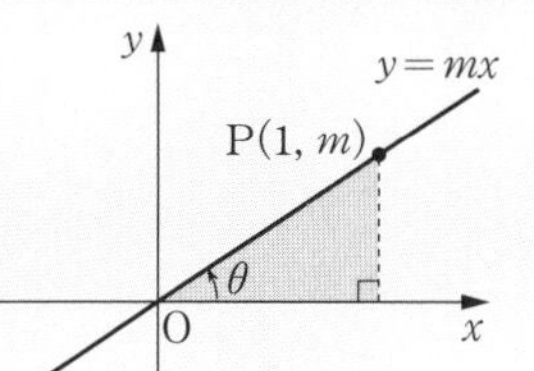

教 p.155

問 1　直線 $y=\dfrac{1}{\sqrt{3}}x$ が x 軸の正の向きとなす角 θ の大きさを求めよ。

解 答

$\tan\theta = \dfrac{1}{\sqrt{3}}$

であるから　$\theta = 30°$

Training トレーニング　教 p.156

9　$0° \leqq \theta \leqq 180°$ のとき，次の等式を満たす角 θ を求めよ。

(1)　$\sin\theta = \dfrac{1}{\sqrt{2}}$　　(2)　$\cos\theta = -\dfrac{1}{2}$　　(3)　$\tan\theta = -1$

考え方　(1)　単位円をかいて，単位円の周上で，y 座標が $\dfrac{1}{\sqrt{2}}$ になる点を考える。

(2)　単位円をかいて，単位円の周上で，x 座標が $-\dfrac{1}{2}$ になる点を考える。

(3)　直線 $x=1$ 上で，y 座標が -1 となる点を定める角を求める。

解 答　(1)　単位円の周上で，y 座標が $\dfrac{1}{\sqrt{2}}$ となる点は，右の図の 2 点 P，P′ である。

求める角 θ は $\angle$AOP と $\angle$AOP′ であるから

$\theta = 45°,\ 135°$

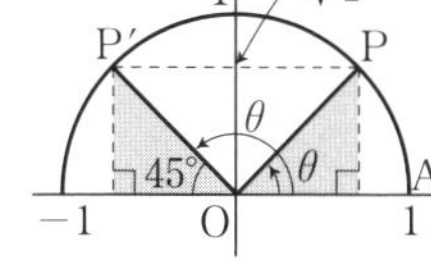

(2)　単位円の周上で，x 座標が $-\dfrac{1}{2}$ となる点は，右の図の点 P である。

求める角 θ は $\angle$AOP であるから

$\theta = 120°$

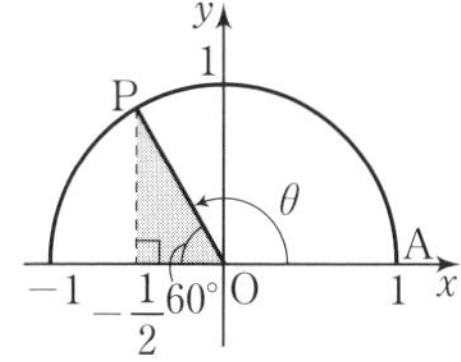

(3) 直線 $x=1$ 上に点 T(1, -1) をとり，直線 OT と単位円の交点 P を右の図のようにとると

$\theta = \angle \mathrm{AOP}$

よって　$\theta = 135°$

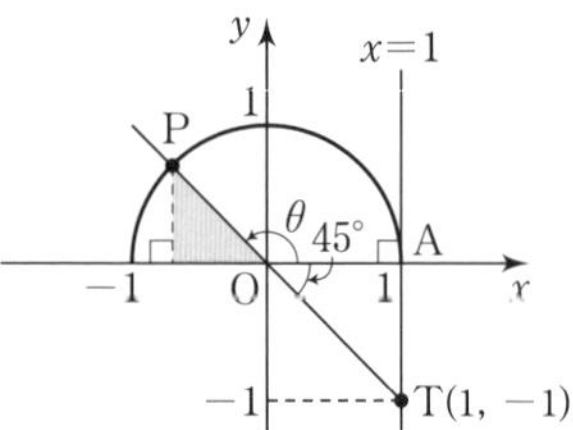

10 $\sin\theta$, $\cos\theta$, $\tan\theta$ のうち，1 つの値が次のように与えられたとき，残りの 2 つの値を求めよ。ただし，$0° \leqq \theta \leqq 180°$ とする。

(1) $\cos\theta = -\dfrac{1}{4}$　(2) $\sin\theta = \dfrac{\sqrt{3}}{3}$　(3) $\tan\theta = \dfrac{2\sqrt{5}}{5}$

考え方 (1) $\sin^2\theta + \cos^2\theta = 1$ を用いて，$\sin\theta$ の値を求める。

(2) $\sin^2\theta + \cos^2\theta = 1$ を用いて，$\cos\theta$ の値を求める。$0° \leqq \theta \leqq 180°$ のとき，対応する $\cos\theta$ の値は正，負の 2 つあることに注意する。

(3) $1 + \tan^2\theta = \dfrac{1}{\cos^2\theta}$ を用いて，$\cos\theta$ の値を求める。

解答 (1) $\sin^2\theta + \cos^2\theta = 1$ より

$$\sin^2\theta = 1 - \cos^2\theta = 1 - \left(-\frac{1}{4}\right)^2 = \frac{15}{16}$$

$0° \leqq \theta \leqq 180°$ のとき，$\sin\theta \geqq 0$ であるから

$$\sin\theta = \frac{\sqrt{15}}{4}$$

また，$\tan\theta = \dfrac{\sin\theta}{\cos\theta}$ より

$$\tan\theta = \frac{\sin\theta}{\cos\theta} = \frac{\sqrt{15}}{4} \div \left(-\frac{1}{4}\right) = -\sqrt{15}$$

したがって　$\sin\theta = \dfrac{\sqrt{15}}{4}$，$\tan\theta = -\sqrt{15}$

(2) $\sin^2\theta + \cos^2\theta = 1$ より

$$\cos^2\theta = 1 - \sin^2\theta = 1 - \left(\frac{\sqrt{3}}{3}\right)^2 = \frac{2}{3}$$

(i) θ が鋭角のとき，$\cos\theta > 0$ であるから

$$\cos\theta = \sqrt{\frac{2}{3}} = \frac{\sqrt{6}}{3}$$

また，$\tan\theta = \dfrac{\sin\theta}{\cos\theta}$ より

$$\tan\theta = \frac{\sin\theta}{\cos\theta} = \frac{\sqrt{3}}{3} \div \frac{\sqrt{6}}{3} = \frac{\sqrt{3}}{\sqrt{6}} = \frac{1}{\sqrt{2}} = \frac{\sqrt{2}}{2}$$

(ii) θが鈍角のとき，$\cos\theta<0$ であるから

$$\cos\theta=-\sqrt{\frac{2}{3}}=-\frac{\sqrt{6}}{3}$$

また，$\tan\theta=\dfrac{\sin\theta}{\cos\theta}$ より

$$\tan\theta=\frac{\sin\theta}{\cos\theta}=\frac{\sqrt{3}}{3}\div\left(-\frac{\sqrt{6}}{3}\right)=-\frac{\sqrt{3}}{\sqrt{6}}=-\frac{1}{\sqrt{2}}=-\frac{\sqrt{2}}{2}$$

(i)，(ii)より

$$\cos\theta=\frac{\sqrt{6}}{3},\quad \tan\theta=\frac{\sqrt{2}}{2}$$

または

$$\cos\theta=-\frac{\sqrt{6}}{3},\quad \tan\theta=-\frac{\sqrt{2}}{2}$$

(3) $1+\tan^2\theta=\dfrac{1}{\cos^2\theta}$ より

$$\frac{1}{\cos^2\theta}=1+\left(\frac{2\sqrt{5}}{5}\right)^2=\frac{9}{5}$$

よって　$\cos^2\theta=\dfrac{5}{9}$

$\tan\theta>0$ より，θは鋭角であるから，$\cos\theta>0$ である。

よって　$\cos\theta=\sqrt{\dfrac{5}{9}}=\dfrac{\sqrt{5}}{3}$

また，$\tan\theta=\dfrac{\sin\theta}{\cos\theta}$ より

$$\sin\theta=\tan\theta\cdot\cos\theta=\frac{2\sqrt{5}}{5}\times\frac{\sqrt{5}}{3}=\frac{2}{3}$$

したがって　**$\sin\theta=\dfrac{2}{3}$，$\cos\theta=\dfrac{\sqrt{5}}{3}$**

11 次の三角比を 45° 以下の角の三角比で表せ。

(1) $\sin 110^\circ$　(2) $\cos 95^\circ$　(3) $\tan 130^\circ$

考え方 まず，$180^\circ-\theta$ の三角比の公式を用いて鋭角の三角比で表し，次に $90^\circ-A$ の三角比の公式を用いて 45° 以下の角の三角比で表す。

解答

(1)
$$\begin{aligned}&\sin 110^\circ\\&=\sin(180^\circ-70^\circ)\\&=\sin 70^\circ\\&=\sin(90^\circ-20^\circ)\\&=\boldsymbol{\cos 20^\circ}\end{aligned}$$

(2)
$$\begin{aligned}&\cos 95^\circ\\&=\cos(180^\circ-85^\circ)\\&=-\cos 85^\circ\\&=-\cos(90^\circ-5^\circ)\\&=\boldsymbol{-\sin 5^\circ}\end{aligned}$$

(3)
$$\begin{aligned}&\tan 130^\circ\\&=\tan(180^\circ-50^\circ)\\&=-\tan 50^\circ\\&=-\tan(90^\circ-40^\circ)\\&=\boldsymbol{-\frac{1}{\tan 40^\circ}}\end{aligned}$$

12 $\cos\theta$ の値の符号は，θ が鋭角のときは $+$ であり，θ が鈍角のときは $-$ である。このことを教科書 148 ページの拡張した三角比の定義を用いて説明せよ。

解　答　原点Oを中心とする半径 r の円の周上に点 $A(r,\ 0)$ $P(x,\ y)$ をとり，$\angle AOP=\theta$ とするとき，$\cos\theta=\dfrac{x}{r}$ である。

$r>0$ であるから，$\cos\theta$ の値の符号は x の符号によって決まる。

(i)　θ が鋭角のとき

$x>0$ であるから，$\cos\theta=\dfrac{x}{r}$ の値の符号は $+$ である。

(i)
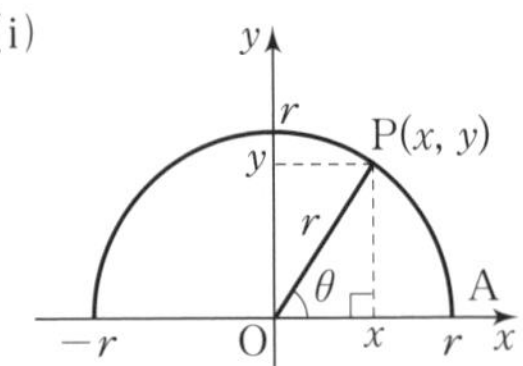

(ii)　θ が鈍角のとき

$x<0$ であるから，$\cos\theta=\dfrac{x}{r}$ の値の符号は $-$ である。

(ii)
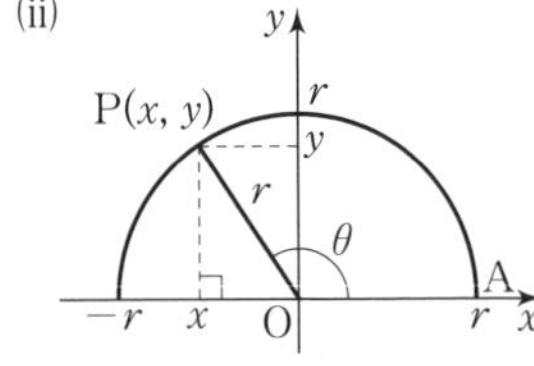

3節　三角形への応用

1 正弦定理・余弦定理・面積の公式

用語のまとめ

外接円

- 三角形の 3 つの頂点を通る円はただ 1 つ存在する。
  これを，その三角形の **外接円** という。

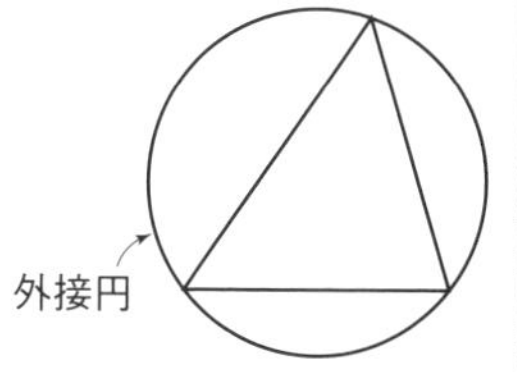

● 正弦定理　　**解き方のポイント**

三角形の 3 つの角とそれぞれの対辺の長さには，次の **正弦定理** が成り立つ。

$$\frac{a}{\sin A}=\frac{b}{\sin B}=\frac{c}{\sin C}=2R$$

R は △ABC の外接円の半径

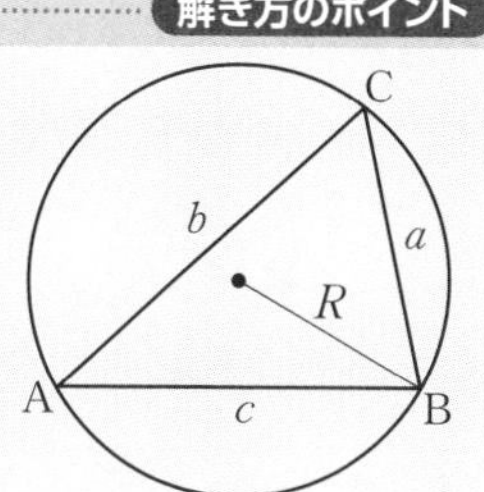

教 p.159

問 1　△ABC において，$a=10$，$A=120^\circ$，$C=45^\circ$ のとき，c を求めよ。また，この三角形の外接円の半径 R を求めよ。

考え方　△ABC において正弦定理を用いる。

解　答　$a=10$，$A=120^\circ$，$C=45^\circ$ であるから，
正弦定理により

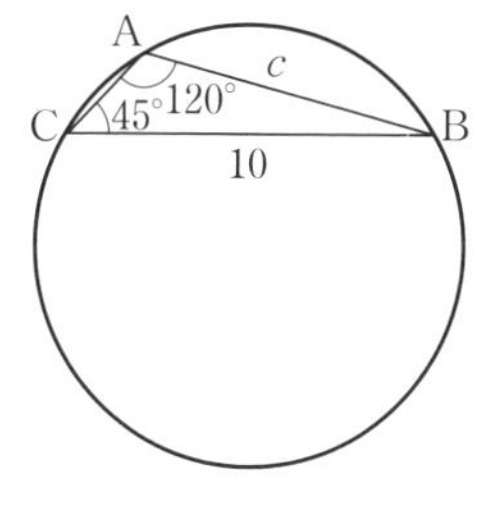

$$\frac{10}{\sin 120^\circ}=\frac{c}{\sin 45^\circ}$$

よって　　$c=\dfrac{10\sin 45^\circ}{\sin 120^\circ}=10\times\dfrac{1}{\sqrt{2}}\div\dfrac{\sqrt{3}}{2}$

$$=\frac{20}{\sqrt{6}}=\frac{10\sqrt{6}}{3}$$

また，$\dfrac{10}{\sin 120^\circ}=2R$ より

$$R=\frac{10}{2\sin 120^\circ}=\frac{5}{\sin 120^\circ}=5\div\frac{\sqrt{3}}{2}=\frac{10\sqrt{3}}{3}$$

したがって

$$c=\frac{10\sqrt{6}}{3},\quad R=\frac{10\sqrt{3}}{3}$$

余弦定理(1) …… 解き方のポイント

三角形の1つの角と大きさと3辺の長さとの間には，次の **余弦定理** が成り立つ。

$$a^2 = b^2 + c^2 - 2bc\cos A$$
$$b^2 = c^2 + a^2 - 2ca\cos B$$
$$c^2 = a^2 + b^2 - 2ab\cos C$$

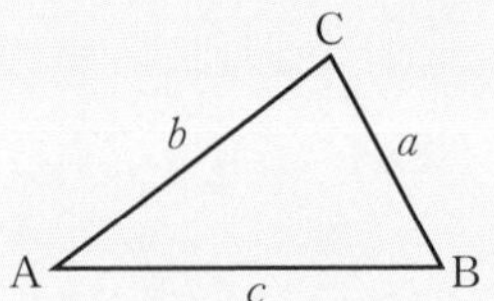

教 p.162

問2　△ABC において，$a = 1$，$b = \sqrt{2}$，$C = 135°$ のとき，c を求めよ。

考え方　余弦定理 $c^2 = a^2 + b^2 - 2ab\cos C$ を用いる。

解答　余弦定理 $c^2 = a^2 + b^2 - 2ab\cos C$ に，

$a = 1$，$b = \sqrt{2}$，$C = 135°$ を代入して

$$c^2 = 1^2 + (\sqrt{2})^2 - 2\cdot 1\cdot\sqrt{2}\cos 135°$$
$$= 1 + 2 - 2\sqrt{2}\cdot\left(-\frac{1}{\sqrt{2}}\right)$$
$$= 5$$

$c > 0$ より　　$c = \sqrt{5}$

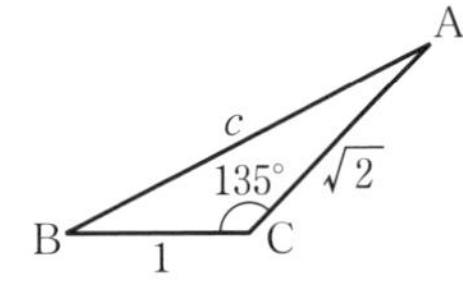

余弦定理(2) …… 解き方のポイント

余弦定理は，次のように変形して用いることもある。

$$\cos A = \frac{b^2 + c^2 - a^2}{2bc},\quad \cos B = \frac{c^2 + a^2 - b^2}{2ca},\quad \cos C = \frac{a^2 + b^2 - c^2}{2ab}$$

教 p.162

問3　△ABC において，$a = 8$，$b = 7$，$c = 3$ のとき，B を求めよ。

考え方　余弦定理 $\cos B = \dfrac{c^2 + a^2 - b^2}{2ca}$ を用いる。

解答　余弦定理により

$$\cos B = \frac{c^2 + a^2 - b^2}{2ca} = \frac{3^2 + 8^2 - 7^2}{2\cdot 3\cdot 8}$$
$$= \frac{9 + 64 - 49}{48} = \frac{1}{2}$$

よって

$$B = 60°$$

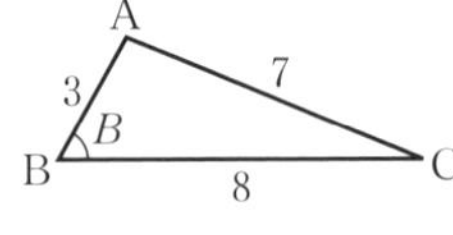

教 p.163

問 4　△ABC において，$a=2$，$b=\sqrt{2}+\sqrt{6}$，$C=45°$ のとき，残りの辺の長さと角の大きさを求めよ。

考え方　2 辺 a，b とその間の角 C が与えられているから，余弦定理により，残りの辺 c の値を求め，残りの角の 1 つを余弦定理で求める。もう 1 つの角は三角形の内角の和が 180° であることを利用する。

解　答　余弦定理により

$$c^2=a^2+b^2-2ab\cos C$$
$$=2^2+(\sqrt{2}+\sqrt{6})^2-2\cdot2\cdot(\sqrt{2}+\sqrt{6})\cos45°$$
$$=4+2+2\sqrt{12}+6-2\sqrt{2}(\sqrt{2}+\sqrt{6})$$
$$=8$$

A
$\sqrt{2}+\sqrt{6}$
c
45°
B　2　C

$c>0$ より　$c=\sqrt{8}=2\sqrt{2}$

余弦定理により

$$\cos A=\frac{b^2+c^2-a^2}{2bc}$$
$$=\frac{(\sqrt{2}+\sqrt{6})^2+(2\sqrt{2})^2-2^2}{2\cdot(\sqrt{2}+\sqrt{6})\cdot2\sqrt{2}}$$
$$=\frac{12+2\sqrt{12}}{4\sqrt{2}(\sqrt{2}+\sqrt{6})}$$
$$=\frac{4(3+\sqrt{3})}{8(1+\sqrt{3})}$$
$$=\frac{4\sqrt{3}(1+\sqrt{3})}{8(1+\sqrt{3})}$$
$$=\frac{\sqrt{3}}{2}$$

$2\sqrt{12}=2\cdot2\sqrt{3}=4\sqrt{3}$

$3=\sqrt{3}\cdot\sqrt{3}$

であるから　$A=30°$

三角形の内角の和は 180° であるから　$B=180°-(45°+30°)=105°$

したがって　$c=2\sqrt{2}$，$A=30°$，$B=105°$

別解　正弦定理により　$\dfrac{a}{\sin A}=\dfrac{c}{\sin C}$ であるから

$$\sin A=\frac{a\sin C}{c}=\frac{2\sin45°}{2\sqrt{2}}$$
$$=\frac{1}{\sqrt{2}}\times\frac{\sqrt{2}}{2}=\frac{1}{2}$$

$C=45°$ より $A<135°$ であるから　$A=30°$

よって　$B=180°-(A+C)=105°$

Challenge（チャレンジ）例題　円に内接する四角形

教 p.164

円に内接する四角形の定理　　解き方のポイント

- 円に内接する四角形の対角の和は 180° である。

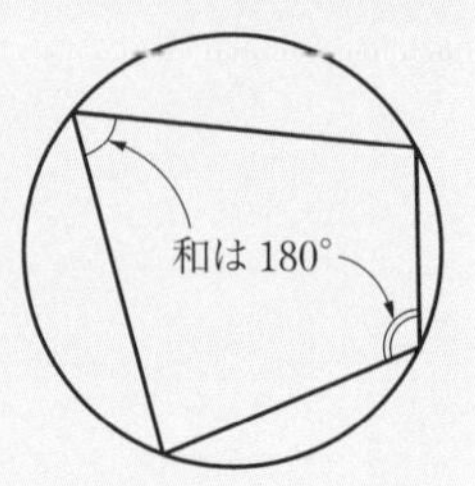

教 p.164

問1　円に内接する四角形 ABCD において，AB = 5，BC = 4，CD = 4，∠ABC = 60° とするとき，辺 AD の長さを求めよ。

考え方　△ACD について，AC の長さと ∠ADC をそれぞれ求め，辺 AD の長さを x として，△ACD において余弦定理を用いる。

解答　△ABC において，余弦定理により

$$AC^2 = 5^2 + 4^2 - 2\cdot5\cdot4\cos60^\circ$$

$$= 25 + 16 - 40\cdot\frac{1}{2}$$

$$= 21$$

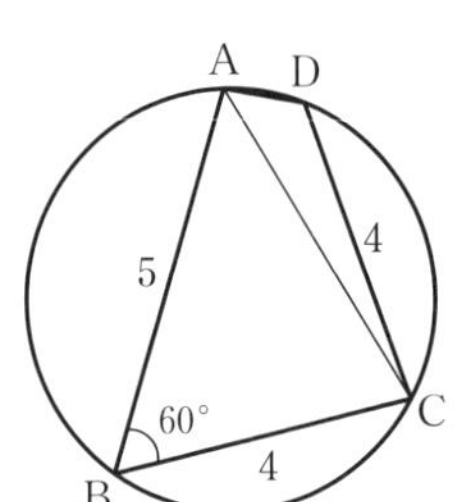

AC > 0 より　$AC = \sqrt{21}$

四角形 ABCD は円に内接しているから

$$D = 180^\circ - 60^\circ = 120^\circ$$

$AD = x$ とする。

△ACD において，余弦定理により

$$(\sqrt{21})^2 = x^2 + 4^2 - 2\cdot x\cdot4\cos120^\circ$$

$$21 = x^2 + 16 - 2\cdot x\cdot4\cdot\left(-\frac{1}{2}\right)$$

$$21 = x^2 + 16 + 4x$$

整理すると　$x^2 + 4x - 5 = 0$

$$(x-1)(x+5) = 0$$

$$x = 1,\ -5$$

$x > 0$ より　$x = 1$

すなわち　**AD = 1**

三角形の面積　解き方のポイント

△ABC の面積を S とすると，次の公式が成り立つ。

$$S=\frac{1}{2}bc\sin A=\frac{1}{2}ca\sin B=\frac{1}{2}ab\sin C$$

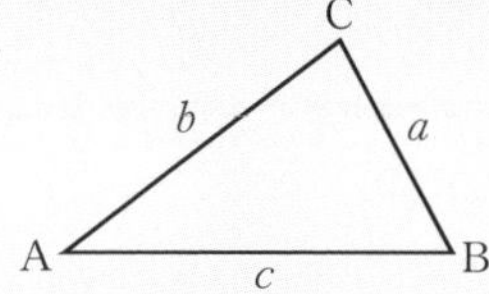

教 p.166

問5　次の △ABC の面積 S を求めよ。

(1)　$b=2$，$c=5$，$A=30°$　　(2)　$a=7$，$b=4$，$C=135°$

解答　(1)　$S=\frac{1}{2}bc\sin A=\frac{1}{2}\cdot 2\cdot 5\sin 30°$

$$=5\cdot\frac{1}{2}=\frac{5}{2}$$

(2)　$S=\frac{1}{2}ab\sin C=\frac{1}{2}\cdot 7\cdot 4\sin 135°$

$$=14\cdot\frac{1}{\sqrt{2}}=7\sqrt{2}$$

教 p.166

問6　△ABC において，$a=11$，$b=7$，$c=6$ であるとき，次の値を求めよ。

(1)　$\cos A$　　(2)　$\sin A$　　(3)　△ABC の面積 S

考え方　(1)　3 辺が分かっているから，余弦定理を用いる。

(2)　$\sin^2 A+\cos^2 A=1$ を用いる。

(3)　三角形の面積の公式を用いる。

解答　(1)　余弦定理により

$$\cos A=\frac{b^2+c^2-a^2}{2bc}=\frac{7^2+6^2-11^2}{2\cdot 7\cdot 6}=-\frac{3}{7}$$

(2)　$\sin^2 A+\cos^2 A=1$ より

$$\sin^2 A=1-\cos^2 A=1-\left(-\frac{3}{7}\right)^2=\frac{40}{49}$$

A は三角形の内角であるから　　$0°<A<180°$

したがって，$\sin A>0$ より

$$\sin A=\sqrt{\frac{40}{49}}=\frac{2\sqrt{10}}{7}$$

(3)　$S=\frac{1}{2}bc\sin A=\frac{1}{2}\cdot 7\cdot 6\cdot\frac{2\sqrt{10}}{7}=6\sqrt{10}$

参考 ▶ 内接円の半径と三角形の面積　教 p.167

用語のまとめ

内接円

- $\triangle$ABC の 3 辺 AB，BC，CA のすべてに接する円はただ 1 つ存在する。これを $\triangle$ABC の **内接円** という。

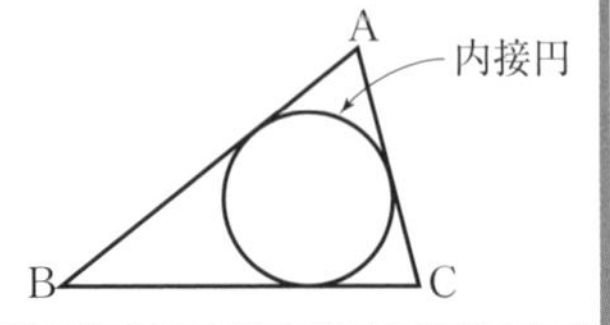

内接円の半径と三角形の面積　解き方のポイント

$\triangle$ABC の内接円の半径を r とすると，
$\triangle$ABC の面積 S は

$$S=\frac{1}{2}r(a+b+c)$$

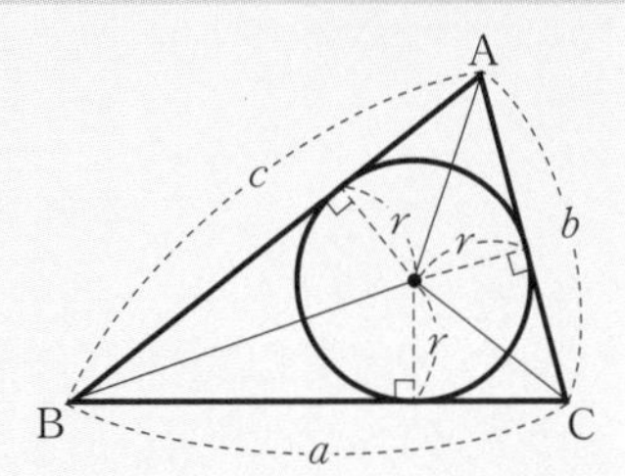

教 p.167

問 1　$\triangle$ABC において，$b=7$，$c=8$，$A=120^\circ$ のとき，この三角形の内接円の半径 r を求めよ。

考え方　$\triangle$ABC の面積を 2 通りの方法で表し，方程式をつくる。

解答　余弦定理により

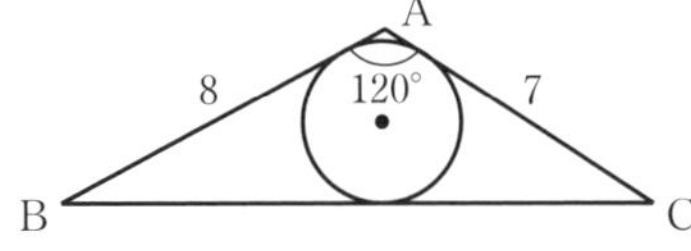

$$a^2=7^2+8^2-2\cdot7\cdot8\cos120^\circ$$
$$=49+64-2\cdot7\cdot8\cdot\left(-\frac{1}{2}\right)$$
$$=169$$

$a>0$ より　$a=13$

$\triangle$ABC の面積を S とすると

$$S=\frac{1}{2}\cdot7\cdot8\sin120^\circ=28\cdot\frac{\sqrt{3}}{2}=14\sqrt{3}$$

また，$S=\frac{1}{2}r(a+b+c)$ であるから

$$14\sqrt{3}=\frac{1}{2}r(13+7+8)$$
$$14\sqrt{3}=14r$$

よって　　$r=\frac{14\sqrt{3}}{14}=\sqrt{3}$

2 空間図形の計量

教 p.169

問 7 右の図で，塔の高さ CD は 100 m である。$\angle CAD = 45^\circ$，$\angle CBD = 30^\circ$，$\angle ACB = 45^\circ$ であるとき，A，B 間の距離 AB は何 m か。
ただし，$\sqrt{2} = 1.41$ とする。

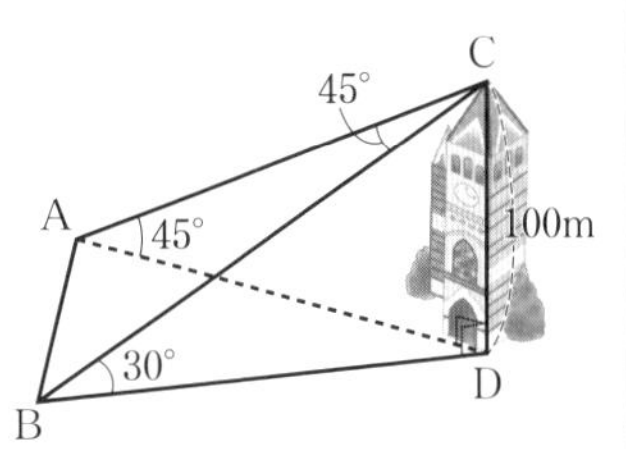

考え方 $\triangle ACD$ より AC の長さを求め，$\triangle BCD$ より BC の長さを求める。
次に，$\triangle ABC$ において，AC，BC，$\angle ACB$ を用いて AB の長さを求める。

解 答 $\triangle ACD$ において，$AC\sin 45^\circ = CD$ より

$$AC = \frac{CD}{\sin 45^\circ} = 100 \div \frac{1}{\sqrt{2}} = 100\sqrt{2}$$

また，$\triangle BCD$ において，$BC\sin 30^\circ = CD$ より

$$BC = \frac{CD}{\sin 30^\circ} = 100 \div \frac{1}{2} = 200$$

$\triangle ABC$ において，余弦定理により

$$\begin{aligned} AB^2 &= AC^2 + BC^2 - 2AC \cdot BC\cos 45^\circ \\ &= (100\sqrt{2})^2 + 200^2 - 2 \cdot 100\sqrt{2} \cdot 200 \cdot \frac{1}{\sqrt{2}} \\ &= 100^2\left(2 + 4 - 4\sqrt{2} \cdot \frac{1}{\sqrt{2}}\right) \\ &= 20000 \end{aligned}$$

$AB > 0$ より　　$AB = 100\sqrt{2} = 100 \times 1.41 = 141$ (m)

教 p.170

問 8 例題 7 において，正四面体 ABCD の体積 V を求めよ。ただし，AH は $\triangle BCD$ に垂直であることを用いてよい。

考え方 正四面体，すなわち正三角錐の体積 V は，底面積を S，高さを h として

$$V = \frac{1}{3}Sh$$

解 答 底面の $\triangle BCD$ は正三角形であるから，その面積を S とすると

$$S = \frac{\sqrt{3}}{4} \cdot 2^2 = \sqrt{3}$$

←— 1 辺が a の正三角形の面積 S は $S = \dfrac{\sqrt{3}}{4}a^2$

正四面体 ABCD の高さが AH であるから，体積 V は

$$V = \frac{1}{3}S \cdot AH = \frac{1}{3} \cdot \sqrt{3} \cdot \frac{2\sqrt{6}}{3} = \frac{2\sqrt{2}}{3}$$

Training トレーニング 教 p.171

13 $\triangle$ABC の外接円の半径を R とする。このとき，次の問に答えよ。

(1) $a=5$，$A=30^\circ$，$B=135^\circ$ のとき，b と R を求めよ。

(2) $a=\sqrt{2}$，$R=1$，$B=60^\circ$ のとき，b と A を求めよ。

考え方 (1) 三角形の 1 辺の長さと 2 つの角の大きさが分かっているとき，正弦定理を用いて他の 1 辺の長さや外接円の半径を求めることができる。

解 答 (1) 正弦定理により

$$\frac{5}{\sin 30^\circ}=\frac{b}{\sin 135^\circ}$$

よって　$b=\dfrac{5\sin 135^\circ}{\sin 30^\circ}$

$$=5\times\frac{1}{\sqrt{2}}\div\frac{1}{2}$$

$$=5\sqrt{2}$$

また，$\dfrac{5}{\sin 30^\circ}=2R$ より

$$R=\frac{5}{2\sin 30^\circ}=5\div\left(2\times\frac{1}{2}\right)=5$$

したがって　$\boldsymbol{b=5\sqrt{2}}$，$\boldsymbol{R=5}$

(2) 正弦定理により

$$\frac{\sqrt{2}}{\sin A}=\frac{b}{\sin 60^\circ}=2\cdot 1 \quad \cdots①$$

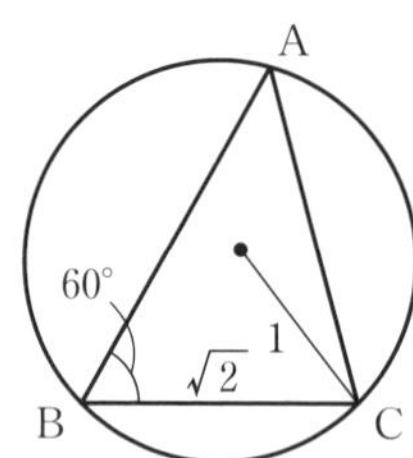

①より，$\dfrac{\sqrt{2}}{\sin A}=2$ であるから

$$\sin A=\frac{1}{2}\times\sqrt{2}=\frac{\sqrt{2}}{2}$$

$B=60^\circ$ より，$A<120^\circ$ であるから

$A=45^\circ$

①より，$\dfrac{b}{\sin 60^\circ}=2$ であるから

$$b=2\sin 60^\circ=2\times\frac{\sqrt{3}}{2}=\sqrt{3}$$

したがって　$\boldsymbol{b=\sqrt{3}}$，$\boldsymbol{A=45^\circ}$

14 △ABC において，次の問に答えよ。

(1) $a=4$，$c=\sqrt{3}$，$B=30^\circ$ のとき，b を求めよ。

(2) $b=7$，$c=8$，$A=120^\circ$ のとき，a を求めよ。

考え方 三角形の 2 辺の長さとその間の角の大きさが分かっているとき，余弦定理を用いて他の 1 辺の長さを求めることができる。

解 答 (1) 余弦定理により

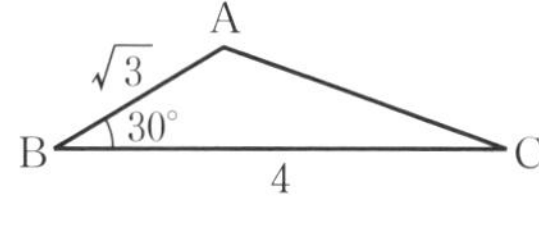

$$b^2=(\sqrt{3})^2+4^2-2\cdot\sqrt{3}\cdot4\cos30^\circ$$
$$=3+16-8\sqrt{3}\cdot\frac{\sqrt{3}}{2}=7$$

$b>0$ より　　$b=\sqrt{7}$

(2) 余弦定理により

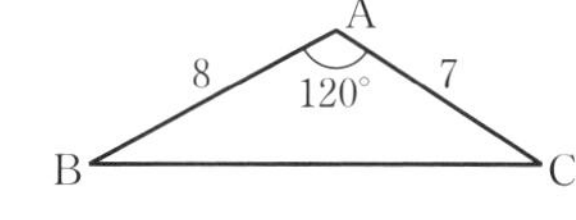

$$a^2=7^2+8^2-2\cdot7\cdot8\cos120^\circ$$
$$=49+64-112\cdot\left(-\frac{1}{2}\right)=169$$

$a>0$ より　　$a=13$

15 △ABC において，次の問に答えよ。

(1) $a=3$，$b=\sqrt{2}$，$c=\sqrt{5}$ のとき，C を求めよ。

(2) $a=3\sqrt{2}$，$b=5$，$c=1$ のとき，B を求めよ。

考え方 三角形の 3 辺の長さが分かっているとき，余弦定理を用いて角の大きさを求めることができる。

解 答 (1) 余弦定理により

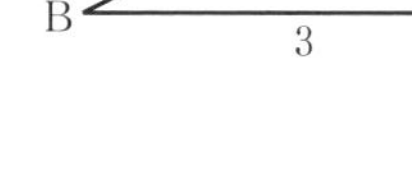

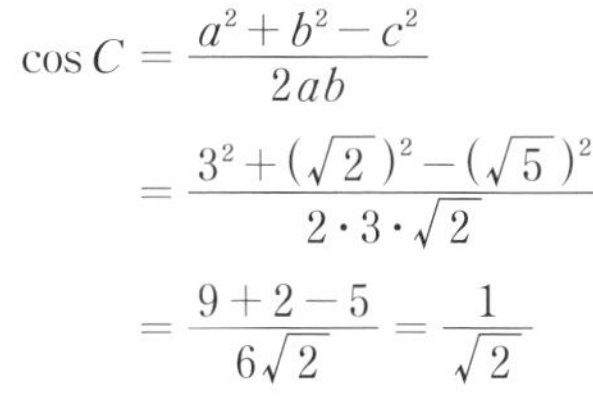

$$\cos C=\frac{a^2+b^2-c^2}{2ab}$$
$$=\frac{3^2+(\sqrt{2})^2-(\sqrt{5})^2}{2\cdot3\cdot\sqrt{2}}$$
$$=\frac{9+2-5}{6\sqrt{2}}=\frac{1}{\sqrt{2}}$$

よって　　$C=45^\circ$

(2) 余弦定理により

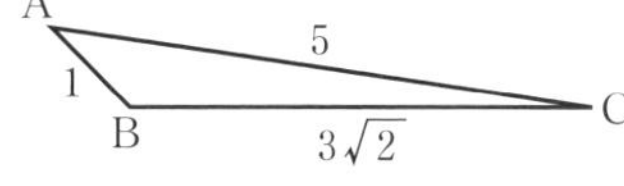

$$\cos B=\frac{c^2+a^2-b^2}{2ca}$$
$$=\frac{1^2+(3\sqrt{2})^2-5^2}{2\cdot1\cdot3\sqrt{2}}$$
$$=\frac{1+18-25}{6\sqrt{2}}=-\frac{1}{\sqrt{2}}$$

よって　　$B=135^\circ$

16 △ABC において，$a=2$，$b=\sqrt{3}-1$，$C=120^\circ$ のとき，残りの辺の長さと角の大きさを求めよ。

解答 余弦定理により

$$c^2=a^2+b^2-2ab\cos C$$
$$=2^2+(\sqrt{3}-1)^2-2\cdot 2\cdot(\sqrt{3}-1)\cos 120^\circ$$
$$=4+3-2\sqrt{3}+1-4(\sqrt{3}-1)\cdot\left(-\frac{1}{2}\right)$$
$$=4+3-2\sqrt{3}+1+2\sqrt{3}-2$$
$$=6$$

$c>0$ より　　$c=\sqrt{6}$

余弦定理により

$$\cos A=\frac{b^2+c^2-a^2}{2bc}$$
$$=\frac{(\sqrt{3}-1)^2+(\sqrt{6})^2-2^2}{2\cdot(\sqrt{3}-1)\cdot\sqrt{6}}=\frac{3-2\sqrt{3}+1+6-4}{2\sqrt{6}(\sqrt{3}-1)}$$
$$=\frac{6-2\sqrt{3}}{2\sqrt{6}(\sqrt{3}-1)}=\frac{2(3-\sqrt{3})}{2\sqrt{6}(\sqrt{3}-1)}$$
$$=\frac{2\sqrt{3}(\sqrt{3}-1)}{2\sqrt{6}(\sqrt{3}-1)}$$
$$=\frac{1}{\sqrt{2}}$$

分子は $2(\sqrt{3}\cdot\sqrt{3}-\sqrt{3})$

であるから

$$A=45^\circ$$

三角形の内角の和は 180° であるから

$$B=180^\circ-(45^\circ+120^\circ)=15^\circ$$

したがって　　$\boldsymbol{c=\sqrt{6}}$，$\boldsymbol{A=45^\circ}$，$\boldsymbol{B=15^\circ}$

別解 正弦定理により

$$\frac{a}{\sin A}=\frac{c}{\sin C}$$

したがって

$$\sin A=\frac{a\sin C}{c}=\frac{2\sin 120^\circ}{\sqrt{6}}=\frac{2}{\sqrt{6}}\cdot\frac{\sqrt{3}}{2}=\frac{1}{\sqrt{2}}$$

$C=120^\circ$ より，$A<60^\circ$ であるから

$$A=45^\circ$$

$A=45^\circ$，$C=120^\circ$ であるから

$$B=180^\circ-(45^\circ+120^\circ)=15^\circ$$

17 次の △ABC の面積 S を求めよ。

(1) $a=3$, $c=8$, $B=120^\circ$　　(2) $a=9$, $b=8$, $c=7$

考え方 (1) $S=\frac{1}{2}ca\sin B$ を用いる。

(2) 3辺の長さが分かっているから，余弦定理より $\cos C$ の値を求める。

解答 (1) $S=\frac{1}{2}ca\sin B$ により

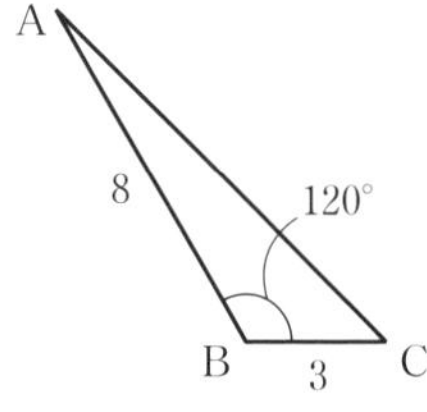

$$S=\frac{1}{2}\cdot 8\cdot 3\sin 120^\circ$$
$$=\frac{1}{2}\cdot 8\cdot 3\cdot\frac{\sqrt{3}}{2}$$
$$=6\sqrt{3}$$

(2) 余弦定理により

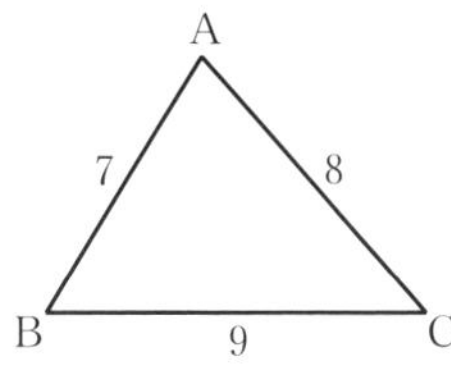

$$\cos C=\frac{a^2+b^2-c^2}{2ab}$$
$$=\frac{9^2+8^2-7^2}{2\cdot 9\cdot 8}=\frac{2}{3}$$

$\sin^2 C+\cos^2 C=1$ より

$$\sin^2 C=1-\left(\frac{2}{3}\right)^2=\frac{5}{9}$$

$\sin C>0$ であるから

$$\sin C=\frac{\sqrt{5}}{3}$$

三角形の面積の公式により

$$S=\frac{1}{2}ab\sin C=\frac{1}{2}\cdot 9\cdot 8\cdot\frac{\sqrt{5}}{3}=12\sqrt{5}$$

別解 (2) 余弦定理により

$$\cos A=\frac{b^2+c^2-a^2}{2bc}=\frac{8^2+7^2-9^2}{2\cdot 8\cdot 7}=\frac{2}{7}$$

$\sin^2 A+\cos^2 A=1$ より

$$\sin^2 A=1-\cos^2 A=1-\left(\frac{2}{7}\right)^2=\frac{45}{49}$$

$\sin A>0$ であるから

$$\sin A=\sqrt{\frac{45}{49}}=\frac{3\sqrt{5}}{7}$$

三角形の面積の公式により

$$S=\frac{1}{2}bc\sin A=\frac{1}{2}\cdot 8\cdot 7\cdot\frac{3\sqrt{5}}{7}=12\sqrt{5}$$

18 右の図の四角形 ABCD において，
$AB=1$，$BC=2$，$CD=2$，
$DA=3$，$B=120°$
とするとき，次の値を求めよ。
(1) AC　　(2) 角 D
(3) 四角形 ABCD の面積

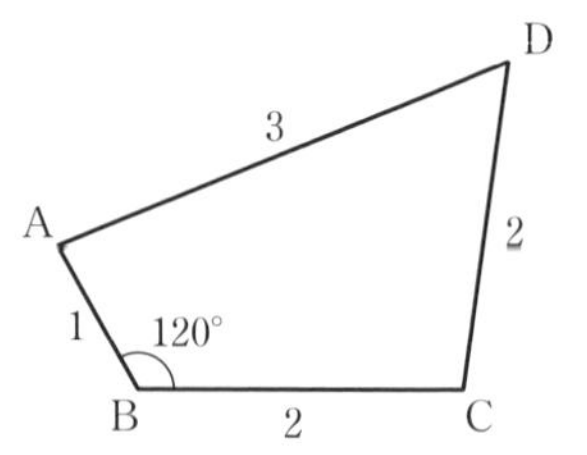

考え方 (1) △ABC に余弦定理を用いる。
(2) △ACD に余弦定理を用いて，$\cos D$ を求める。
(3) △ABC，△ACD の面積を求める。

解　答 (1) △ABC において，余弦定理により

$$\begin{aligned}AC^2 &= AB^2+BC^2-2\cdot AB\cdot BC\cos B\\ &= 1^2+2^2-2\cdot1\cdot2\cos120°\\ &= 1+4-4\cdot\left(-\frac{1}{2}\right)\\ &= 7\end{aligned}$$

$AC>0$ より　$AC=\sqrt{7}$

(2) △ACD において，余弦定理により

$$\begin{aligned}\cos D &= \frac{AD^2+CD^2-AC^2}{2\cdot AD\cdot CD}\\ &= \frac{3^2+2^2-(\sqrt{7})^2}{2\cdot3\cdot2}=\frac{1}{2}\end{aligned}$$

よって　$D=60°$

(3) 2つの辺とその間の角より，三角形の面積の公式を用いると

$$\triangle ABC=\frac{1}{2}\cdot AB\cdot BC\sin B=\frac{1}{2}\cdot1\cdot2\sin120°=\frac{\sqrt{3}}{2}$$

$$\triangle ACD=\frac{1}{2}\cdot AD\cdot CD\sin D=\frac{1}{2}\cdot3\cdot2\sin60°=\frac{3\sqrt{3}}{2}$$

四角形 ABCD ＝ △ABC＋△ACD であるから，求める面積は

$$\frac{\sqrt{3}}{2}+\frac{3\sqrt{3}}{2}=2\sqrt{3}$$

19 右の図のような1辺の長さが2の立方体 ABCD−EFGH において，対角線 AG，BH の交点を O とする。
$\angle AOB=\alpha$
とするとき，$\cos\alpha$ の値を求めよ。

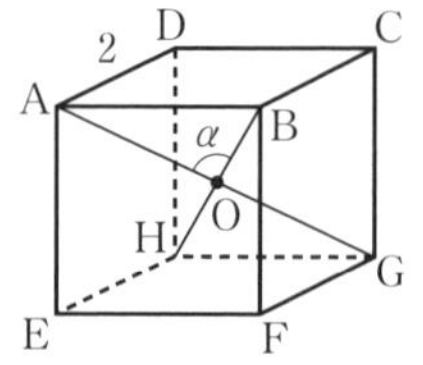

考え方 △AOB の 3 辺の長さを求めて，余弦定理を用いる。

解 答 AG は立方体 ABCD－EFGH の対角線であるから

$$AG=\sqrt{AE^2+EG^2}=\sqrt{AE^2+EF^2+FG^2}=\sqrt{2^2+2^2+2^2}=2\sqrt{3}$$

立方体の対角線 AG，BH の長さは等しく，それぞれの中点で交わるから

$$OA=OB=\sqrt{3}$$

△AOB に余弦定理を用いると，$\angle AOB=\alpha$ について

$$\cos\alpha=\frac{OA^2+OB^2-AB^2}{2\cdot OA\cdot OB}=\frac{(\sqrt{3})^2+(\sqrt{3})^2-2^2}{2\cdot\sqrt{3}\cdot\sqrt{3}}$$

$$=\frac{2}{6}=\frac{1}{3}$$

20 右の図の △ABC の面積 S を求める式を，真さんと悠さんは次のように考えた。

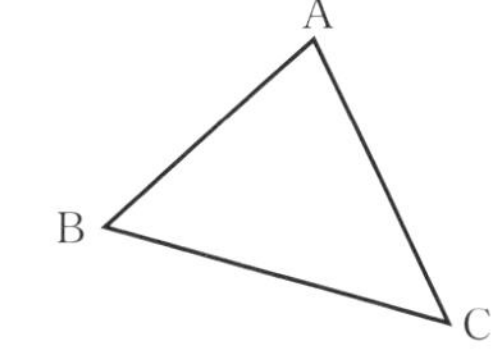

真さん：$S=\dfrac{1}{2}cb\sin A$

悠さん：$S=\dfrac{1}{2}bc\sin A$

このとき，真さんの $b\sin A$，悠さんの $c\sin A$ は，それぞれ何を表すか答えよ。

解 答 頂点 B，C から辺 AC，AB にそれぞれ垂線を引き，交点をそれぞれ D，E とする。

直角三角形 ACE において

$$\sin A=\frac{CE}{AC}=\frac{CE}{b}$$

したがって　　$CE=b\sin A$

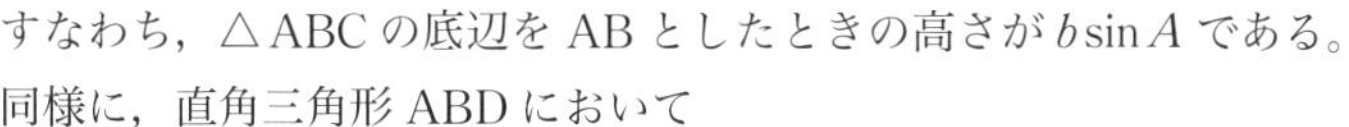

すなわち，△ABC の底辺を AB としたときの高さが $b\sin A$ である。

同様に，直角三角形 ABD において

$$\sin A=\frac{BD}{AB}=\frac{BD}{c}$$

したがって　　$BD=c\sin A$

すなわち，△ABC の底辺を AC としたときの高さが $c\sin A$ である。

したがって

$b\sin A$ は，AB を底辺とみたときの高さ

$c\sin A$ は，AC を底辺とみたときの高さ

をそれぞれ表す。

教 p.172-173

1 右の図において

$BD=10,\ \alpha=30^\circ,\ \beta=45^\circ$

であるとき，AC を求めよ。

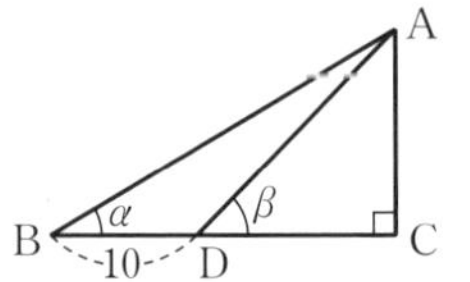

考え方 △ADC で $\beta=45^\circ$ であるから，$AC=DC$ である。△ABC で $\alpha=30^\circ$ であるから，$\tan 30^\circ=\dfrac{AC}{BC}$ を用いる。

解 答 △ADC は，$\beta=45^\circ$ であるから，直角二等辺三角形である。

$AC=DC=x$ とおくと，$\alpha=30^\circ$ より $\dfrac{AC}{BC}=\tan 30^\circ$ であるから

$$AC=BC\tan 30^\circ$$

$$x=(10+x)\times\frac{1}{\sqrt{3}}$$

したがって

$$\sqrt{3}\,x=10+x$$

$$(\sqrt{3}-1)x=10$$

$$x=\frac{10}{\sqrt{3}-1}=\frac{10(\sqrt{3}+1)}{(\sqrt{3}-1)(\sqrt{3}+1)}=5(\sqrt{3}+1)$$

よって　　$AC=5+5\sqrt{3}$

2 次の値を求めよ。

(1) $\sin 65^\circ+\cos 105^\circ+\cos 155^\circ+\sin 165^\circ$

(2) $\tan 70^\circ(\tan 160^\circ-\tan 20^\circ)$

(3) $(\sin 40^\circ+\sin 130^\circ)^2+(\cos 40^\circ+\cos 130^\circ)^2$

考え方 $180^\circ-\theta$ の三角比の公式，$90^\circ-A$ の三角比の公式を用いる。

解 答 (1)

$$\sin 65^\circ=\sin(90^\circ-25^\circ)=\cos 25^\circ$$

$$\cos 105^\circ=\cos(180^\circ-75^\circ)=-\cos 75^\circ$$
$$=-\cos(90^\circ-15^\circ)=-\sin 15^\circ$$

$$\cos 155^\circ=\cos(180^\circ-25^\circ)=-\cos 25^\circ$$

$$\sin 165^\circ=\sin(180^\circ-15^\circ)=\sin 15^\circ$$

したがって

$$\sin 65^\circ+\cos 105^\circ+\cos 155^\circ+\sin 165^\circ$$
$$=\cos 25^\circ+(-\sin 15^\circ)+(-\cos 25^\circ)+\sin 15^\circ$$
$$=0$$

(2) $\tan 70^\circ = \tan(90^\circ - 20^\circ) = \dfrac{1}{\tan 20^\circ}$

$\tan 160^\circ = \tan(180^\circ - 20^\circ) = -\tan 20^\circ$

したがって

$$\begin{aligned}
&\tan 70^\circ(\tan 160^\circ - \tan 20^\circ)\\
&= \frac{1}{\tan 20^\circ}(-\tan 20^\circ - \tan 20^\circ)\\
&= \frac{-2\tan 20^\circ}{\tan 20^\circ}\\
&= -2
\end{aligned}$$

(3) $\sin 130^\circ = \sin(180^\circ - 50^\circ) = \sin 50^\circ$

$= \sin(90^\circ - 40^\circ) = \cos 40^\circ$

$\cos 130^\circ = \cos(180^\circ - 50^\circ) = -\cos 50^\circ$

$= -\cos(90^\circ - 40^\circ) = -\sin 40^\circ$

したがって

$$\begin{aligned}
&(\sin 40^\circ + \sin 130^\circ)^2 + (\cos 40^\circ + \cos 130^\circ)^2\\
&= (\sin 40^\circ + \cos 40^\circ)^2 + (\cos 40^\circ - \sin 40^\circ)^2\\
&= (\sin^2 40^\circ + 2\sin 40^\circ \cos 40^\circ + \cos^2 40^\circ)\\
&\qquad + (\cos^2 40^\circ - 2\cos 40^\circ \sin 40^\circ + \sin^2 40^\circ)\\
&= 2(\sin^2 40^\circ + \cos^2 40^\circ)\\
&= 2\cdot 1\\
&= 2
\end{aligned}$$

3 △ABC において，$b = \sqrt{7}$，$c = 3$，$B = 60^\circ$ のとき，a を求めよ。

考え方 余弦定理 $b^2 = c^2 + a^2 - 2ca\cos B$ を用いて，a についての 2 次方程式をつくり，これを解いて a の値を求める。

解答 余弦定理により

$$b^2 = c^2 + a^2 - 2ca\cos B$$

であるから

$$(\sqrt{7})^2 = 3^2 + a^2 - 2\cdot 3\cdot a\cos 60^\circ$$

$$7 = 9 + a^2 - 6a\cdot\frac{1}{2}$$

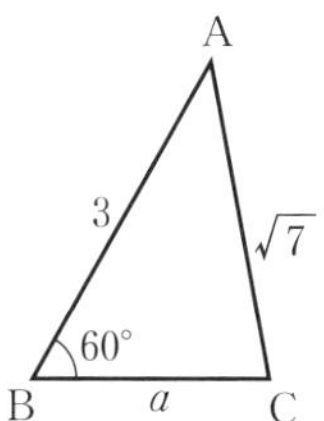

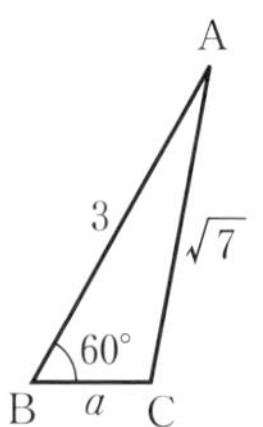

したがって

$$a^2 - 3a + 2 = 0$$

$$(a-1)(a-2) = 0$$

よって　$a = 1,\ 2$

4章 図形と計量

4 △ABC において，$\dfrac{\sin A}{5}=\dfrac{\sin B}{3}=\dfrac{\sin C}{7}$ のとき，C を求めよ。

考え方 与えられた式を k とおき，正弦定理を用いて 3 つの辺の長さを k, R で表す。次に，余弦定理により $\cos C$ の値を求める。

解 答 $\dfrac{\sin A}{5}=\dfrac{\sin B}{3}=\dfrac{\sin C}{7}=k$ $(k>0)$ とおくと

$$\sin A=5k,\quad \sin B=3k,\quad \sin C=7k$$

正弦定理により

$$\frac{a}{\sin A}=\frac{b}{\sin B}=\frac{c}{\sin C}=2R \qquad (R \text{は} \triangle\text{ABC の外接円の半径})$$

であるから

$$a=2R\cdot 5k=10kR,\quad b=2R\cdot 3k=6kR,\quad c=2R\cdot 7k=14kR$$

余弦定理により

$$\cos C=\frac{a^2+b^2-c^2}{2ab}=\frac{(10kR)^2+(6kR)^2-(14kR)^2}{2\cdot 10kR\cdot 6kR}=-\frac{1}{2}$$

よって　$C=120°$

5 △ABC の面積を S，外接円の半径を R とするとき，

$$S=\frac{abc}{4R}$$

が成り立つことを，三角形の面積の公式と正弦定理を用いて証明せよ。

考え方 三角形の面積の公式 $S=\dfrac{1}{2}ab\sin C$ に，$\sin C=\dfrac{c}{2R}$ を代入する。

証 明 正弦定理 $\dfrac{c}{\sin C}=2R$ より　$\sin C=\dfrac{c}{2R}$

これを，三角形の面積の公式 $S=\dfrac{1}{2}ab\sin C$ に代入すると

$$S=\frac{1}{2}ab\cdot\frac{c}{2R}=\frac{abc}{4R}$$

6 △ABC において

AB $=4$，AC $=3$，∠BAC $=60°$

である。∠BAC の二等分線と辺 BC との交点を D とし，AD $=x$ とするとき，次の問に答えよ。

(1) △ABD，△ACD の面積をそれぞれ x を用いて表せ。

(2) x を求めよ。

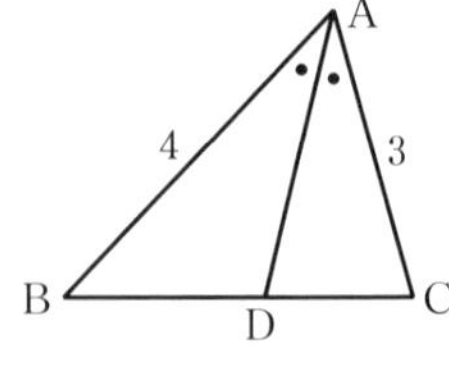

考え方 (1) ADは$\angle BAC$の二等分線であるから　$\angle BAD = \angle DAC = 30^\circ$

(2) $\triangle ABC$と$\triangle ABD$，$\triangle ACD$の面積の関係から，方程式をつくる。

解　答 (1) $\triangle \mathbf{ABD} = \dfrac{1}{2} AB \cdot AD \sin 30^\circ = \dfrac{1}{2} \cdot 4 \cdot x \sin 30^\circ = \dfrac{1}{2} \cdot 4 \cdot x \cdot \dfrac{1}{2} = x$

$\triangle \mathbf{ACD} = \dfrac{1}{2} AC \cdot AD \sin 30^\circ = \dfrac{1}{2} \cdot 3 \cdot x \sin 30^\circ = \dfrac{1}{2} \cdot 3 \cdot x \cdot \dfrac{1}{2} = \dfrac{3}{4} x$

(2) $\triangle ABC = \triangle ABD + \triangle ACD$であるから

$$\triangle ABC = x + \frac{3}{4} x = \frac{7}{4} x$$

また

$$\triangle ABC = \frac{1}{2} AB \cdot AC \sin 60^\circ = \frac{1}{2} \cdot 4 \cdot 3 \sin 60^\circ = \frac{1}{2} \cdot 4 \cdot 3 \cdot \frac{\sqrt{3}}{2}$$
$$= 3\sqrt{3}$$

したがって　$\dfrac{7}{4} x = 3\sqrt{3}$

$$x = 3\sqrt{3} \cdot \frac{4}{7} = \frac{12\sqrt{3}}{7}$$

7 円に内接する四角形ABCDにおいて

$AB = 3,\ BC = 4,\ CD = DA = 5$

である。このとき，次の問に答えよ。

(1) 2つの角$\angle BAD$，$\angle BCD$に着目して，対角線BDおよび$\cos \angle BAD$の値を求めよ。

(2) 四角形ABCDの面積を求めよ。

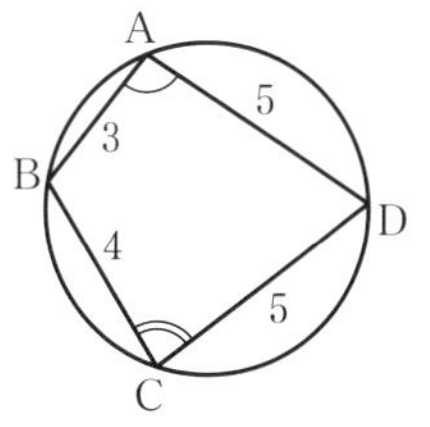

考え方 円に内接する四角形では，対角の和は180°である。したがって

$\angle BAD + \angle BCD = 180^\circ$

(1) 対角線BDを，$\triangle ABD$と$\triangle BCD$においてそれぞれ余弦定理を用いて表す。

(2) 四角形ABCD $= \triangle ABD + \triangle BCD$である。

解　答 (1) $\angle BAD = \theta$とおく。$\triangle ABD$において，余弦定理により

$$BD^2 = 3^2 + 5^2 - 2 \cdot 3 \cdot 5 \cos\theta$$
$$= 34 - 30\cos\theta \quad \cdots\cdots ①$$

$\angle BCD = 180^\circ - \angle BAD = 180^\circ - \theta$であるから

$\triangle BCD$において，余弦定理により

$$BD^2 = 4^2 + 5^2 - 2 \cdot 4 \cdot 5 \cos(180^\circ - \theta)$$
$$= 41 - 40\cos(180^\circ - \theta) \quad \cdots\cdots ②$$
$$= 41 + 40\cos\theta$$

①，② より

$$34-30\cos\theta=41+40\cos\theta$$

$$\cos\theta=\cos\angle\mathbf{BAD}=-\frac{1}{10} \quad \cdots\cdots ③$$

③ を ① に代入して　$BD^2=34-30\cdot\left(-\frac{1}{10}\right)=37$

$BD>0$ より　$\mathbf{BD}=\sqrt{37}$

(2) (1) より，$\cos\theta=-\frac{1}{10}$ であるから

$\sin^2\theta+\cos^2\theta=1$ より

$$\sin^2\theta=1-\left(-\frac{1}{10}\right)^2=\frac{99}{100}$$

$\sin\theta>0$ より　$\sin\theta=\sqrt{\frac{99}{100}}=\frac{3\sqrt{11}}{10}$

したがって

$$\triangle ABD=\frac{1}{2}\cdot3\cdot5\sin\theta=\frac{15}{2}\cdot\frac{3\sqrt{11}}{10}=\frac{9\sqrt{11}}{4}$$

$$\triangle BCD=\frac{1}{2}\cdot4\cdot5\sin(180^\circ-\theta)$$

$$=10\sin\theta=10\cdot\frac{3\sqrt{11}}{10}=3\sqrt{11}$$

四角形 ABCD $=\triangle ABD+\triangle BCD$ であるから

$$\text{四角形 ABCD}=\frac{9\sqrt{11}}{4}+3\sqrt{11}=\frac{21\sqrt{11}}{4}$$

8 三角錐 OABC は

$OA=1,\ OB=\sqrt{3},\ OC=\sqrt{6}$

$\angle AOB=\angle BOC=\angle COA=90^\circ$

である。このとき，次の値を求めよ。

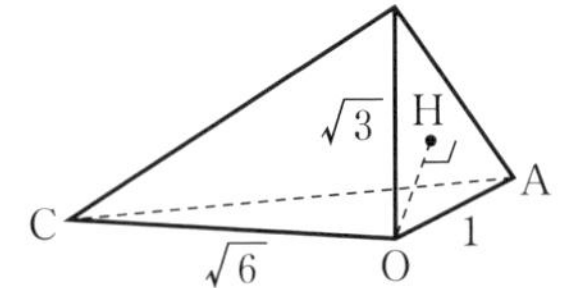

(1) 三角錐 OABC の体積 V

(2) $\angle ABC$

(3) $\triangle ABC$ の面積 S

(4) 頂点 O から $\triangle ABC$ に下ろした垂線 OH の長さ h

考え方 (1) 三角錐 OABC の△OAC を底面とすると，高さは OB である。

(2) AB，BC，CA の長さを三平方の定理を用いて求める。

(3) 三角形の面積の公式を用いる。

(4) (1) で求めた体積 V と △ABC を底面，高さを h として求めた体積は等しいことから，h を求める。

解答 (1) 三角錐 OABC の底面を △OAC とすると，高さは OB である。

△OAC の面積は，∠COA = 90° であるから

$$\frac{1}{2}\cdot\sqrt{6}\cdot1=\frac{\sqrt{6}}{2}$$

したがって

$$V=\frac{1}{3}\cdot\triangle\mathrm{OAC}\cdot\mathrm{OB}$$

$$=\frac{1}{3}\cdot\frac{\sqrt{6}}{2}\cdot\sqrt{3}$$

$$=\frac{\sqrt{2}}{2}$$

$$\frac{1}{3}\cdot\frac{\sqrt{6}}{2}\cdot\sqrt{3}=\frac{\sqrt{2}\cdot\sqrt{3}\cdot\sqrt{3}}{3\cdot2}$$

(2) 三平方の定理により

△OAB において　$\mathrm{AB}^2=(\sqrt{3})^2+1^2=4$

AB > 0 より　AB = 2

△OBC において　$\mathrm{BC}^2=(\sqrt{6})^2+(\sqrt{3})^2=9$

BC > 0 より　BC = 3

△OCA において　$\mathrm{CA}^2=(\sqrt{6})^2+1^2=7$

CA > 0 より　$\mathrm{CA}=\sqrt{7}$

B
3
2
A
C
$\sqrt{7}$

△ABC において，余弦定理により

$$\cos\angle\mathrm{ABC}=\frac{2^2+3^2-(\sqrt{7})^2}{2\cdot2\cdot3}=\frac{1}{2}$$

0° < ∠ABC < 180° であるから

∠ABC = 60°

(3) $S=\frac{1}{2}\cdot2\cdot3\sin60^\circ=\frac{3\sqrt{3}}{2}$

(4) 三角錐 OABC の底面を △ABC とすると，高さは h であるから

$$V=\frac{1}{3}\cdot\frac{3\sqrt{3}}{2}\cdot h=\frac{\sqrt{3}}{2}h$$

(1) より

$$\frac{\sqrt{3}}{2}h=\frac{\sqrt{2}}{2}$$

したがって

$$h=\frac{\sqrt{2}}{\sqrt{3}}=\frac{\sqrt{6}}{3}$$

9 右の図の 3 点 A，B，H は同一水平面上にあり，AB の長さは 1000 m である。A における山頂 C を見上げる仰角 ∠HAC が 30°，A から B と C を見込む角 ∠BAC が 75°，B から A と C を見込む角 ∠ABC が 45° のとき，A，B，H を通る水平面から山頂 C までの高さは何 m か。
ただし，$\sqrt{6}=2.45$ とし，小数第 1 位を四捨五入して答えよ。

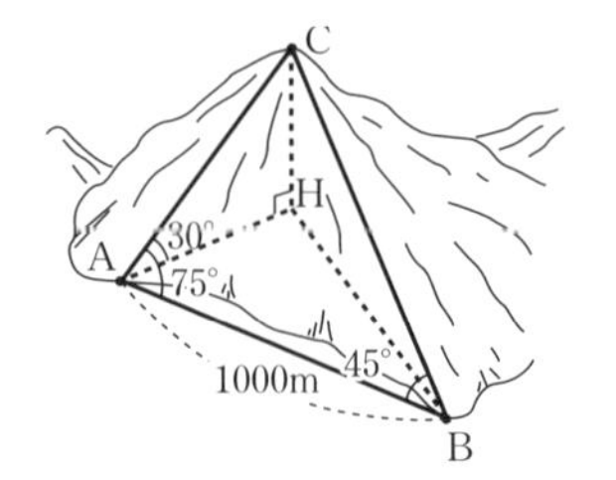

考え方 まず，△ABC において，正弦定理により AC を求め，次に，A，B，H を通る水平面から山頂 C までの高さを，CH = AC sin 30° より求める。

解　答 △ABC において

$$\angle \mathrm{ACB}=180^\circ-(75^\circ+45^\circ)=60^\circ$$

であるから，正弦定理により

$$\frac{\mathrm{AC}}{\sin\angle \mathrm{ABC}}=\frac{\mathrm{AB}}{\sin\angle \mathrm{ACB}}$$

すなわち

$$\frac{\mathrm{AC}}{\sin 45^\circ}=\frac{\mathrm{AB}}{\sin 60^\circ}$$

よって

$$\mathrm{AC}=\frac{\mathrm{AB}\sin 45^\circ}{\sin 60^\circ}=1000\times\frac{1}{\sqrt{2}}\div\frac{\sqrt{3}}{2}=\frac{1000\sqrt{6}}{3}$$

また，△AHC において

$$\angle \mathrm{AHC}=90^\circ,\ \angle \mathrm{HAC}=30^\circ$$

であるから

$$\mathrm{CH}=\mathrm{AC}\sin 30^\circ=\frac{1000\sqrt{6}}{3}\times\frac{1}{2}=\frac{500\sqrt{6}}{3}=\frac{500\times 2.45}{3}$$

$$=408.3\cdots\fallingdotseq 408\ \text{(m)}$$

Investigation

教 p.174-175

ビルの看板を下から見上げると？

Q 縦の長さが決まっている長方形の板を看板にしたい。
ビルの下にいる悠さんから見て，看板が正方形に近い形に見えるようにするには，看板の横の長さはどのくらいにすればよいだろうか。次の例で考えてみよう。

右の図のように，高さ 32 m のビルで，屋上から 1.5 m の高さの位置に，縦の長さが 12 m の長方形の看板を立てる。悠さんはビルから 20 m 離れた地点にいて，悠さんの目は地面から高さ 1.5 m の点 A にある。点 E は地面から高さ 1.5 m の位置にある。

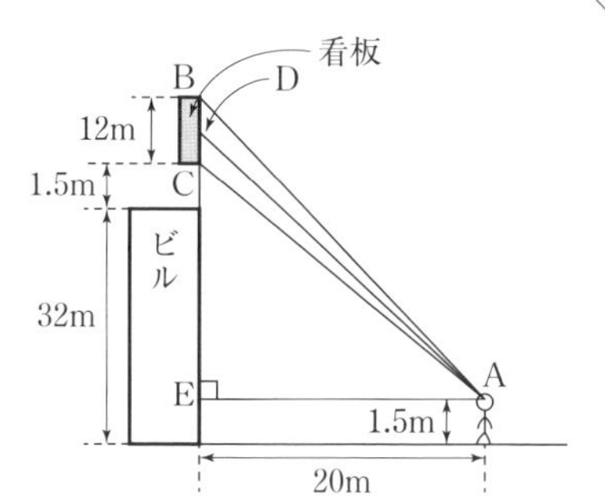

1 ∠BAC = ∠FAG であれば，悠さんから見て看板は正方形に近い形に見える。その理由を考えてみよう。

2 悠さんが点 B を見上げたときの仰角 ∠EAB の大きさと，点 C を見上げたときの仰角 ∠EAC の大きさを，三角比の表などを用いて求めてみよう。

3 悠さんから見て，看板が正方形に近い形に見えるようにするには，看板の横の長さを何 m にすればよいだろうか。

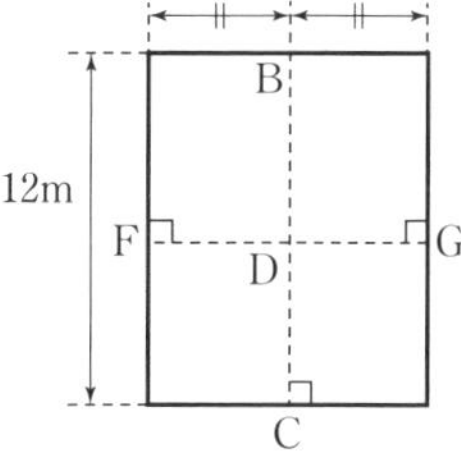

解答

1 悠さんから見て点 D は看板の中心にあるように見えるから，∠BAC = ∠FAG であれば，BC と FG が同じ長さに見える。
したがって，看板は正方形に近い形に見える。

2

$$\tan \angle EAB = \frac{EB}{EA} = \frac{32+1.5+12-1.5}{20} = \frac{44}{20} = 2.2$$

したがって，三角比の表より，∠EAB の大きさは約 66° である。
また

$$\tan \angle EAC = \frac{EC}{EA} = \frac{32+1.5-1.5}{20} = \frac{32}{20} = 1.6$$

であるから，三角比の表より，∠EAC の大きさは約 58° である。

3 看板が正方形に近い形に見えるためには

$$\angle \mathrm{FAG} = \angle \mathrm{BAC}$$

となればよい。

$$\angle \mathrm{BAC} = \angle \mathrm{EAB} - \angle \mathrm{EAC}$$

であるから，**2**より，$\angle \mathrm{FAG}$ の大きさは約 8° である。

ゆえに

$$\begin{aligned}\angle \mathrm{DAE} &= \angle \mathrm{DAC} + \angle \mathrm{EAC} \\ &= \frac{1}{2}\angle \mathrm{BAC} + \angle \mathrm{EAC} \\ &\fallingdotseq 4^\circ + 58^\circ \\ &= 62^\circ\end{aligned}$$

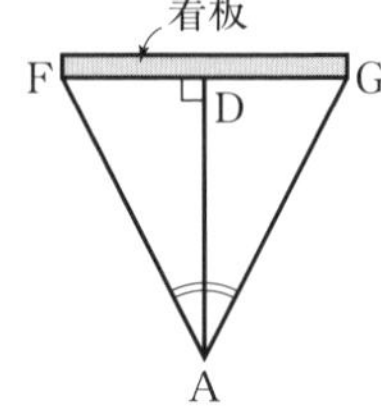

$\cos \angle \mathrm{DAE} = \dfrac{\mathrm{EA}}{\mathrm{AD}}$ より

$$\mathrm{AD} = \frac{\mathrm{EA}}{\cos \angle \mathrm{DAE}} \fallingdotseq \frac{20}{\cos 62^\circ} \fallingdotseq \frac{20}{0.4695}$$

また

$$\tan \frac{\angle \mathrm{FAG}}{2} \fallingdotseq \tan 4^\circ = 0.0699$$

$\mathrm{FG} = 2 \cdot \mathrm{AD} \cdot \tan \dfrac{\angle \mathrm{FAG}}{2}$ であるから

$$2 \cdot \frac{20}{0.4695} \cdot 0.0699 \fallingdotseq 5.955$$

したがって，**FG の長さは約 6 m** にすればよい。

5章 データの分析

1節　データの分析
2節　データの分析の応用
3節　仮説検定の考え方

Introduction

教 p.176-177

中間試験と期末試験，どちらがよい?

Q 悠さんは中間試験のほうが成績がよかったといえるだろうか。

1 教科書 176 ページの表から，中間試験と期末試験の得点の分布の違いについて気づいたことを挙げてみよう。

2 教科書 176 ページにある，①中間試験と②期末試験の表をもとに箱ひげ図を作成して，その分布を比較しよう。

考え方 **2** 表から，最小値，最大値，四分位数を求めると次のようになる。これをもとに箱ひげ図をかく。

(単位　点)

	最小値	第 1 四分位数	第 2 四分位数	第 3 四分位数	最大値
①中間試験	−16	−7	−4	9.5	22
②期末試験	−12	−4	0	3.5	10

分布の様子は，ひげの長さ，箱の長さを比較する。

解答 **1** 表について，得点と平均点の差の絶対値が 2 桁である数は

中間試験のほうが期末試験よりも多い。

したがって，得点の分布について，中間試験のほうが期末試験より散らばりが大きいと予想できる。

2

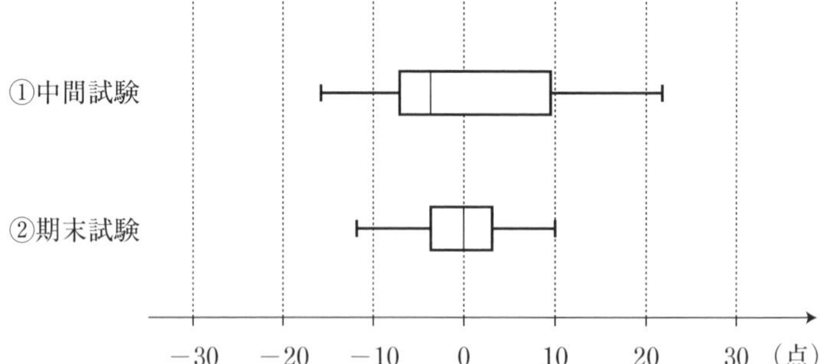

箱ひげ図において，中間試験のほうが期末試験より

ひげ全体の長さも箱の長さも長い。

したがって，中間試験のほうが期末試験より散らばりが大きいことが分かる。

1節 データの分析

1 データの散らばり

用語のまとめ

変量

- ある特性を数量的に表すものを **変量** という。

偏差

- 変量 x の n 個の値 x_1, x_2, x_3, …, x_n からなるデータの平均値を $\overline{x}$ とするとき

  $x_1-\overline{x}$, $x_2-\overline{x}$, $x_3-\overline{x}$, …, $x_n-\overline{x}$

  をそれぞれの値の **平均値からの偏差** あるいは単に **偏差** という。

分散・標準偏差

- 偏差の 2 乗の平均値を **分散** といい, s^2 で表す。
- 分散の正の平方根の値を **標準偏差** といい, s で表す。

● **偏差** …… **解き方のポイント**

(偏差) = (データの値) − (平均値)

教 p.178

問 1 右の表は, 5 人の数学の得点である。
それぞれの得点の偏差を求めよ。

	A	B	C	D	E
得点	82	76	63	80	64

解 答 それぞれの数学の得点を y, 数学の得点の平均値を $\overline{y}$ とする。
得点の平均値は

$$\overline{y}=\frac{1}{5}(82+76+63+80+64)$$

$$=\frac{1}{5}\cdot 365$$

$$=73 \text{ (点)}$$

したがって, それぞれの得点の偏差は, 平均値との差を求めて

	A	B	C	D	E
偏差 $y-\overline{y}$	9	3	−10	7	−9

● 分散と標準偏差 …… 解き方のポイント

分散 $s^2=\dfrac{1}{n}\{(x_1-\overline{x})^2+(x_2-\overline{x})^2+\cdots+(x_n-\overline{x})^2\}$

標準偏差 $s=\sqrt{\dfrac{1}{n}\{(x_1-x)^2+(x_2-\overline{x})^2+\cdots+(x_n-\overline{x})^2\}}$

ただし，$\overline{x}$ は平均値

教 p.180

問 2 問 1 において，数学の得点の分散 $s_y{}^2$，標準偏差 s_y を求めよ。

	A	B	C	D	E
得点	82	76	63	80	64

解答 問 1 より

	A	B	C	D	E
偏差 $y-\overline{y}$	9	3	-10	7	-9

したがって

$$s_y{}^2=\frac{1}{5}\{9^2+3^2+(-10)^2+7^2+(-9)^2\}=\frac{1}{5}\cdot 320=64$$

$$s_y=\sqrt{64}=8\ (点)$$

すなわち

分散 $s_y{}^2$ 64，標準偏差 s_y 8 点

教 p.180

問 3 例 2 で求めた英語の得点の標準偏差 s_x と問 2 で求めた数学の得点の標準偏差 s_y を用いて，英語の得点と数学の得点の散らばりの大きさを比較して，分かることを説明せよ。

考え方 分散，標準偏差が大きいとき，いずれの場合も散らばりが大きいと考えられる。

解答 数学の得点のほうが，分散，標準偏差がともに大きい。
したがって，**数学の得点のほうが，英語の得点よりも散らばりが大きい。**

参考 ▶ 分散の計算 教 p.181

● 分散と平均値の関係 …… 解き方のポイント

変量 x の分散は，次の式を用いても求めることができる。

(x の分散) = (x^2 の平均値) − (x の平均値)^2

教 p.181

問 1　上の分散の計算式を用いて，教科書 178 ページの問 1 における数学の得点の分散 $s_y{}^2$ を求めよ。なお，電卓などを用いてもよい。

解 答　$s_y{}^2 = \overline{y^2} - (\overline{y})^2$ より

$$s_y{}^2 = \frac{1}{5}(82^2 + 76^2 + 63^2 + 80^2 + 64^2) - 73^2 \quad \longleftarrow \text{問1より，} \overline{y} = 73$$

$$= \frac{1}{5} \times 26965 - 5329$$

$$= 64$$

参考 ▶ $y = ax + b$ における平均値と分散・標準偏差　教 p.182

● 平均値，分散，標準偏差の性質　解き方のポイント

2 つの変量 x と y の間に，a，b を定数として $y = ax + b$ という関係があるとき，次の性質が成り立つ。

平均値	$\overline{y} = a\overline{x} + b$	（$\overline{x}$，$\overline{y}$ はそれぞれ x，y の平均値）
分散	$s_y{}^2 = a^2 s_x{}^2$	（$s_x{}^2$，$s_y{}^2$ はそれぞれ x，y の分散）
標準偏差	$s_y = \lvert a \rvert s_x$	（s_x，s_y はそれぞれ x，y の標準偏差）

教 p.182

問 1　あるクラスで数学のテストを実施したところ，平均値 55 点，標準偏差 7 点であった。全員の得点から 5 点ずつ引いて 2 倍したときの平均値と標準偏差を求めよ。

解 答　数学の得点を　x

そこから 5 点ずつ引いて，2 倍した得点を　y

x，y のデータの平均値と標準偏差をそれぞれ　$\overline{x}$，$\overline{y}$，s_x，s_y

とする。このとき

$\overline{x} = 55$（点）

$s_x = 7$（点）

$y = 2(x - 5) = 2x - 10$

であるから

$\overline{y} = 2\overline{x} - 10 = 2 \times 55 - 10 = 100$（点）

$s_y = \lvert 2 \rvert s_x = 2 \times 7 = 14$（点）

したがって　　**平均値は 100 点，標準偏差は 14 点**

2 データの相関

用語のまとめ

散布図

- 変量 x, y の値の組を座標とする点を平面上にとった図を **散布図** という。

相関関係

- 2 つの変量の間に，一方が大きいほど他方も大きい傾向があるとき，**正の相関関係がある** という。
- 2 つの変量の間に，一方が大きいほど他方が小さい傾向があるとき，**負の相関関係がある** という。
- 正の相関関係も負の相関関係もみられないとき，**相関関係がない** という。
- 2 つの変量の間に相関関係があるとき，散布図の点の分布が直線状に近付くほど **相関関係が強い** といい，直線状ではなく広く散らばるほど **相関関係が弱い** という。

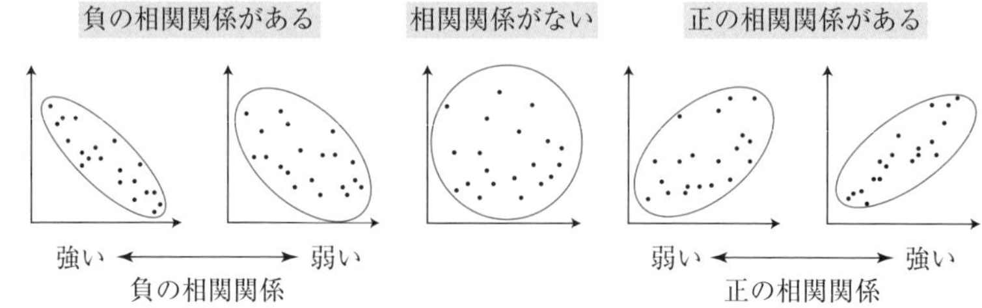

相関係数

- 2 つの変量 x, y のデータの平均値をそれぞれ $\overline{x}$, $\overline{y}$ とするとき，$(x-\overline{x})(y-\overline{y})$ の平均値を変量 x と y の **共分散** といい，s_{xy} で表す。
- x と y の共分散を x と y の標準偏差の積で割った値を **相関係数** といい，r で表す。

相関関係と因果関係

- 2 つの変量において，一方の変量が他方の変量の原因となっているとき，2 つの変量の間には **因果関係がある** という。

外れ値

- データには，ほかの値から極端にかけ離れた値が含まれる場合がある。そのような値を **外れ値** という。

教 p.184

問 4 下の 10 人のデータをもとに，数学と国語の得点の散布図を作成し，相関関係を調べよ。

	A	B	C	D	E	F	G	H	I	J
数学	89	66	80	60	39	51	41	47	29	23
国語	88	83	65	28	53	38	68	30	23	18

解 答 散布図は右の図のようになるから，正の相関関係がある。

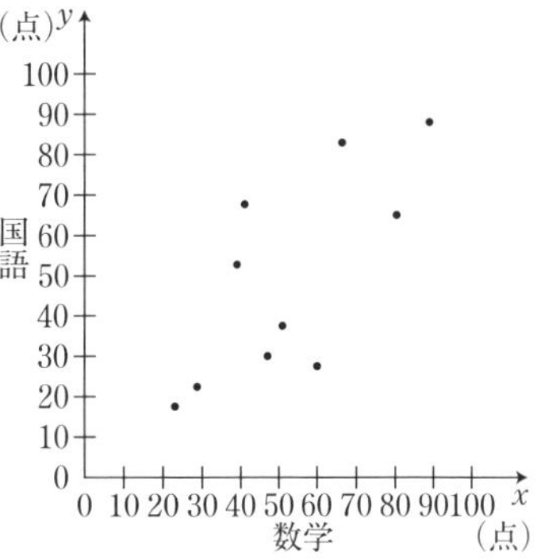

● 相関係数 解き方のポイント

x と y の共分散 s_{xy}

$$s_{xy}=\frac{1}{n}\{(x_1-\overline{x})(y_1-\overline{y})+(x_2-\overline{x})(y_2-\overline{y})+\cdots+(x_n-\overline{x})(y_n-\overline{y})\}$$

x, y の標準偏差 s_x, s_y

$$s_x=\sqrt{\frac{1}{n}\{(x_1-\overline{x})^2+(x_2-\overline{x})^2+\cdots+(x_n-\overline{x})^2\}}$$

$$s_y=\sqrt{\frac{1}{n}\{(y_1-\overline{y})^2+(y_2-\overline{y})^2+\cdots+(y_n-\overline{y})^2\}}$$

のとき，**相関係数 r は**

$$r=\frac{s_{xy}}{s_x s_y}$$

$$(x\text{ と }y\text{ の相関係数})=\frac{(x\text{ と }y\text{ の共分散})}{(x\text{ の標準偏差})\times(y\text{ の標準偏差})}$$

相関係数 r の値については，次の不等式が成り立つ。

$-1 \leqq r \leqq 1$

特に，正の相関関係が強いほど r の値は 1 に近付き，負の相関関係が強いほど r の値は -1 に近付く。

教 p.188

問5 右の表は，ある店での4日間における，1日ごとの平均気温と1日に売れたホットコーヒーの本数である。平均気温と売れたホットコーヒーの本数の相関係数 r を求めよ。

日にち	1	2	3	4
平均気温(℃)	14	12	6	8
コーヒー(本)	45	75	85	55

解答 平均気温を x，コーヒーの本数を y とする。
x の平均値 $\overline{x}$，y の平均値 $\overline{y}$ は

	x	y	$x-\overline{x}$	$(x-\overline{x})^2$	$y-\overline{y}$	$(y-\overline{y})^2$	$(x-\overline{x})(y-\overline{y})$
1	14	45	4	16	−20	400	−80
2	12	75	2	4	10	100	20
3	6	85	−4	16	20	400	−80
4	8	55	−2	4	−10	100	20
計	40	260	0	40	0	1000	−120

$$\overline{x}=\frac{14+12+6+8}{4}=\frac{40}{4}=10\ (℃)$$

$$\overline{y}=\frac{45+75+85+55}{4}=\frac{260}{4}=65\ (本)$$

となる。
$n=4$ であるから，上の表より

$$s_{xy}=\frac{1}{4}\cdot(-120)$$

$$s_x=\sqrt{\frac{1}{4}\cdot 40},\quad s_y=\sqrt{\frac{1}{4}\cdot 1000}$$

したがって

$$r=\frac{s_{xy}}{s_x s_y}$$

$$=\frac{\frac{1}{4}\cdot(-120)}{\sqrt{\frac{1}{4}\cdot 40}\sqrt{\frac{1}{4}\cdot 1000}}$$

分母，分子を $\frac{1}{4}$ で割る

$$=\frac{-120}{\sqrt{40}\sqrt{1000}}$$

$$=-\frac{3}{5}=-0.6$$

Training トレーニング 教 p.189

1 A，B の 2 人が 10 点満点の小テストを 5 回受け，右の表のデータを得た。A, B それぞれの得点の分散を求めよ。また，A と B のどちらのほうが得点の散らばりが大きいといえるか。

回	1	2	3	4	5
A の得点	7	5	8	6	4
B の得点	2	7	10	5	6

考え方 分散は偏差の 2 乗の平均値である。

解答 A の平均値は $\dfrac{7+5+8+6+4}{5}=6$（点）

よって，**A の得点の分散は**

$$\frac{1}{5}\{(7-6)^2+(5-6)^2+(8-6)^2+(6-6)^2+(4-6)^2\}=\frac{10}{5}=2$$

B の平均値は $\dfrac{2+7+10+5+6}{5}=6$（点）

よって，**B の得点の分散は**

$$\frac{1}{5}\{(2-6)^2+(7-6)^2+(10-6)^2+(5-6)^2+(6-6)^2\}=\frac{34}{5}=6.8$$

$2<6.8$ であるから

B のほうが A に比べて得点の散らばりが大きいといえる。

2 次の a，b，c，d の散布図に対応する相関係数を下の 4 つから選べ。

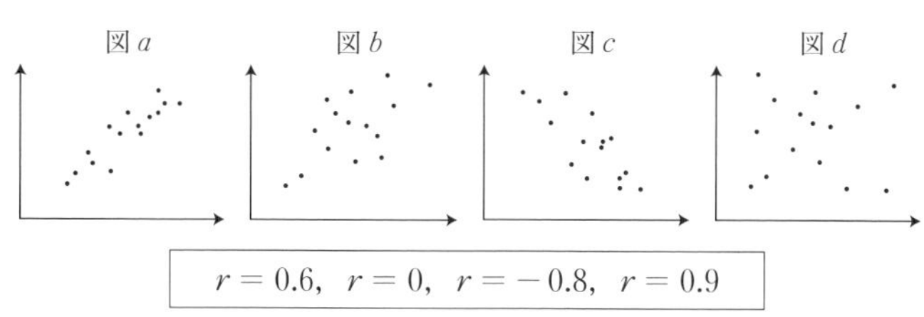

$r=0.6$，$r=0$，$r=-0.8$，$r=0.9$

考え方 正の相関関係が強いほど r の値は 1 に近付き，負の相関関係が強いほど r の値は -1 に近付く。散布図においては，正か負どちらかの相関関係が強ければ，データの分布は直線状になる。

解答 図 a と b は正の相関があり，b よりも a のほうが直線状に近く，相関関係が強い。図 c は負の相関関係がある。図 d は相関関係がない。

したがって

図 a：$r=0.9$，図 b：$r=0.6$，図 c：$r=-0.8$，図 d：$r=0$

3 次の表は，あるクラスの生徒10人に，10日間の合計読書時間 x（時間）と読んだ本の冊数 y（冊）を調査し，その結果をまとめたものである。このとき，次の問に答えよ。

	x	y	$x-\overline{x}$	$(x-\overline{x})^2$	$y-\overline{y}$	$(y-\overline{y})^2$	$(x-\overline{x})(y-\overline{y})$
生徒1	14	7	**A**	**B**	**C**	**D**	**E**
生徒2	8	3	−2	4	−2	4	4
⋮	⋮	⋮	⋮	⋮	⋮	⋮	⋮
生徒9	5	3	−5	25	−2	4	10
生徒10	11	8	1	1	3	9	3
計	100	50	**F**	160	**G**	40	58

(1) 表中の **A** 〜 **G** の値を求めよ。

(2) 読書時間と本の冊数の相関係数 r を，小数第3位を四捨五入して答えよ。

考え方 平均 $\overline{x}$，$\overline{y}$ の値は，x，y の合計と人数から求めることができる。
偏差 $x-\overline{x}$，$y-\overline{y}$ の総和は必ず0になる。

解答 (1) $\overline{x}=\dfrac{100}{10}=10$，$\overline{y}=\dfrac{50}{10}=5$ であるから

$\mathbf{A}=14-10=4$

$\mathbf{B}=4^2=16$

$\mathbf{C}=7-5=2$

$\mathbf{D}=2^2=4$

$\mathbf{E}=4\cdot 2=8$

偏差の総和は0になるから

$\mathbf{F}=0$

$\mathbf{G}=0$

(2) $n=10$ であるから，表より

$$s_{xy}=\frac{1}{10}\cdot 58$$

$$s_x=\sqrt{\frac{1}{10}\cdot 160},\quad s_y=\sqrt{\frac{1}{10}\cdot 40}$$

したがって

$$r=\frac{\frac{1}{10}\cdot 58}{\sqrt{\frac{1}{10}\cdot 160}\sqrt{\frac{1}{10}\cdot 40}}=\frac{58}{\sqrt{160}\sqrt{40}}=\frac{58}{80}=\frac{29}{40}$$

$$=0.725\fallingdotseq 0.73$$

3節 仮説検定の考え方

1 仮説検定の考え方

用語のまとめ

仮説検定

- ある仮説を立て，その仮説のもとである事象が起こる確率を考えて，事柄が正しいと判断できるかどうかを検討する方法を **仮説検定** という。

教 p.200-201

1 カード9枚で1組となっているカードのセットA，Bがある。
カードには1つずつ数字が書かれていて，セットA，Bに書かれている数字は次のとおりである。

A　1　2　3　4　5　6　7　8　9

B　1　1　3　3　5　7　7　9　9

このとき，次の①～③の記述のうち，正しいものはどれか，すべて答えよ。

① AとBの平均値は等しい

② AとBの範囲は等しい

③ AとBの標準偏差は等しい

考え方 ① $(平均値)=\dfrac{(変量の総和)}{(変量の個数)}$

② (範囲)＝(最大値)－(最小値)

③ $(標準偏差)=\sqrt{(分散)}$ であるから，分散を調べる。

解 答 Aの平均値は　$\dfrac{1}{9}(1+2+3+4+5+6+7+8+9)=5$

Bの平均値は　$\dfrac{1}{9}(1+1+3+3+5+7+7+9+9)=5$

平均値は，A，Bともに5で等しい。

A，Bどちらも，最小値1，最大値9　であるから

範囲は，A，Bともに8で等しい。

Aの分散は

$$\frac{1}{9}\{(-4)^2+(-3)^2+(-2)^2+(-1)^2+0^2+1^2+2^2+3^2+4^2\}=\frac{60}{9}$$

Bの分散は

$$\frac{1}{9}\{2\cdot(-4)^2+2\cdot(-2)^2+0^2+2\cdot2^2+2\cdot4^2\}=\frac{80}{9}$$

分散はBのほうが大きいから，標準偏差はBのほうが大きい。

したがって①～③のうち，正しいものは

①と②

2 くじを 20 回引いて，当たった回数だけ点を得られるゲームがある。右の表は，ある学校の生徒 5 人がこのゲームを行ったときの得点を記録したものである。ただし，生徒 4 の得点は 5 人の得点の平均値以下であった。このとき，次の問に答えよ。

	得点
生徒 1	8
生徒 2	14
生徒 3	10
生徒 4	a
生徒 5	$18-a$
平均値	m
分散	6

(1) 5 人の得点の平均値 m を求めよ。

(2) 表中の a の値を求めよ。

(3) 右の表の得点に対して，全員に 10 点を加えたとき，分散の値はどのように変化するか。①～③のうちから適するものを選べ。

① 大きくなる　　② 変わらない　　③ 小さくなる

考え方 (2) a についての方程式をつくる。

解答 (1) $m=\frac{1}{5}\{8+14+10+a+(18-a)\}=10$

(2) 分散が 6 であるから

$$\frac{1}{5}\{(8-10)^2+(14-10)^2+(10-10)^2+(a-10)^2+(18-a-10)^2\}=6$$

整理して

$$a^2-18a+77=0$$
$$(a-11)(a-7)=0$$

これを解くと　$a=11,\ 7$

生徒 4 の得点は m 以下であるから　$a \leqq 10$

よって　$a=7$

(3) 全員に 10 点を加えても，データの散らばりの大きさは変わらないから，適するものは ② である。

別解 (3) 生徒 x の得点を T_x，元の平均値を m とすると，全員に 10 点を加えたとき，平均値は $m+10$ となる。

10 点を加えたときの分散を K とすると

$$K=\frac{1}{5}\left[\{(T_1+10)-(m+10)\}^2+\cdots+\{(T_5+10)-(m+10)\}^2\right]$$
$$=\frac{1}{5}\{(T_1-m)^2+\cdots+(T_5-m)^2\} \quad \cdots\cdots ⓐ$$

となり，ⓐ は，10 点を加える前の分散を表す。

したがって，分散は変わらないから，適するものは ② である。

3 標準偏差，相関係数の性質に関する次の①〜③の記述のうち，正しいものを選べ。

① データのすべての値を -1 倍しても，標準偏差は変わらない。

② 散布図で，すべての点が直線上にあるとき，直線の傾きが大きいほど相関係数の値も大きい。

③ 変量 x と y の相関係数が r であるとき，変量 y と変量 x の相関係数は $-r$ である。

考え方 定義の式にもとづいて考える。

解 答 ① もとのデータを x

-1 倍したデータを y とすると

$$s_y=|-1|s_x=s_x$$

であるから，標準偏差は変わらない。

したがって，① は正しい。

② すべてのデータが直線 $y=ax+b$（a，b は定数）上にあるとすると，データは

$$(x_1,\ ax_1+b),\ (x_2,\ ax_2+b),\ \cdots,\ (x_n,\ ax_n+b)$$

となる。このとき

x の標準偏差を s_x とすると

y の標準偏差は　$s_y=|a|s_x$

で表される。

また　$$s_{xy}=\frac{1}{n}\Big[(x_1-\overline{x})\{(ax_1+b)-(a\overline{x}+b)\}+\cdots+(x_n-\overline{x})\{(ax_n+b)-(a\overline{x}+b)\}\Big]$$

$$=a\cdot\frac{1}{n}\{(x_1-\overline{x})^2+\cdots+(x_n-\overline{x})^2\}$$

$$=as_x{}^2$$

このとき，x と y の相関係数 r は

$$r=\frac{s_{xy}}{s_xs_y}=\frac{as_x{}^2}{s_x\cdot|a|s_x}=\frac{a}{|a|}=\begin{cases}1 & (a>0\text{ のとき})\\ -1 & (a<0\text{ のとき})\end{cases}$$

であるから，直線の傾き a の値に関わらず，相対係数は

1 または -1

となる。

したがって，② は正しくない。

③　　変量 x と変量 y の相関係数を r_{xy}

　　変量 y と変量 x の相関係数を r_{yx}

とする。このとき

$$r_{xy}=\frac{\frac{1}{n}\{(x_1-\overline{x})(y_1-\overline{y})+\cdots+(x_n-\overline{x})(y_n-\overline{y})\}}{\sqrt{\frac{1}{n}\{(x_1-\overline{x})^2+\cdots+(x_n-\overline{x})^2\}}\sqrt{\frac{1}{n}\{(y_1-\overline{y})^2+\cdots+(y_n-\overline{y})^2\}}}$$

となる。この式の x と y を入れかえても，式は変わらない。

ゆえに　$r_{yx}=r_{xy}$

したがって，③ は正しくない。

以上より，正しいものは ① である。

4　20 人の生徒に，数学と英語の 10 点満点の小テストを行った。数学の得点を x (点)，英語の得点を y (点) とする。そのときの結果が次の表である。また，x，y の得点の平均値を $\overline{x}$，$\overline{y}$ とする。

	x	y	$(x-\overline{x})^2$	$(y-\overline{y})^2$	$(x-\overline{x})(y-\overline{y})$
生徒 1	7	8	4	4	4
生徒 2	2	9	9	9	B
生徒 3	8	3	9	9	−9
⋮	⋮	⋮	⋮	⋮	⋮
生徒 20	1	5	16	1	4
計	A	120	128	112	56

(1)　表中の A，B の値を求めよ。

(2)　x と y の相関係数 r を，小数第 3 位を四捨五入して答えよ。ただし，$\sqrt{14}=3.742$ とする。

(3)　小テストの結果を散布図に表したところ，右の図のようになった。ところが，生徒 2，生徒 3 の数学のテストの結果は誤りで，実際には 2 人とも 5 点であった。この 2 人の得点を訂正すると，x の分散，および x と y の相関係数はどのように変化するか。①～③のうちから適するものをそれぞれ選べ。

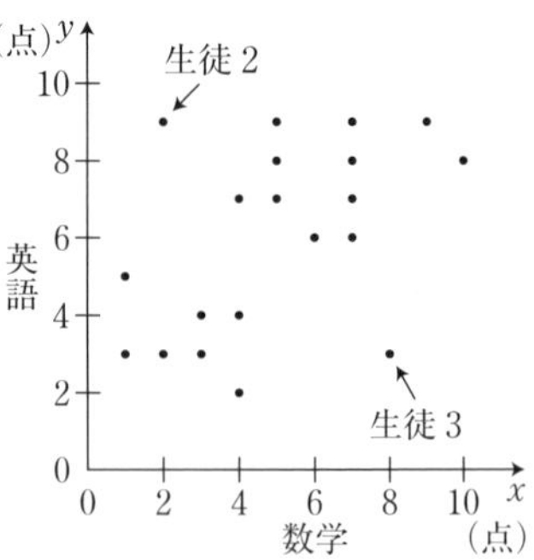

①　大きくなる　　②　変わらない　　③　小さくなる

考え方 (1) 1人の生徒の数値に着目して，$(x-\overline{x})(y-\overline{y})$ の値を A を用いて表す。

解　答 (1) $\overline{x}=\dfrac{\mathrm{A}}{20}$, $\overline{y}=\dfrac{120}{20}=6$ となる。

生徒1の値 $(x-\overline{x})(y-\overline{y})=4$ において，$x=7$, $y=8$ であるから

$$\left(7-\frac{\mathrm{A}}{20}\right)(8-6)=4$$

$$14-\frac{\mathrm{A}}{10}=4$$

これを解いて　　$\mathrm{A}=100$

したがって　　$\overline{x}=\dfrac{100}{20}=5$

生徒2の値 $(x-\overline{x})(y-\overline{y})=\mathrm{B}$ において，$x=2$, $y=9$ であるから

$$\mathrm{B}=(2-5)(9-6)=-9$$

したがって

$$\mathrm{A}=100,\ \mathrm{B}=-9$$

(2) $r=\dfrac{s_{xy}}{s_x s_y}$ において

$$s_{xy}=\frac{56}{20},\ s_x=\sqrt{\frac{1}{20}\cdot 128},\ s_y=\sqrt{\frac{1}{20}\cdot 112}$$

であるから

$$r=\frac{\frac{1}{20}\cdot 56}{\sqrt{\frac{1}{20}\cdot 128}\sqrt{\frac{1}{20}\cdot 112}}=\frac{56}{\sqrt{128}\sqrt{112}}=\frac{56}{8\sqrt{2}\cdot 4\sqrt{7}}=\frac{56}{32\sqrt{14}}$$

$$=\frac{56\sqrt{14}}{32\cdot 14}=\frac{\sqrt{14}}{8}=\frac{3.742}{8}=0.46775\fallingdotseq 0.47$$

(3) 数学の平均点は5点であるから，得点を訂正すると，数学の得点の分布は平均点付近に集まった分布になり，x の分散は小さくなる。

また，得点を訂正すると，散布図における生徒2の点は右に，生徒3の点は左に移動する。このことにより，散布図における点の分布は，広く散らばる分布から直線状の分布に近付き，x, y の相関関係は強くなる。

よって，相関係数は大きくなる。

したがって

分散…③，相関係数…①

5章 データの分析

Investigation

教 p.202-203

効果的に宣伝するには？

Q アンケートの結果から，どのような人がお菓子 Y を好むのかを探るためには，どのようにしたらよいだろうか。

1 どのようなグループに分ければよいだろうか。

2 表 2 から，お菓子 Y を好む人の特徴を見つけることができるだろうか。

3 追加のアンケートに，どのような質問項目を入れたらよいだろうか。

解答 **1** 特徴が出ると考えられるグループに分ける。
(例) 性別と年代別でグループに分ける。居住地でグループに分ける。

2 それぞれのグループごとに「とても買いたい」と「やや買いたい」の割合を合計すると，次のようになる。

コーヒーが 24 %，紅茶が 26 %，緑茶が 38 %，炭酸飲料が 18 %

したがって，好きな飲み物が緑茶であるグループは他のグループよりもお菓子 Y を好む人が多い傾向にある。

3 (例) どんなときに，どんなお菓子を食べるか。

偏差値

教 p.204

用語のまとめ

標準化

- 変量 x の各データの値 x_i の偏差 $x_i-\overline{x}$ を x の標準偏差 s_x で割った値をとると，次のような変量 z が考えられる。

$$z=\frac{x_i-\overline{x}}{s_x}$$

この変量 z は平均値 0，標準偏差 1 である単位のない数値になる。このような変量の交換方法を **標準化** という。

偏差値

- 標準化されたデータについて，数値が分かりやすいように各値に 10 を掛けて 50 を加えた値を求めると，平均値が 50，標準偏差が 10 である変量になる。この値を **偏差値** といい，データの中での位置を示したものである。

$$\text{変量の偏差値}=50+10\times\frac{\text{変量}-\text{変量の平均値}}{\text{変量の標準偏差}}$$

Extra

- 探究しよう
- 共通テストに備えよう
- 数学を深めよう

探求しよう

1 速算の方法を考えよう

教 p.206-207

Q 悠さんが見つけた【計算の方法】は常に成り立つのだろうか。また，ほかにもこのように計算が簡単にできる方法があるだろうか。

解答

1 a は，1 から 9 までの自然数を表すものとする。
このとき一の位が 5 である 2 桁の自然数は

$$10a+5$$

と表される。これを 2 乗すると

$$\begin{aligned}(10a+5)^2 &= 100a^2+100a+25\\ &= 100a(a+1)+25\end{aligned}$$

となり，これは悠さんが見つけた【計算の方法】を示している。

2 十の位が等しく，<u>一の位の和が 10</u> である 2 つの 2 桁の自然数の積は，<u>一の位の数どうしの積を 2 桁で書き，その左側に十の位の数とその数に 1 を加えた数との積を書く</u>という方法で計算が簡単にできる。

(1)
$$\begin{array}{r} 16\\ \times\ 14\\ \hline 224\end{array}$$
2 ← $1\times(1+1)$，24 ← 6×4

(2)
$$\begin{array}{r} 23\\ \times\ 27\\ \hline 621\end{array}$$
6 ← $2\times(2+1)$，21 ← 3×7

(3)
$$\begin{array}{r} 52\\ \times\ 58\\ \hline 3016\end{array}$$
30 ← $5\times(5+1)$，16 ← 2×8

3 a と b は，1 から 9 までの自然数を表すものとする。このとき，十の位が等しく，一の位の和が 10 である 2 つの 2 桁の自然数の積は

$$(10a+b)\{10a+(10-b)\}$$

と表される。これを計算すると

$$\begin{aligned}&(10a+b)\{10a+(10-b)\}\\ &=100a^2+100a-10ab+10ab+10b-b^2\\ &=100a(a+1)+b(10-b) \qquad \cdots①\end{aligned}$$

となり，これは真さんの方法を示している。

4 計算を簡単にできる方法は，次のようにまとめられる。

一の位が等しく，十の位の和が 10 である 2 つの 2 桁の自然数の積は，一の位の数の 2 乗を 2 桁で書き，その左側に十の位の数どうしの積に一の位の数を加えた数を書くという方法で計算を簡単にできる。

また，文字を用いて証明すると以下のようになる。

a と b は，1 から 9 までの自然数を表すものとする。このとき，一の位が等しく，十の位の和が 10 である 2 つの 2 桁の自然数の積は

$$
\begin{aligned}
&(10a+b)\{10(10-a)+b\}\\
&=1000a-100a^2+10ab+100b-10ab+b^2\\
&=1000a-100a^2+100b+b^2\\
&=100(10a-a^2+b)+b^2\\
&=100\{a(10-a)+b\}+b^2 \qquad \cdots②
\end{aligned}
$$

これは上で述べた，計算を簡単にできる方法を示している。

(4)
$$
\begin{array}{r}
23\\
\times\ \ 83\\ \hline
1909
\end{array}
$$
19 ← $2\times8+3$，09 ← 3^2

(5)
$$
\begin{array}{r}
67\\
\times\ \ 47\\ \hline
3149
\end{array}
$$
31 ← $6\times4+7$，49 ← 7^2

(3)
$$
\begin{array}{r}
19\\
\times\ \ 99\\ \hline
1881
\end{array}
$$
18 ← $1\times9+9$，81 ← 9^2

(!) 深める

解答 真さんの見つけた方法①を表す式を

$$
\begin{aligned}
&100a(a+1)+b(10-b)\\
&=100(a^2+a)+b(10-b)
\end{aligned}
$$

と変形すると，この計算の方法は次のように見ることができる。

十の位が等しく，一の位の和が 10 である 2 つの 2 桁の自然数の積は，一の位の数どうしの積を 2 桁で書き，その左側に十の位の数の 2 乗と十の位の数を加えた数を書く。

このように考えると，真さんの見つけた方法①と栄さんの見つけた方法②は，「2 乗」を「その位の数どうしの積」と言いかえ，「加えた数」を「等しい数を加えた数」と考えることによって，同じ手法であると見ることができる。

巻末

2 メロンパンの経済学

教 p.208

メロンパン 1 個の値段をいくらにしたらよいだろうか。

解答 1

x	100	110	120	130	140
y	400	375	350	325	300

（x は 10 ずつ増加，y は -25 ずつ変化）

となるから，y は x の 1 次関数である。求める式を $y=ax+b$ とすると

$$a=\frac{-25}{10}=-\frac{5}{2}$$

より，$y=-\frac{5}{2}x+b$ となる。$x=100$ のとき $y=400$ であるから

$$400=-\frac{5}{2}\cdot 100+b \quad より \qquad b=650$$

したがって　　$y=-\frac{5}{2}x+650$

2　1 より，1 個 x 円で売ったときの売り上げは

$$xy=x\left(-\frac{5}{2}x+650\right)=-\frac{5}{2}x^2+650x \ （円）$$

である。したがって，このお店の 1 日の利益は

(利益) = (売り上げ) − {(材料費) + (諸費用)}

で求められるから

$$\left(-\frac{5}{2}x^2+650x\right)-\left\{60\left(-\frac{5}{2}x+650\right)+12000\right\}$$

$$=-\frac{5}{2}x^2+800x-51000 \ （円）$$

3　メロンパンによるこのお店の 1 日の利益を p 円とすると，2 より

$$p=-\frac{5}{2}x^2+800x-51000$$

$$=-\frac{5}{2}(x-160)^2+13000$$

であるから，お店の 1 日の利益が最も大きくなるのは，$x=160$ のときである。

したがって，**メロンパン 1 個の値段を 160 円にすればよい。**

(!) 深める

解答 材料費が 20 円上がったときの 1 個の値段を x 円とする。

このお店の 1 日の利益を q 円とすると

$$q=-\frac{5}{2}x^2+650x-(60+20)\left(-\frac{5}{2}x+650\right)-12000$$

$$=-\frac{5}{2}x^2+850x-64000$$

$$=-\frac{5}{2}(x-170)^2+8250$$

であるから，お店の 1 日の利益が最も大きくなるのは，$x=170$ のときである。

したがって，**メロンパン 1 個の値段を 160 円から 10 円値上げして 170 円で売ればよい。**

3 四角形の面積

教 p.209

四角形について，2 本の対角線の長さと対角線のなす角が分かっているときの面積の公式をつくろう。

解答

1 AE $= a$，BE $= b$，CE $= c$，DE $= d$ とする。

$$\triangle \mathrm{ABE} = \frac{1}{2}ab\sin 30^\circ = \frac{1}{4}ab$$

$$\triangle \mathrm{BCE} = \frac{1}{2}bc\sin 150^\circ = \frac{1}{4}bc$$

$$\triangle \mathrm{CED} = \frac{1}{2}cd\sin 30^\circ = \frac{1}{4}cd$$

$$\triangle \mathrm{DEA} = \frac{1}{2}da\sin 150^\circ = \frac{1}{4}da$$

より，四角形 ABCD の面積は

$$\frac{1}{4}ab + \frac{1}{4}bc + \frac{1}{4}cd + \frac{1}{4}da = \frac{1}{4}(ab + bc + cd + da)$$

$$= \frac{1}{4}(a + c)(b + d)$$

$$= \frac{1}{4}\cdot 4\cdot 3$$

$$= 3$$

2 **1** と同様に AE $= a$，BE $= b$，CE $= c$，DE $= d$ とすると

$$\triangle \mathrm{ABE} = \frac{1}{2}ab\sin\theta$$

$$\triangle \mathrm{BCE} = \frac{1}{2}bc\sin(180^\circ - \theta) = \frac{1}{2}bc\sin\theta$$

$$\triangle \mathrm{CED} = \frac{1}{2}cd\sin\theta$$

$$\triangle \mathrm{DEA} = \frac{1}{2}da\sin(180^\circ - \theta) = \frac{1}{2}da\sin\theta$$

より，四角形 ABCD の面積は

$$\frac{1}{2}(ab + bc + cd + da)\sin\theta = \frac{1}{2}(a + c)(b + d)\sin\theta$$

$$= \frac{1}{2}pq\sin\theta$$

! 深める

考え方 ひし形の面積は，ひし形の対角線それぞれを1辺とする長方形の面積の半分である。

解答 ひし形は2本の対角線が垂直に交わる。

したがって，**2** で導いた式において $\theta = 90^\circ$ とすると，四角形ABCDの面積は

$$\frac{1}{2}pq\sin\theta = \frac{1}{2}pq\sin 90^\circ = \frac{1}{2}pq$$

となり，ひし形の面積の公式と一致する。

四角形ABCDの面積を，その対角線それぞれを1辺とする平行四辺形の面積をもとに考える。

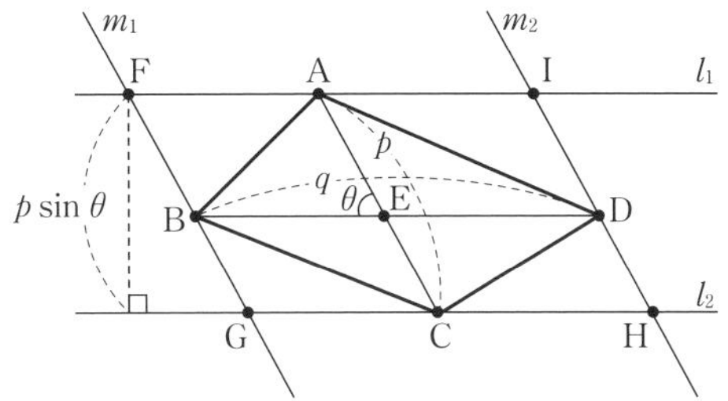

対角線BDと平行で点A，Cを通る直線をそれぞれ l_1，l_2，対角線ACと平行で点B，Dを通る直線をそれぞれ m_1，m_2 として，l_1 と m_1，l_2 と m_1，l_2 と m_2，l_1 と m_2 の交点をそれぞれF，G，H，Iとすると，四角形FGHI，AFBEは平行四辺形である。また，FI = BD，FG = AC，∠IFG = ∠AEB である。

AC = p，BD = q，∠AEB = θ とし，平行四辺形FGHIについて底辺をGHとすると，∠ACG = θ であるから，高さは $p\sin\theta$ となる。

したがって，平行四辺形の面積は(底辺)×(高さ)で求められるから

$$q \cdot p\sin\theta = pq\sin\theta$$

である。ここで，△ABEと△ABF，△BCEと△BCG，△CDEと△CDH，△DAEと△DAIはそれぞれ面積が等しいから，四角形ABCDの面積は平行四辺形FGHIの面積の半分である。したがって，四角形ABCDの面積は

$$\frac{1}{2}pq\sin\theta$$

である。

4「体のものさし」を使って星の角度を測る 教 p.210

Q 拳の幅と腕の長さをもとにして角度 $\alpha°$ を求めてみよう。どのように考えればよいだろうか。また，誰でも $\alpha \fallingdotseq 10$ になるのだろうか。

解答

1 目の位置から拳の端までの長さを腕の長さと等しいと仮定して，それを AB とする。また，目から拳の上端までの長さを AC，拳の幅を BC とする。
このとき

$$\tan\alpha° = \frac{\mathrm{BC}}{\mathrm{AB}} = \frac{y}{x}$$

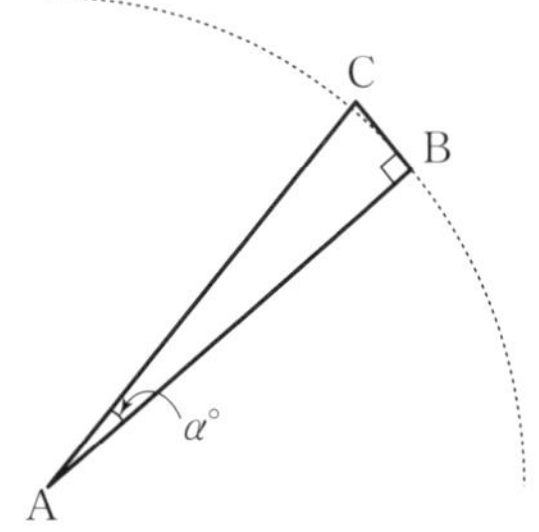

2 （省略）

共通テストに備えよう

1 絶対値記号を含む式の値の大小関係　教 p.211

考え方 絶対値記号の中の式の正負によって，2つの場合に分けて考える。

解 答 (1) (i) $a-1 \geqq 0$　すなわち　$a \geqq 1$ のとき

$$|a-1|=a-1$$

これが $-a+1$ と等しくなるから，a の値は

$$a-1=-a+1$$
$$2a=2$$
$$a=1$$

(ii) $a-1<0$　すなわち　$a<1$ のとき

$$|a-1|=-(a-1)=-a+1$$

であるから，$a<1$ のときは，$|a-1|$ と $-a+1$ は等しい。

したがって，$|a-1|$ と $-a+1$ が等しくなる a の値の範囲は

$$a \leqq 1$$

(2) **$|a-1|$ と $|a|-1$**

(i) $a-1 \geqq 0$ かつ $a \geqq 0$　すなわち　$a \geqq 1$ のとき

$$|a-1|=a-1,\ |a|-1=a-1$$

したがって　$|a-1|=|a|-1$

(ii) $a-1<0$ かつ $a \geqq 0$　すなわち　$0 \leqq a<1$ のとき

$$|a-1|=-(a-1)=-a+1>0,\ |a|-1=a-1<0$$

したがって　$|a-1|>|a|-1$

(iii) $a-1<0$ かつ $a<0$　すなわち　$a<0$ のとき

$$|a-1|=-a+1,\ |a|-1=-a-1$$

したがって　$|a-1|>|a|-1$

(i), (ii), (iii) より

$a<1$ では，$|a-1|>|a|-1$

$a \geqq 1$ では，$|a-1|=|a|-1$

である。

$|a-1|$ と $-|a|+1$

(i) $a-1 \geqq 0$ かつ $a \geqq 0$　すなわち　$a \geqq 1$ のとき

$$|a-1|=a-1 \geqq 0,\ -|a|+1=-a+1 \leqq 0$$

したがって

$a>1$ のとき　$|a-1|>-|a|+1$

$a=1$ のとき　$|a-1|=-|a|+1$

(ii) $a-1<0$ かつ $a \geqq 0$　すなわち　$0 \leqq a < 1$ のとき

$$|a-1| = -(a-1) = -a+1$$

$$-|a|+1 = -a+1$$

より　$|a-1| = -|a|+1$

(iii) $a-1<0$ かつ $a<0$　すなわち　$a<0$ のとき

$$|a-1| = -(a-1) = -a+1$$

$$-|a|+1 = -(-a)+1 = a+1$$

$a<0<-a$ であるから

$$|a-1| > -|a|+1$$

(i), (ii), (iii) より

$a<0$ では，$|a-1| > -|a|+1$

$0 \leqq a \leqq 1$ では，$|a-1| = -|a|+1$

$1<a$ では，$|a-1| > -|a|+1$

(3) (i) $a<0$ のとき

$$\begin{aligned}|a-1|-|a|+1 &= -(a-1)-(-a)+1 \\ &= -a+1+a+1 = 2\end{aligned}$$

(ii) $a=0$ のとき

$$\begin{aligned}|a-1|-|a|+1 &= |-1|-|0|+1 \\ &= 1+1 = 2\end{aligned}$$

(iii) $0<a<1$ のとき

$$\begin{aligned}|a-1|-|a|+1 &= -(a-1)-a+1 \\ &= -a+1-a+1 \\ &= -2a+2\end{aligned}$$

(iv) $a=1$ のとき

$$|a-1|-|a|+1 = |0|-|1|+1 = 0$$

(v) $1<a$ のとき

$$|a-1|-|a|+1 = a-1-a+1 = 0$$

(i)～(v)より a の値を，$a \leqq 0$，$1 \leqq a$ の範囲に定めると，
$|a-1|-|a|+1$ の値は，その範囲の中にあるすべての a の値に対して常に一定の値をとる。

2 コンピュータでグラフを動かそう！　教 p.212

考え方　a，p，q がそれぞれ何を表しているか考える。

(1)　④　ap^2+q は $x=0$ のときの y の値である。

(2)　正しくないことを示す例が1つでもあるとき，その事柄は正しくない。

解　答　(1)　①　グラフが下に凸の放物線であるから　　$a>0$
したがって，正しい。

②　このグラフの軸の方程式は　　$x=-p$
グラフより軸は y 軸より左側にあるから
$-p<0$　すなわち　$p>0$ であるから，正しくない。

③　q は放物線の頂点の y 座標の値であるから，グラフより　$q<0$
したがって，正しい。

④　この関数に $x=0$ を代入すると　$y=ap^2+q$
すなわち ap^2+q は，グラフと y 軸の交点の y 座標の値であるから，グラフより
$ap^2+q>0$
したがって，正しい。

(2)　①　$a<0$ のとき，グラフは上に凸の放物線で，軸の方程式は $x=-p$ となる。したがって，p の値を増加させると $-p$ の値は減少し，グラフは左方向（x 軸の負の方向）に平行移動するから，正しい。

②　$a=0$ のとき，グラフは放物線ではなく，x 軸に平行な直線になるから，正しくない。

③　$a=-1$，$p=1$，$q=-1$ は条件 $q\leqq -ap^2$ を満たすが，グラフは $y=-(x+1)^2-1$ となり x 軸の正の部分とは共有点をもたない。したがって，正しくない。

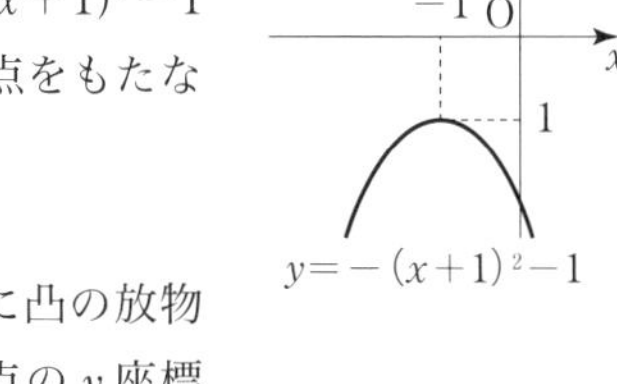

④　(i)　$a>0$，$q<0$ のとき
$a>0$ のとき，グラフは下に凸の放物線であり，$q<0$ より，頂点の y 座標の値が負となるから，x 軸と必ず共有点をもつ。

(ii)　$a<0$，$q>0$ のとき
$a<0$ のとき，グラフは上に凸の放物線であり，$q>0$ より，頂点の y 座標の値が正となるから，x 軸と必ず共有点をもつ。

したがって，正しい。

巻末

3 三角形は 1 つに決まる？ 教 p.213

解 答 BC = 3 のとき，AB = x とおくと，余弦定理により

$$3^2 = x^2 + 3^2 - 2 \cdot x \cdot 3\cos 60^\circ$$

ゆえに　$x^2 - 3x = 0$

これを解くと　$x = 0,\ 3$

$x = 0$ のときは，△ABC ができなくなるため，適さない。

したがって，辺 AB の長さは 3 のみの 1 通りになる。

辺 AB の長さの解が 1 通りになるのは，x の 2 次方程式②が正の重解をもつとき，または，正の解と 0 以下の解を 1 つずつもつときである。

(i) 正の重解をもつとき

方程式 ② の判別式を D とすると　$D = 0$

ゆえに

$$(-3)^2 - 4 \cdot 1 \cdot (9 - a^2) = 0$$

（$4a^2 = 27$）

したがって　$a = \pm\dfrac{3\sqrt{3}}{2}$

$a > 0$ より　$a = \dfrac{3\sqrt{3}}{2}$

このとき ② の解は

$$x = \frac{3 \pm \sqrt{D}}{2} = \frac{3}{2}$$

であるから，正の解をもつ。

(ii) 正の解と 0 以下の解を 1 つずつもつとき

$f(x) = x^2 - 3x + 9 - a^2$ とすると

$y = f(x)$ のグラフは下に凸の放物線であるから，$f(0) \leqq 0$ であればよい。

$$f(0) = 0^2 - 3 \cdot 0 + 9 - a^2 = 9 - a^2$$

であるから　$9 - a^2 \leqq 0$

したがって　$a^2 \geqq 9$

$a > 0$ より　$a \geqq 3$

(i), (ii) より　$a = \dfrac{3\sqrt{3}}{2},\ 3 \leqq a$

答　ア…1　イ，ウ…①，②　エ…$\dfrac{3\sqrt{3}}{2}$　オ…3

数学を深めよう

1 不等式を関数のグラフを利用して解く

教 p.214-216

教 p.214

問 1　不等式 $|2x-4| \leqq x+1$ を解け。

考え方　絶対値記号の中の式の正負によって，2 つの場合に分けて考える。

解 答　$|2x-4| \leqq x+1$　……①

(i)　$2x-4 \geqq 0$　すなわち　$x \geqq 2$ のとき

$|2x-4| = 2x-4$ であるから，① は

$2x-4 \leqq x+1$

よって　$x \leqq 5$

これと条件 $x \geqq 2$ との共通の範囲は

$2 \leqq x \leqq 5$　……②

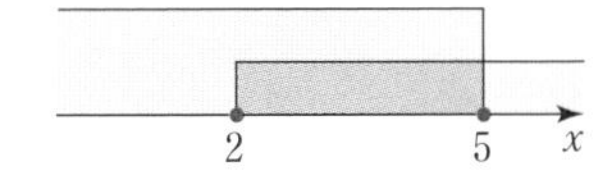

(ii)　$2x-4 < 0$　すなわち　$x < 2$ のとき

$|2x-4| = -(2x-4)$ であるから，① は

$-(2x-4) \leqq x+1$

よって　$x \geqq 1$

これと条件 $x < 2$ との共通の範囲は

$1 \leqq x < 2$　……③

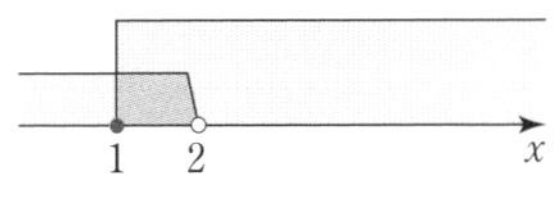

(i)，(ii) より，不等式 ① の解は ② と ③ の範囲を合わせて

$1 \leqq x \leqq 5$

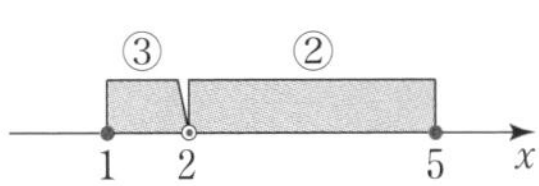

巻末

教 p.215

問 2 関数 $y=|x^2+x-2|$ のグラフをかけ。

考え方 絶対値記号の中の式の正負によって，2 つの場合に分けて考える。

解 答 $x^2+x-2=(x+2)(x-1)$ となる。

(i) $(x+2)(x-1)\geqq 0$ すなわち $x\leqq -2$, $1\leqq x$ のとき

$$y=x^2+x-2=\left(x+\frac{1}{2}\right)^2-\frac{9}{4}$$

(ii) $(x+2)(x-1)<0$ すなわち $-2<x<1$ のとき

$$y=-x^2-x+2=-\left(x+\frac{1}{2}\right)^2+\frac{9}{4}$$

したがって，$y=|x^2+x-2|$ のグラフは，下の図の実線部分のようになる。

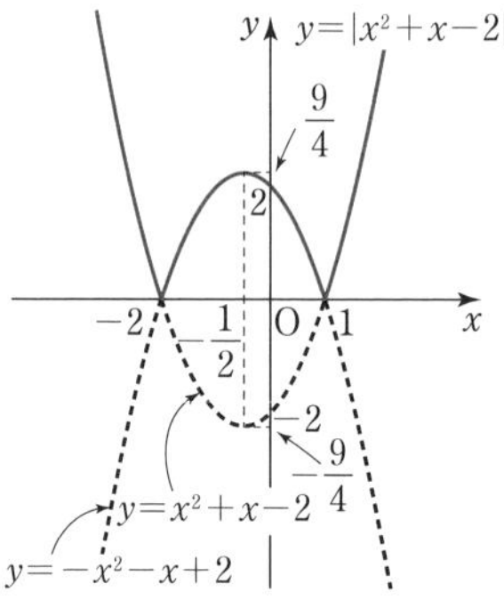

プラス+ このグラフは，放物線 $y=x^2+x-2$ の x 軸より下側の部分を x 軸に関して対称に折り返した曲線である。

教 p.216

問3 関数のグラフを利用して，不等式 $|x+2| \leqq 2x+1$ を解け。

考え方 絶対値記号の中の式の正負によって，2 つの場合に分けて考える。

解答 $y=|x+2|$ とおく。

(i) $x+2 \geqq 0$ すなわち $x \geqq -2$ のとき

$y=x+2$

(ii) $x+2<0$ すなわち $x<-2$ のとき

$y=-x-2$

したがって，関数 $y=|x+2|$ のグラフと直線 $y=2x+1$ のグラフは，下の図のようになる。

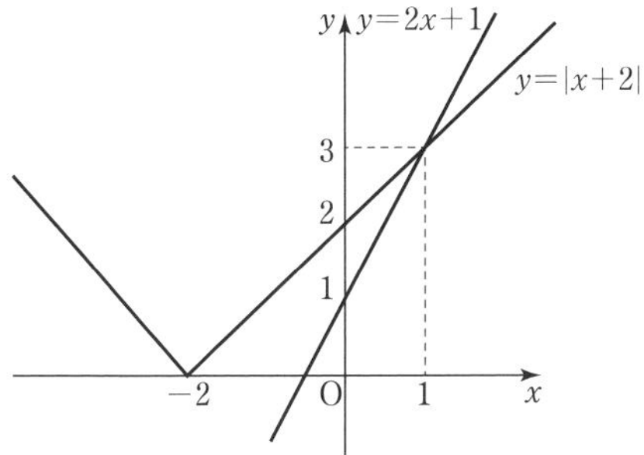

ここで，直線 $y=2x+1$ と直線 $y=x+2$ の共有点の x 座標は

$2x+1=x+2$ より $x=1$

また，求める不等式 $|x+2| \leqq 2x+1$ の解は，関数 $y=|x+2|$ のグラフが直線 $y=2x+1$ のグラフより下側にある x の値の範囲である。

ただし，共有点を含む。

したがって，上の図より，求める不等式の解は

$x \geqq 1$

2 3辺の長さから三角形の面積を求める 発展 教 p.217

● ヘロンの公式 …… 解き方のポイント

3辺の長さが a, b, c である三角形の面積 S は

$$S=\sqrt{s(s-a)(s-b)(s-c)} \qquad \text{ただし,}\ s=\frac{a+b+c}{2}$$

教 p.217

問1 3辺の長さが5, 6, 9である三角形の面積 S を求めよ。

解答 $s=\dfrac{5+6+9}{2}=10$ であるから，ヘロンの公式により

$$S=\sqrt{10\cdot(10-5)\cdot(10-6)\cdot(10-9)}=10\sqrt{2}$$